**도쿄 · 요코하마**

**공간으로 체험하다**

도쿄·요코하마
공간으로 체험하다

글쓴이 소개 | **김 문 덕**

건국대학교 실내디자인학과 교수
한국실내디자인학회 명예회장
건축학 박사

《유럽 현대건축여행 2@@2》
《네덜란드 근현대건축과 렘 콜하스》
《한 눈에 들어오는 건축 인테리어 로드맵-유럽 편》
《한 눈에 들어오는 건축 인테리어 로드맵-미국 서부 편》
《유럽 현대건축》
《실내디자인 졸업작품 전략》
《크리에이티브 이코노믹 인테리어디자인》
《공간 속의 디자인, 디자인 속의 공간》
등 저서 다수

---

도쿄·요코하마, 공간으로 체험하다

2012년 6월 25일 1판 1쇄 인쇄
2012년 6월 30일 1판 1쇄 발행

지은이 김 문 덕
펴낸이 강 찬 석
펴낸곳 도서출판 미세움
주 소 150-838 서울시 영등포구 신길동 194-70
전 화 02-844-0855 팩 스 02-703-7508
등 록 제313-2007-000133호

ISBN 978-89-85493-53-6  03610

정가 19,000원

저작권법에 의해 보호를 받는 저작물이므로 무단 전재와 복제를 금합니다.
잘못된 책은 교환해 드립니다.

도쿄·요코하마
# 공간으로 체험하다

김 문 덕 지음

Misewoom

### 도쿄, 요코하마의 거리를 거닐며 …

최근 일본을 찾은 한국인들이 200만 명을 넘어설 예정이라고 한다. 이제 일본, 그중에서 도쿄나 요코하마는 외국의 어느 도시라는 느낌보다는 젊은이들이 기분 전환을 위하거나 아니면 삶의 자극을 받기 위해 방문하는 일일생활권의 도시라고 할 수 있다. 도쿄나 오사카의 거리를 거닐다 보면, 안내하는 글도 한글이 병기되어 마치 우리나라의 어느 곳을 온 느낌이 드는 때도 있다.

필자가 《일본 현대건축 현장탐방》이란 책을 1995년에 출간하였으니 이제 16년 이상이 흘렀다. 실제로 원고를 작성한 것은 그보다 2~3년 전이었기 때문에 그 글들은 상당한 세월, 즉 유통기간이 지난 것이다. 한일의 현대건축을 비교한 박사논문을 쓴 후, 일본의 구석구석을 답사, 혼자 여행했던 각 도시에 대한 기억이 가끔 문득문득 떠오를 때가 있다. 여러 도시 중에서 특히 도쿄는 혼자서 혹은 대학원과 학부 학생들을 데리고 도시의 구석구석을 걸었던 기억들이 새롭다. 학생들과 비를 맞으면서 걷던 오다이바에 대한 기억, 구로카와 기쇼가 설계한 롯폰기 프린스 호텔의 로비에서 학생들에게 시험을 보게 하던 일, 요요기 내에 있는 올림픽 청소년센터에서 학생들을 데리고 하라주쿠 역까지 걷던 일들이 주마등처럼 뇌리를 스친다.

2008년 1월 중순, 후쿠오카에서 도쿄로 돌아가는 신칸센에서 노트북으로 문장을 고치면서 역시 즐거웠던 일보다는 학생들과 고생하며 여행했던 순간들이 며칠 전의 일처럼 생생하게 떠오른다. 이런 추억이 거리마다 배어 있는 도쿄나 요코하마가 도깨비 여행이 생기면서 이제 더는 외국의 도시나 장소가 아닌 것처럼 느껴진다. 과거에는 이 도시들을 가려면, 이것저것 준비해 갔지만, 이제는 학기 중

도쿄·요코하마, 공간으로 체험하다

요미우리 회관

에도 바람 쐬듯이 훌쩍 갔다 오는 곳이다. 필자도 전공 서적을 살 겸 건축이나 인테리어 프로젝트를 보려고 갔다 온 적도 있었던 것처럼, 이제 도쿄라는 도시는 건축이나 인테리어를 전공하는 사람들에게 새로운 아이디어 자극원의 하나라고 할 수 있다.

인류가 발전하는 과정에서 시공간에 대한 개념적인 변화가 큰 역할을 했듯이 도쿄나 오사카, 후쿠오카, 나고야라는 일본의 도시가 우리 일상생활의 일부분이 된 것은 획기적인 사건이다. 최근 대학원 학생들과 같이 여행을 다녀오면서 느낀 것은 도깨비 여행이 건축이나 인테리어를 전공하는 학생들은 물론 일반 학생들, 젊은 직장인들 사이에서 통과의례처럼 번지고 있다는 생각이 들었다. 따라서 도깨비 여행이나 방학 중에 도쿄 여행을 할 경우, 건축과 인테리어 여행에 대한 노하우를 필자만큼 많이 알고 있는 사람도 흔치 않다

마에카와 구니오 자택

는 생각이 들어 다시 책을 쓰게 되었다. 또 한편 책을 쓰면서 필자 역시 도쿄에 대하여 새로운 공부를 한 것도 사실이다.

에드워드 사이덴스티커가 집필한 《도쿄이야기》는 그런 의미에서 다시 도쿄를 공부하는 텍스트가 되었으며 건축가인 아시하라 요시노부의 《도쿄의 미학-혼돈과 질서》는 일본 건축가의 눈으로 도쿄를 보게 하였다. 그리고 영화로 중국의 도시를 해부한 후지이 쇼조의 《현대 중국 문화 탐험-네 도시 이야기》는 다른 장르를 통하여 건축과 도시를 보게 만들었다. 하나의 사건이 다른 기회와 사건을 유발하듯이 도쿄의 건축과 실내디자인에 대한 책을 쓰는 작업은 단순히 물적인 도시 도쿄만이 아니라 시간과 기억이 적층된 도시인 도쿄를 다시 바라보게 하였다.

그리고 과거에는 오로지 도쿄의 건축과 실내디자인만을 보는 것에 치중하였으나, 몇 년 전부터 식사 시간에 맞추어 필립 스탁의 아사히 수퍼드라이 홀, 록웰 그룹의 롯폰기 J, 수퍼포테이토의 슌칸 같이 실내디자인이 출중한 레스토랑을 방문, 공간도 즐기면서 식사하는 여유도 생겼다. 건축 및 실내디자인 여행이란 단순히 시각적, 공간적인 체험뿐만 아니라 음식을 통한 촉각적 체험도 공간 체험의 일부라는 사실을 터득했기 때문이다. 따라서 최근에는 도쿄의 건축물이나 실내디자인 프로젝트를 보러 가는 장소에 대한 정보와 함께 식사할 디자인 레스토랑이 주변에 없는가를 체크하는 것도 습관이 되었다. 이렇듯 여행이란 단순하게 내가 가보지 못한 장소에 대한 공간적인 체험 이상으로 복합된 문화적인 체험이라고 생각하여 책을 만들었다.

사실 처음에는 단순하게 요약된 도쿄의 건축과 인테리어에 대한 여행 안내서를 만들려고 했으나 쓰는 과정에서 마음이 변하였다. 일본 혹은 도쿄의 건축과 실내디자인에 대한 책들이 많지 않은 국내 상황에서 좀 더 건축물이나 실내디자인 프로젝트에 대한 디자이너의 콘셉트를 알게 하는 안내서가 학생들과 디자이너들에게 필요하다고 판단했기 때문이다. 이것은 필자가 학교에서 후학을 가르치는 업을 하기에 더욱 그런 생각이 들었을 것이다. 그동안 단순하게 공간의 윤곽만을 스쳐지나 가면서 여행한 것이 아니었나하는 생각도 들어 새롭게 여행을 하는 사람들에게는 필자와 같은 시행착오를 겪지 말게 하자는 의도에서 만들다 보니 여행 안내서 치고는 볼

류이 있다고 생각한다.

그러나 부모가 자녀를 사랑하다면 우선 여행을 보내라고 한 것처럼, 그만큼 여행이 우리에게 주는 지식과 삶의 자극은 크다고 생각한다. 따라서 그 크기에 비례하여 만들었다고 생각하는 편이 좋을 것이다. 그리고 이 책이 필자에게 중요한 것은 책을 통해서 쓴 것이 아니라 책에 들어간 모든 공간과 장소는 답사 후, 자료에서 이해되지 않는 내용을 확인하였다는 점 때문에 더 의미가 있다고 생각한다. 또한 책을 출간하기 바로 전인 2011년 여름 새로운 프로젝트와 과거에 찍은 사진의 미흡함을 보완하기 위하여 2박 3일 일정으로 도쿄, 요코하마를 다녀왔다. 도쿄와 요코하마의 곳곳이 과거 기억으로 남달랐던 일정은 이제 2011년에 필자 자신이 도쿄, 요코하마를 머리 속에 마무리하였음을 알리고 있었다.

# 건축물을 보면,
## 도쿄와 요코하마의 역사가 보인다

도쿄와 요코하마를 어떻게 건축적 측면에서 이해할 것인가? 도쿄와 요코하마의 건축을 어떻게 역사의 흐름과의 관계를 통해서 이해할 것인가? 처음 도쿄나 요코하마를 방문했을 때의 인상은 단편적으로 느껴지는 도시의 분위기, 그리고 건축물을 통한 느낌 등 아주 단순한 것이었다. 따라서 상당히 여러 번 여행한 후에 그 윤곽이 잡히기 시작하였다. 또 필자가 근대보다는 현대에 관심이 많았기 때문에 사실 건축물의 역사적 배경에 별로 관심을 두지 않은 점도 있었다. 그러나 일본이 근대기에 어떻게 서구 건축을 받아들이면서 현대건축이 국내와 차별화되는 것인가를 관심 갖게 되면서 서서히 근대건축에도 눈이 가기 시작했다. 사실 이 책의 시작은 학생들을 데리고 여행을 다니면서, 건축이나 인테리어 관련한 여행 경로에 따라 안내해주는 안내서가 필요하다는 생각에서 출발하였다. 그러나 책을 쓰면서 도쿄의 역사와 관련된 건축물에 대한 자료와 기록을 남기는 것도 의미가 있겠다는 생각이 들었다. 국내에는 사실 일본 건축에 대한 자료들은 거의 현대건축에만 국한되어 있으며, 근대건축에 대한 것은 서적은 일부 있으나 여행을 가서 과연 이 건축물이 도쿄나 요코하마의 역사와 어떻게 관련된 것인가를 알기는 어렵다. 그래서 책이 약간 딱딱하게 시작될 수 있는 위험을 무릅쓰고 도쿄나 요코하마에서 만나는 근대건축도 어느 정도 내용을 알 수 있게끔 글을 시작하였다. 사실 당장 긴자에서 최근 완공된 아르마니 긴자 매장을 방문하면서도 건너편에 위치한 와코 빌딩을 지나치게 된다면, 너무 안타까운 일이란 생각이 드는 것이다. 따라서 누군가 이

와코 빌딩

분야에 대한 연구를 하는 경우, 항상 서적으로만 연구하는 것보다는 본인이 직접 공간을 체험해야 한다는 지론을 가지고 있는 필자에게 있어서는 후학에게 도움이 될 자료를 하나 만들어 놓는 것도 의미가 있겠다 싶어 강행하였다. 다만, 전체적인 책의 초점이 도쿄와 요코하마의 현대건축과 실내디자인에 맞추어져 있기에 전문적으로 연구하는 후학을 만족시키기에는 역부족이다.

그러면 도쿄를 통해 요코하마와 함께 그 역사가 숨 쉬고 있는 건축물을 살펴보자.
이 글에서 언급하는 역사적인 건축물은 1960년대 전후까지로 한정하였다. 그 이유는 60년대 이후는 현대에 속하기에 건축물의 상당 부분이 본문에 어느 정도 설명되어 있다고 판단되기 때문이다. 일

도쿄·요코하마, 공간으로 체험하다

국제 어린이 도서관

도쿄 국립박물관 본관

본 관동 지방의 남서부에 위치한 일본 최대의 도시인 도쿄가 일본의 실질적인 중심이 된 것은 언제부터인가? 도쿄의 전신이 에도(江戶:1603-1868)의 기초가 마련된 것은 무로마치(室町) 시대의 중기인 1457년 무장인 오타 도칸(太田 道灌)이 에도 성을 구축하면서였고, 그가 무사시노를 중심으로 후추(府中)에서 에도로 옮기면서 에도는 성벽으로 둘러싸인 시가로 발전하였다. 그 후 1590년 도쿠가와 이에야스(德川 家康)가 에도에 입성하고 1603년 에도 바쿠후(江戶幕府)를 개설함으로써 비약적인 발전을 하였으며, 에도 시대는 거의 260년간 지속되었다. 이런 에도 시대의 건축과 생활상을 알고 싶다면, 에도 도쿄 박물관과 에도 도쿄 건축물 정원을 방문하면 잘 알 수 있다. 료고쿠(兩國) 역에 인접한 에도 도쿄 박물관은 에도 시대서부터 도쿄 올림픽까지의 생활상을 보여주는 박물관으로 도쿄의 과거를 알고 싶은 여행객들에게 권하고 싶은 곳이다. 고가네이(小金井) 공원 안에 있는 에도 도쿄 건축물 정원은 에도 시대부터 쇼와(昭和) 초기까지 27동의 복원 건축물이 위치하고 있는 장소로 에도 시대 중, 후기의 농가나 주택에서부터 호리구치 스테미(堀口 捨己)의 데이테(小出) 저택(1925), 마에카와 구니오(前川 國男)의 마에카와(前川) 저택(1941), 그리고 20년대의 목욕탕이나 상점 등을 돌아보면서 그 시대의 생활상을 느낄 수 있는 살아있는 옥외형 박물관이다. 아사쿠사에 위치한 사찰인 센소지(淺草寺:1649)나 신사인 아사쿠사 진자(淺草 神社:1649), 그리고 우에노 동물원 근처에 있는 도쇼구(東照宮:1651) 본전 등도 이 시대의 건축물이다.

메이지(明治:1868-1912) 시대는 도쿄(東京)가 교토(京都)의 동측에 위치하고 있다는 의미로 개명된 후, 메이지 천황이 지배했던 44년간의 기간이다. 그 당시 천황은 계속 교토에 거주하고 있었으며 1868년 메이지 유신에 의해 도쿠가와 정권은 붕괴, 에도를 도쿄로 개명하면서 이듬해 교토에서 천도하여 명실상부한 일본의 수도가 되었다. 일본은 이 시기에 서구 문명을 활발하게 수입하면서 급속한 기술의 도입과 함께 근대적인 틀을 확립하였다.

1869년 도쿄와 요코하마 사이에 일본 최초로 전신을 개설, 1872년 도쿄 신바시와 요코하마 사이에 증기기관차를 최초로 운행, 1882년 우에노에 일본 최초 동물원의 개원과 함께 1885년 내각제의 채용, 1889년 메이지 헌법의 발포 등 근대국가로서의 체재를 확립한 시기다. 이 시기에 일본인들의 생활양식이나 의상도 서서히 서구 스타일로 바뀌었다. 이 변화의 시기를 대표하는 건축물이 1872년 최초의 증기기관차를 위해 세워졌던 구 신바시 역으로 2003년 시오도메 시티센터를 건축하면서 함께 복원하여 철도박물관으로 사용하고 있다. 분쿄(文京) 구 하쿠 산(白山)에 위치한, 양풍의 관청 건축으로 역사적인 의미가 있는 구 도쿄 의학교 본관(1876)은 현재 도쿄 대학 총합연구실 박물관 고이시카와(小石川) 분관으로 리노베이션하여 사용하고 있다.

메이지 시대는 서구에서 산업 기술뿐만 아니라 건축 기술과 양식도 도입하였던 시기였다. 일본은 서구 문물의 도입을 위해 영국 건축가 조사이어 콘더(Josiah Conder)를 초청, 그를 1887년 도쿄 대학 건축과 초대 교수로 임명하였다. 그가 본격적으로 유럽 건축을 교육한 제자들이 다츠노 긴고와 가타야마 도쿠마 등이다. 그는 생애를 마친 1920년까지 일본에 살면서 교육뿐만 아니라 도쿄에 많은 건축물도 남겼다. 영국의 자코비안 양식을 기조로 한 르네상스 등의 모티프가 가미된 구 이와사키(岩崎) 저택 서양관(1896), 르네상스 양식에 바로크적인 요소가 가미된 미쓰이 가문의 별저였던 미나토(港)구 미타(三田)에 위치한 쓰나마치 미쓰이(綱町 三井) 클럽(1913)이 그것이다. 그의 제자인 다츠노 긴고는 니혼바시에 위치한 메이지 시대의 대표적인 양식 건축물인 일본은행(日本銀行) 본점(1896)을 설계하였으며, 후에 그는 도쿄 역과 서울의 한국은행도 설계하였다. 또 다른 제자인 가타야마 도쿠마(片山 東態)는 우에노에 있는 도쿄 국립박물관 단지 내의 효케이칸(孝慶館:1912)과 현재 영빈관으로 사용 중인 아카사카 이궁(赤坂離宮:1909)이란 명칭으로 불렸던 네오 바로크 양식의 건축물을 설계, 완공하였다.

그 당시 일본 정부는 근대국가의 체제를 정비하기 위해 독일의 유명 건축가였던 헤르만 엔데(Herman Gustav Louis Ende)와 빌헬름 베크만(Wilhelm Beckman)을 초청, 법무성 구 본관(1895)을 완성하였다. 주조 세이치로(中條 精一郞)가 설계한 튜더 고딕 양식의 게이오(慶應 義塾) 대학 기념도서관(1912), 르네상스 양식의 구 제국도서관(1906)을 보존, 재생하는 일환으로 안도 다다오가 리노베이션한 국제 어린이도서관(2000)도 이 시대의 산물 중 하나다.

그러면 요코하마로 눈을 돌려 보자. 1859년 미·일 수호통상조약 이후 서구 각국과 통상조약을 체결, 개항하게 된 요코하마는 외국인 거류지가 설치되면서 서구 문화가 일본에 가장 빨리 수입되는 장소로 발전하였다. 또한 1872년 도쿄 간의 철도가 부설되면서 일본 최대의 항구가 되었다. 이렇게 서구와의 교류에 있어 관문 역할을 했던 요코하마에는 메이지 시대의 건축물을 많이 발견할 수 있다. 간나이(關內) 지역에서 가나카와(新奈川) 현립 역사박물관으로 사용 중인 쓰마키 요리나카(妻木 賴黃)의 구 요코하마 쇼킨 은행(橫浜正金銀行) 본점(1904)과 요코하마 아카렌가(赤レンガ) 창고 1, 2호관(1913, 1911), 요코하마 최초로 설계사무소를 연 엔도 오토(遠藤 於菟)가 설계한 일본 최초 철근콘크리트 구조의 사무소 건축물인 미쓰이(三井) 물산 요코하마 빌딩(1911)이 그것이다.

다이쇼(大正:1912-1926) 시대는 다이쇼 천황의 재위 기간을 말한다. 이 시기에 일본은 제1차 세계대전 후 자본주의의 발전과 함께 도시 중간 계층을 기반으로 민주주의 뿌리가 확산되면서 다이쇼 데모크라

가나가와현 신청사

시 같은 민주화 운동이 일어났다. 민주화의 분위기와 함께 서양풍의 근대주의도 대대적으로 도입되면서 의식주에서 서구화가 가속화되었으나, 1923년 관동대지진에 의해 도쿄의 도심부는 대화재의 재앙을 맞이하게 되어 30만 채의 가옥이 소실되었다. '도쿄 역이 메이지를 대표하고 마루(丸) 빌딩이 다이쇼를 대표한다면, 중앙우체국은 쇼와를 대표한다'는 말이 있으나, 다츠노 긴고의 도쿄 역(1914)은 시기로는 다이쇼 시대의 건축물로서 프리 클래식 양식을 기반으로 한 건축물이다. 도쿄 역 근처에서는 마루노우치(丸の內) 빌딩(2002)으로 새롭게 태어난 다이쇼를 대표하는 아르데코 양식의 사쿠라이 코타로(櫻井 小太郞)가 설계한 마루 빌딩(1926), 니혼바시에는 요코가와 다미스케(橫河 民輔)가 설계한 최초 엘리베이터가 설치된 백화점인 미쓰코시(三越) 본점(1915)이 있다. 또한 이 시기의 건축물로 모모야마(桃山) 시대의 성곽과 사찰을 모티프로 하여 당나라식의 박공을 절충

도쿄역

미쓰코시 본점

시킨 오카다 신이치로(岡田 信一郞)의 가부키자(歌舞伎座:1924)가 있다. 오카다는 고코쿠지(護國寺) 역 근처의 하토야마(鳩山) 기념관(1924)에서는 가부키사와는 완전히 다른 양식의 건축을 만들고 있다.

도쿄 외 지역의 다이쇼 시대 건축물로는, 고마고메(駒込) 역 근처 후루카와 정원 안에 위치한 콘더가 르네상스 양식으로 설계한 구 후루카와(古河) 저택(1917), 요요기 내의 일본식 외관과 서양식 실내로 절충한 오에 신타로(大江 新太郞)의 메이지진구(明治神宮) 보물관(1921), 다각형 탑이 인상적인 JR 하라주쿠(原宿) 역(1924), 미타(三田) 역 근처의 본격적인 양풍 주택인 야마모토 유조(山本 有三) 기념관(1926)이 있다.

대학교 건축물로는 콘더의 세이센(淸泉) 여자대학 본관(1917), 머피와 터너 설계사무소의 릿쿄(立敎) 대학(1918), 근대 고딕을 기조로 하면서 표현주의 영향이 엿보이는 우치다 요시카즈(內田 祥三)의 도쿄 대학 대강당(1925), 와세다 대학의 기념박물관으로 사용 중인 북구풍 디자인의 이마이 겐지(今井 兼次)가 설계한 와세다 대학 도서관(1925)이 있다. 외국 건축가의 작품으로는 게오르게 데 라란데(George de Lalande)의 구 라란데 저택(1910)이 해체되어 에도 도쿄 건축물 정원에 이축될 예정이다. 프랭크 로이드 라이트(Frank Lloyd Wright)의 제국 호텔(1923)은 관동대지진에도 건재를 과시하였지만, 지금은 그 일부가 나고야의 메이지무라(明治村)로 이축되었다. 그러나 라이트가 제국 호텔의 설계와 감리를 위해 데려왔던 안토닌 레이몬드(Antonin Raymond)는 일본에 남아서 도쿄 여자대학 캠퍼스(1924-31) 같은 건축물들을 설계하면서 서구의 근대건축을 전수한다.

요코하마는 개항 초에는 생사, 차, 해산물을 수출하고 견직이나 모직을 수입하였다. 요코하마 상인은 1873년 생사회사와 1895년 생사검사소의 설립으로 거류지 무역의 주도권을 장악하였으며, 1889년 요코하마와 가나가와는 병합하여 요코하마 시가 되었다. 이렇게 활성화된 요코하마의 간나이와 야마테(山手) 지역에 많은 건축물들이 세워졌다. 간나이 지역에는 도쿄 역을 설계한 다쓰노 긴코의 영향이 엿보이는 후쿠다 시게요시(福田 重義)의 요코하마 시 개항 기념회관(1917), 아르데코 분위기가 풍기는 이데우라 고즈케(出浦 高介)가 설계한 요코하마 마쓰자카야(松坂屋) 본점(1921), 건축가가 알려지지 않은 도다(戶田) 평화기념관(1922), 다케나카(竹中) 공무점의 일본 기독교단 요코하마 시로(指路) 교회(1926), 구 요코하마 생사검사소 창고 겸 사무소였던 엔도 오토 설계의 데이산(帝蚕) 창고 사무소(1926)가 세워졌다. 외국인 거류지인 야마테 지역에는 야마테 자료관으로 사용하고 있는 구 소노다(園田) 주택(1909), 도쿄 시부야에서 이축한 미국인 건축가인 제임스 맥도날드 가디너(James Mcdonald Gardiner)의 구 우치다케(內田家) 주택(1910), 미국인 건축가 제이 힐 모건(Jay Hill Morgan)의 야마테 111번관(1926)과 미하루다이(三春台)에 위치한 간토(關東) 학원 중학교(1929), 베릭 홀(Berrick Hall:1930), 요코하마 야마테 성공회(1931), 체코의 건축가 얀 요셉 스와거(Jan Josef Svager)의 가톨릭 야마테 교회(1933), 설계자 미상의 구 영국 총영사관저였던 영국관(1937)에 이르는 많은 건축물이 세워졌다. 이 시대 요코하마의 건축적 특징은 화양(和洋) 절충이라고 할 수 있다. 이 화양 절충식은 메이지 초기에 관청, 학교, 병원 등 근대적인 시설을 건축하는 데 있어 일본의 목수가 일본인을 위한 서양 건축물을 만들면서 생긴 양식으로 서양 건축 특유의 요소를 일본적인 디자인과 혼재시킨 절충 양식이었다. 이것을 발전시킨 대표적인 인물은 요코하마로 진출한, 에도 출신의 목수였던 시미즈 기스케(淸水 喜助)다. 그는 요코하마 역(1871)을 설계한 미국인 건축가인 리처드 브리젠스(Richard P. Bridgens)와 협력하여 제일국립은행 같은 화양 절충식의 건축물을 만들면서 시미즈(淸水) 건설의 기틀을 마련하였다.

쇼와 시대(1926-89)는 쇼와 천황의 재위 기간으로 관동대지진 이후라서 어두운 분위기에서 시작되었다. 이 시대는 워낙 시기적으로 길기 때문에 근, 현대건축의 경계가 되는 1960년 전후까지의 도쿄와 요코하마의 역사와 관련된 건축을 언급하고자 한다. 60년대 이후는 책의 본문에 나와 있는 건축물들에 의해 부분적으로 설명이 된다고 생각되기 때문이다. 이 시대 초기에는 1927년 금융 공황과 1929-30년의 세계 공황으로 정치와 사회의 불안정이 심화되었으며, 이에 군부가 1937년 중일전쟁에 돌입하면서 사실상 군부 독재 체제가 되었다. 1941년 시작된 미국과의 태평양전쟁은 도쿄에 커다란 영향을 미쳤으며, 전쟁의 수행을 위해 부와 시로 이원화되었던 이중 행정을 탈피하여 1943년 합병된 도쿄 도가 탄생하게 된다. 태평양전쟁을 거친 후, 1947년에 구부는 23개구로 재편성되었다. 그러나 그 대도시로 변하는 과정이 평탄한 것만은 아니었다. 1923년의 관동대지진에 의한 도심부의 화재라는 재앙, 1927년 아사쿠사와 우에노 간의 최초 지하철의 개통, 1931년 하네다 공항의 완성, 1941년 도쿄 항의 개항이라는 사건들이 있었다. 그리고 1941년 태평양전쟁은 도쿄에 커다란 영향을 미쳐 1945년의 인구는 1940년 인구의 반인 349만 명으로 줄어들었던 적도 있었다. 일본은 1950년 한국동란에 의한 경제 회복으로 60년대에 고도성장의 시대를 맞이하게 되었으며 건축적으로는 60년대에 일본 현대건축의 모태인 메타볼리즘(Metabolism) 그룹이 대두하게 된다.

쇼와 시대 전기는 교육 관계의 건축에서 시작되었다고 할 수 있다. 와세다 대학의 상징이기도 한 사토 고이치(佐藤 功一)와 사토 다케오(佐藤 武夫)가 설계한 근대 고딕적인 오쿠마(大隈) 기념강당(1927), 로마네스크 풍의 이토 주타(伊東 忠太)가 설계한 히토쓰바시(一橋) 대학 가네마쓰(兼松) 강당(1927), 프랭크 로이드 라이트가 제자인 엔도 아라타(遠藤 新)와 같이 설계한 자유학원 묘니치칸(明日館:1927), 사노 도시카타(佐野 利器) 등의 가쿠시(學士) 회관(1928), 선교사로 왔다가 건축가로 변신한 미국인 윌리엄 메럴 보리스(William Merrell Vories)의 요코하마 교리쓰(共立) 학원 교사(1931)가 그것이다.

자유학원 묘니치칸

도쿄에는 쇼와 시대의 건축물이 아직도 많이 남아 있다. 미국의 트로브리지와 리빙스톤(Trawbridge & Livingstone) 설계사무소의 르네상스 양식에 코린트식 기둥을 가미한 미쓰이 본사(1929), 고마바(駒場) 내의 쓰카모토 야스시(塚本 淸)가 설계한 도쿄 도 근대 문학박물관 용도의 구 마에다(前田) 후작저택 서양관(1929), 일본 민예운동을 일으킨 야나기 소에쓰(柳 宗悅)가 설계한 일본 민예관 본관(1936), 쇼와를 대표하는 건축물이라고 할 수 있는 체신성 영선과 요시다 데츠로(吉田 鐵郞)가 공간적인 면에서 화풍을 추구하여 설계한 도쿄 중앙우체국(1931), 와타나베 진(渡邊 仁)이 긴자에 세웠던 구 세이코(服部) 시계점(1932)이었던 와코(和光) 빌딩과 케빈 로치 존 딩켈루(Kevin Roche John Dinkeloo)가 증축 설계, DK 타워 21로 사용 중인 다이이치 생명관(第一生命館:1938), 우에노에 있는 일본식 지붕에 근대적 구조의 제관 양식 대표작인 도쿄 국립박물관 본관(1937)이 있다.

이외에도 긴자 근처에는 일본식 가부키자를 설계했던 오카다 신이치로의 서양식 건축물인 메이지(明治) 생명관(1934)이 있다. 기타 건축물로는 메이지야(明治屋) 빌딩(1933), 니혼바시 다카시마야(日本橋 高島屋:1933) 같은 건축물도 있다. 이외에도 양식주의에서 근대 기능주의로 이행하는 과도기적인 사무소 건축인 대장성 영선관재국 설계의 우정성 아자부(麻布) 우편국(1930), 일본에 있어서 아르데코 건축의 결정판이라고 할 수 있는 앙리 라팡(Henri Rapan)의 도쿄도 정원미술관(1933), 구 제국의회 의사당이었던 국회의사당(1936) 같은 고전과 근대기의 과도기적인 건축물들이 있다.

30년대부터 도쿄의 건축도 서서히 고전양식에서 탈피, 표현주의나 아르데코를 거쳐 본격적인 근대양식으로 변신하려는 움직임이 나타났다. 2006년 안도 다다오에 의해 오모테산도 힐즈로 다시 태어난 일본 최초의 철근콘크리트 조의 아파트인 도준카이(同潤會)의 아오야마(靑山) 아파트(1926-27), 현재 기산(近三) 빌딩으로 사용하고 있는 근대적인 분위기의 무라노 토고(村野 藤吾) 설계의 모리고(森五) 상점 도쿄 지점(1931), 에비스 가든 플레이스 근처의 주택가에 있는 라이트의 제자인 여성 건축가 쓰치우라 가메키의 건식 구조에 의한 도시형 주택인 쓰치우라 가메키(土浦 龜城) 자택(1935), 와타나베 진의 후기 작품으로 데 스틸, 암스테르담파, 아르데코가 혼합된 모더니즘적인 요소가 강하게 표현된 하라(原) 미술관(1938)이 그것이다.

1941년의 태평양전쟁이라는 역사적인 상흔은 도쿄의 건축에도 커다란 영향을 미쳐서 50년대까지 이렇다 할 건축물이 세워지지 않은 블랙홀과 같은 공백기를 만들었다. 40년대는 현재 에도 도쿄 건축물 정원에 이축된 마에카와 구니오가 설계한 마에카와 구니오 자택(1941) 같은 주택 외에는 남아있는 것이 없다. 이 시기는 일본에서는 전후의 주택난을 타개하기 위해서 조립식 주택에 대한 연구가 활발하게 행해지던 시기였다.

50년대까지의 도쿄의 근대적인 건축물로는 롯폰기에 위치한 사카쿠라 준조(坂倉 準三), 마에카와 구니오(前川 國男), 요시무라 준조(吉村 順三) 공동 설계의 국제문화회관(1955), 전후 공업제품과 조립식 콘크리트 패널을 사용한, 현재 미쓰이 스미토모(三井 住友) 은행 고후쿠바시(吳服橋) 출장소인 마에카와 구니오의 니혼 소고(日本 相互) 은행(1952),

유라쿠쵸

일본생명 히비야빌딩

근대건축의 5원칙에 의한 커튼월 구조를 한 오에 히로시(大江 宏)의 호세이(法政) 대학(1953), 다니구치 요시오(谷口 吉郞)의 처녀작인 도쿄 공업대학 창립 70주년기념관(1955), 도쿄 포럼에 바로 인접해있는 무라노 도고가 설계한 구 유라쿠초(有樂町) 소고(1957), 우에노에 있는 헤이안(平安) 시대의 건축을 근대적으로 표현한 요시다 이소야(吉田 五十八)의 일본 예술원회관(1958), 일본식을 배제한 근대적인 사찰인 시라이 세이이치(白井 晟一)의 젠소지(善照寺) 본당(1958), 4개의 콘크리트 벽체형 필로티로 지지된 원룸 공간 주택인 기요노리 기쿠타케(菊竹 淸訓)의 스카이 하우스(1958), 서구 근대건축의 원형을 보여주는 르 코르뷔지에의 국립서양미술관(1959)을 거론할 수 있다. 국립서양미술관의 경우와 같이 일본과 한국이 서구의 근대건축을 수입하는 과정에서 보이는 상황이 다른 것은 일본에는 서구의 근대 거장 건축가들인 프랭크 로이드 라이트, 르 코르뷔지에 등이 직접 일본의 곳곳에 건축물을 완성하였으며, 그들의 사무소에서 직접 배운 건축가들이 많다는 것이다. 우리나라에서 김중업이 르 코르뷔지에 사무실에서 배운 것에 비하여, 일본에서는 마에카와, 사카쿠라, 요시자카 등이 르 코르뷔지에게, 엔도나 쓰치우라 등이 라이트라는 서

아테네 프랑세

구 거장 건축가에 직접 사사하였던 것이다. 또한 서구 근대건축의 사조가 한국처럼 유행같이 들어왔다가 사라진 것이 아니라 분리파 건축회나 일본 인터내셔널 건축회를 통하여 실제적인 건축물로 실현하면서 이론을 검증하였다는 사실이다.

60년대 이후의 건축물로는 르 코르뷔지에의 건축 어휘를 해석한 마에카와 구니오의 도쿄 문화회관(1961), 무라노·모리(村野·森) 설계사무소의 일본 생명 히비야(日比谷) 빌딩(1963), 구조와 기능 및 표현을 일체화시켜 표현한 단게 겐조(丹下 健三)의 요요기 국립경기장(1964), 르 코르뷔지에의 제자로서 불연속 통일체라는 개념을 구현하려고 했던 요시자카 다카마사(吉阪 降正)의 아테네 프랑세(1960)와 대학 세미나 하우스(1965), 원통형의 코어와 커튼월 입면의 대비가 인상적인 업무 공간의 대표작인 하야시 쇼지(林 昌二)와 니켄세케이(日本設計)의 팰리스사이드 빌딩(1966), 6층의 탑상형으로 구성한 도시형 주택인 아즈마 다카마사(東 孝光)가 설계한 탑의 집(1966)에서 생물체의 신진대사 시스템을 건축으로 표현한 메타볼리즘의 사상을 건축화한 구로카와 기쇼(黑川 紀章)의 나가킨 캡슐 타워(1972) 등을 도쿄의 거리를 걸으면서 만날 수 있다.

요코하마는 다이쇼 시대에 군사적인 요충지로서 발전하였다. 1923년 관동대지진과 태평양전쟁 말기 1945년 미군의 공습으로 도시가 파괴되었으며 요코하마 중심부와 항만 시설은 점령군에게 접수되었다. 간나이 지역에 위치한 요코하마를 대표하는 역사적인 호텔인 와타나베 진의 호텔 뉴 그랜드(1927)는

후지야빌딩

맥아더와 채플린도 머물렀던 건축물로서 요코하마의 역사적 사건의 한가운데 위치했던 건축물이다. 와타나베 세츠(渡邊 節)의 구 니혼 멘카(日本 綿花) 요코하마 지점(1927), 일본식과 서양식이 절충된 고요시로(小 尾嘉郎)의 가나카와(神奈川) 현청사(1928), 전전 고전주의 양식의 전형인 야스다(安田) 은행 영선부의 구 야스다 은행 요코하마 지점(1929), 오바야시(大林) 조의 구 요코하마 마쓰자카야(松坂屋) 서관(1931), 와다 준켄(和田 順헌)의 요코하마 유센(郵船) 빌딩(1036), 오구마 요시쿠니(大態 喜邦)의 요코하마 은행협회(1936) 등이 밀집되어 있다.

다른 지역의 다이쇼 시대의 건축물로는 거류지 외국인을 위한 일본 최초의 서양식 경마장이었던 제이 힐 모건의 구 네기시(根岸) 경마장(1929), 오쿠라야마에 위치한 나가노 우에지(長野 宇平治)가 설계한 요코하마시 오쿠라야마(大倉山) 기념관(1932), 히요시 지역에 위치한 소네 추조(曾禰 中条) 설계사무소의 게이오 대학 히요시(日吉) 교사(1934), 이소고(磯子) 지역에 있는 일본식 외관을 한 다케나카 공무점의 요코하마 프린스 호텔 귀빈관(1937)이 있다. 요코하마의 건축도 서서히 고전에서 근대로의 변화가 나타나고 있는데, 요코하마를 대표하는 초기 국제주의 양식의 건축물인 안토닌 레이몬드가 설계한 야마테 지역의 페리스 여학원 대학 10호관(1929)과 간나이 지역의 후지야(不二

家) 빌딩(1937) 등이 그것이다.

요코하마도 도쿄와 마찬가지로 태평양전쟁으로 50년대까지 건축물의 공백기를 맞이하였다. 50년대 이후의 근대적인 경향의 건축물로는 르 코르뷔지에의 제자인 마에카와 구니오의 가나카와 현립 도서관과 음악당(1956), 무라노 도고의 요코하마 시청사(1959), 또 한 명의 르 코르뷔지에의 제자인 사카쿠라 준조의 실크센터 국제무역관광회관(1959)과 가나카와현 신청사(1966)로 이어지고 있다.

일본의 도쿄, 요코하마가 한국의 서울, 인천과 다른 것은 비교적 근대기의 건축물이 잘 보전되어 있다는 점이다. 도깨비 여행 중에 도쿄에서도 도쿄 포럼을 보다가 근처에 위치한 도쿄 역 같은 건축물의 실내에 들어가서 과거의 분위기를 느껴보면, 기억과 시간의 흐름이 적층된 분위기가 어떤 것인지 알 수 있다. 특히 긴자나 니혼바시 지역에는 근대기의 건축물이 많이 모여 있으며, 그 건축물을 통해서 도쿄와 요코하마를 다시 본다면 아는 만큼 보인다는 말처럼 도쿄와 요코하마의 속살을 더 깊숙이 보는 계기가 될 것이다. 요코하마에서는 요코하마 항 오산바시 국제여객터미널을 가는 도중에도 호텔 뉴 그랜드 같은 근대기의 건축물이 많이 있으니 한 번 들려보자. 특히 과거 외국인 거류지였던 야마테 지역에는 이국적인 주택 건축도 많기에 한 번 방문해보기를 권한다. 과거는 현재와 미래를 알려주는 거울과 같은 것이기에 분명 그 의미가 있을 것이다.

일본의 근대건축에 대하여 자세히 알려면, 다음 웹사이트를 방문해보자.
- 근대건축산책(近代建築散策) : http://maskwed.jp

도쿄의 공원에 대한 웹사이트(공원 안에 근대건축물들이 있는 경우가 있음)
- 공원·정원을 탐구한다(公園·庭を探す) : http://www.tokyo-park.or.jp

일본 근, 현대건축에 대한 설명과 안내지도
- http://www.archi-map.net

# 차 례

04 _ 도쿄, 요코하마의 거리를 거닐며…
09 _ 건축물을 보면, 도쿄와 요코하마의 역사가 보인다
32 _ 1박2일 추천 코스
34 _ 도쿄 지하철 노선도
36 _ 도쿄 하네다 국제공항 국제선 여객터미널
38 _ 도쿄 하네다 국제공항 제2여객터미널

## 오다이바 _ 40

44 _ 시노노메 캐널 코트 코단 집합주택
46 _ 후지 텔레비전 빌딩
48 _ 일본 과학미래관
50 _ 도쿄 국제교류관
51 _ 팔레트 타운 웨스트 몰·비너스 포트
52 _ 도쿄 패션타운
53 _ 도쿄 국제전시장

## 긴자·마루노우치·니혼바시의 도시개발 _ 54

58 _ 도쿄 포럼
60 _ 아이다 미쓰오 미술관
61 _ 도쿄 빌딩
62 _ 마루노우치 파크 빌딩·미쓰비시 이치코칸
63 _ 메이지 야스다 생명 빌딩
64 _ 도쿄 역, 도쿄 스테이션 시티
65 _ 도쿄 중앙우체국
66 _ 마루노우치 빌딩 리노베이션
68 _ 신 마루노우치 빌딩
69 _ 마루노우치 오아조
70 _ 샹그릴라 호텔 도쿄
71 _ 코레도 니혼바시
72 _ 무로마치 히가시 미쓰이 빌딩
73 _ 코레도 무로마치
74 _ 니혼바시 무로마치 노무라 빌딩
75 _ 무지루시료힌 유라쿠초 매장
76 _ 미키모토 긴자
77 _ 티파니 긴자
78 _ 드비어스 긴자
80 _ 불가리 긴자 타워
81 _ 폴라 긴자 빌딩
82 _ 샤넬 긴자 빌딩
83 _ 더 페닌슐라 도쿄
84 _ 유라쿠초 센터 빌딩
85 _ 다사키 긴자 본점
86 _ 소니 쇼룸·퀄리아 도쿄
88 _ 메종 에르메스

도쿄·요코하마, 공간으로 체험하다

- 89 _ 디올 긴자
- 90 _ 아르마니 긴자 타워
- 91 _ 구찌 긴자
- 92 _ 닛산 갤러리 긴자
- 93 _ 베르투 긴자
- 94 _ 긴자 그린
- 96 _ 루이뷔통 긴자 나미키점
- 97 _ 야마하 긴자 빌딩
- 98 _ 니콜라스 G. 하이엑 센터
- 100 _ 도쿄 긴자 시세이도 빌딩
- 101 _ 랑방 부티크 긴자점
- 102 _ 스와로브스키 긴자
- 103 _ 고순 빌딩
- 104 _ 가부키자
- 105 _ ADK 쇼치쿠 스퀘어
- 106 _ 쓰키지 혼간지
- 107 _ 나카긴 캡슐 타워

## 시오도메 _ 108

- 112 _ 덴츠 신 사옥
- 114 _ 애드 뮤지엄 도쿄
- 115 _ 일본 텔레비전 타워
- 116 _ 시오도메 시티 센터 + B지구 공용부
- 117 _ 시오도메 지하 보행자 도로

## 하라주쿠·오모테산도·아오야마 _ 118

- 122 _ 라포레 하라주쿠 프로젝트
- 123 _ 디 아이스 큐브스
- 124 _ hhstyle.com
- 125 _ hhstyle.com/casa
- 126 _ 히코 미즈노 주얼리 컬리지
- 127 _ 디 아이스버그
- 128 _ 비 로쿠
- 129 _ QUICO 진구마에
- 130 _ 에스파스 태그호이어
- 131 _ 디올 오모테산도
- 132 _ 쟈일
- 133 _ 루이뷔통 오모테산도 빌딩
- 134 _ 토즈 오모테산도 부티크
- 136 _ 일본간호협회 빌딩
- 137 _ 옴니 쿼터
- 138 _ 오모테산도 힐즈
- 140 _ 베이프 하라주쿠
- 141 _ 원 오모테산도
- 142 _ 스파이럴
- 144 _ 아오 빌딩
- 145 _ 콤데가르송 아오야마점
- 146 _ 프라다 부티크 아오야마점
- 147 _ 닐 바레트 도쿄
- 148 _ 미나미 아오야마 스퀘어
- 150 _ 프롬 퍼스트 빌딩
- 151 _ 꼴레지오네
- 152 _ 네즈 미술관
- 154 _ 마르니 아오야마
- 155 _ 자스맥 아오야마 웨딩
- 156 _ 프랑프랑 아오야마

- 158 _ 도릭
- 159 _ NTT 아오야마 빌딩·에스코르테 아오야마
- 160 _ 포럼 빌딩
- 161 _ 바이소우인
- 162 _ 카시나 인터데코 아오야마 본점
- 164 _ GSH
- 165 _ 테피아
- 166 _ 다 드리아데 아오야마·야마기와 아오야마점
- 167 _ 와타리움
- 168 _ 일본 기독교단 하라주쿠 교회
- 169 _ 탑의 집
- 170 _ 테라짜
- 171 _ 유나이티드 애로즈 하라주쿠 본점

# 시부야 · 다이칸야마 · 에비스 _ 172

- 176 _ 도큐도요코센 시부야 역
- 178 _ 미야시타 코엔
- 179 _ 시부야 마크 시티
- 180 _ Q 프런트
- 181 _ 휴맥스 파빌리온
- 182 _ 라이즈
- 183 _ 빔
- 184 _ 분카무라
- 185 _ 쇼토 미술관
- 186 _ 갤러리 톰
- 187 _ 아오야마 제도 전문학교 1호관
- 188 _ 요요기 국립종합경기장
- 189 _ 와이어드 카페
- 190 _ 힐사이드 테라스
- 192 _ 힐사이드 웨스트
- 193 _ 카라트 77
- 194 _ 온워드 다이칸야마 패션 빌딩
- 195 _ 스피크 포 빌딩·암비덱스 다이칸야마
- 196 _ 유나이티드 뱀브
- 197 _ 콘체 에비스
- 198 _ 메구로 가조엔
- 200 _ 선버스트 빌딩
- 201 _ 에비스 가든 플레이스

# 우에노 _ 202

- 206 _ 서양 근대미술관
- 208 _ 도쿄 국립박물관 호류지 보물관
- 210 _ 국제 어린이도서관
- 212 _ 도쿄 문화회관
- 213 _ 도쿄 예술대학 대학미술관과 공연장

도쿄·요코하마, 공간으로 체험하다

## 신주쿠 _ 214

218 _ 7 & 8 디너
220 _ 바카리 디 나투라
221 _ 퀼롱 텐신
222 _ 덕키 덕 신주쿠 7 & 8 디너점
223 _ 비쇼쿠 마이몬
224 _ 엘 블랑 서비스
225 _ 켄스 델리 & 가페, 다이닝 신주쿠점
226 _ 이치반칸·니반칸
227 _ 도쿄 도청사
228 _ 모드학원 코쿤 타워
230 _ 신주쿠 파크 타워
231 _ NTT 신주쿠 본사 빌딩
232 _ 도쿄 오페라 시티+신 국립극장

## 롯폰기 _ 234

238 _ 롯폰기 힐즈 모리 타워
239 _ 그랜드 하얏트 도쿄 호텔
240 _ 모리 아트 뮤지엄
241 _ 버진 시네마즈 롯폰기 힐즈
242 _ 아사히 TV
243 _ 롯폰기 J
244 _ 롯폰기 힐즈의 공공 예술품과 디자인 프로젝트
246 _ 루이뷔통 롯폰기 힐즈점
248 _ 국제문화회관
249 _ 정책연구대학원 대학
250 _ 국립 신미술관
252 _ 르 베인
253 _ 더 월
254 _ 피라미데
255 _ 아자브 에지-물질시행20
256 _ 미드타운 타워
258 _ 산토리 미술관과 미드타운 웨스트 레스토랑동
259 _ 미드타운 웨스트 주거동·미드타운 파크사이드
260 _ 미드타운 디자인 사이트
262 _ 아카사카 사카스

## 요코하마 _ 264

- 268 _ 요코하마 항 오산바시 국제여객터미널
- 270 _ 조우노하나 공원·테라스
- 271 _ 뱅크아트 스튜디오 NYK
- 272 _ 가나카와 예술극장·NHK 요코하마 방송회관
- 273 _ 야마시타 공원 재정비
- 274 _ 요코하마 인형의 집
- 275 _ 호텔 뉴 그랜드
- 276 _ 아카렌가 소고 1, 2호관
- 277 _ 요코하마 랜드마크 타워
- 278 _ 퀸즈스퀘어 요코하마
- 280 _ 패시피코 요코하마
- 281 _ 요코하마 미술관
- 282 _ 가나카와 현립 음악당과 도서관, 청소년센터
- 283 _ 요코하마 바람의 탑
- 284 _ 요코하마 베이쿼터
- 286 _ 닛산 자동차 그로벌 본사
- 287 _ 후지제록스 R&D 스퀘어
- 288 _ 미나토미라이 선

## 마쿠하리 _ 290

- 294 _ 마쿠하리 베이타운 코어
- 296 _ 마쿠하리 베이타운 파티오스 11번가
- 298 _ 지바 시립 우타세 초등학교
- 300 _ 마쿠하리 메세·신 전시장 북 홀
- 302 _ 마쿠하리 테크노 가든
- 303 _ 마쿠하리 프린스 호텔
- 304 _ IBM 재팬

도쿄·요코하마, 공간으로 체험하다

부록 _ 304

308 _ 에도 도쿄 박물관
310 _ 아사히 수퍼드라이 홀
312 _ 도쿄 디자인센터
314 _ 자유학원 묘니치칸
315 _ 난요도 서점
316 _ 치히로 미술관 도쿄
317 _ 센가와 안도 다다오 스트리트
318 _ 누벨 아카바네다이 집합주택
320 _ 갤러리 마
321 _ GA 갤러리
322 _ 에도 도쿄 건축물 정원
324 _ 오에도온센 모노가타리
325 _ 시나가와 그랜드 코몬즈

326 _ 찾아보기

# 1박 2일 추천 코스

**1일 오전**  오다이바, 긴자, 시오도메

- ㊹ 시노노메 캐널 코트 코단 집합주택
- ㊺ 도쿄 포럼 58
- ㊻ 아이다 미쓰오 미술관 60
- 마루노우치 파크 빌딩 62
- 무지루시료힌 유라쿠초 매장 75
- 티파니 긴자 77
- 소니 쇼룸 86
- 메종 에르메스 88
- 니콜라스 G. 하이엑 센터 98
- 도쿄 긴자 시세이도 100
- 덴츠 신 사옥 112
- 애드 뮤지엄 도쿄 114
- 카레타 시오도메 46층 다이닝바 히비키

**1일 오후**  하라주쿠, 아오야마

- 비 로쿠 128
- 쟈일 132
- 오모테산도 힐즈 138
- 토즈 오모테산도 부티크 134
- 스파이럴 142
- 콤데가르송 아오야마점 145
- 프라다 부티크 아오야마점 146
- 네즈 미술관 152

**2일 오전** 우에노, 신주쿠

212 도쿄 문화회관

서양 근대미술관 206

208 도쿄 국립박물관 호류지 보물관

국제 어린이도서관 210

213 도쿄 예술대학 캠퍼스

신주쿠 7 & 8 디너

**2일 오후** 롯폰기 힐즈, 미드타운

254 피라미데

롯폰기 힐즈
· 루이뷔통 롯폰기 힐즈점 246
· 그랜드 하얏트 도쿄 호텔 239
· 모리 아트 뮤지엄 등 240

미드타운
256 · 미드타운 타워
258 · 산토리 미술관과
미드타운 웨스트 레스토랑동
260 · 미드타운 디자인 사이트

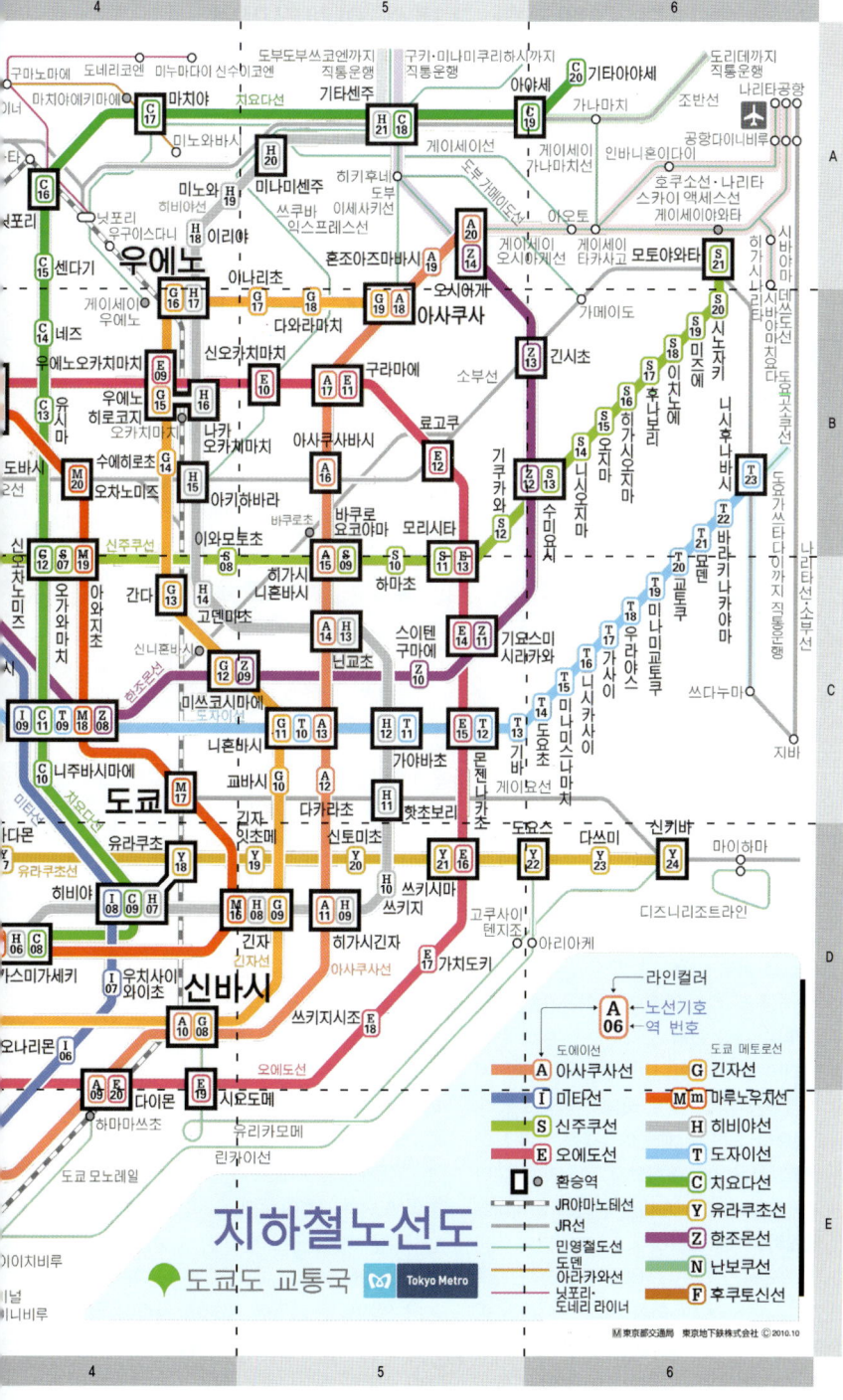

# 도쿄 하네다 국제공항 국제선 여객터미널

2010  아주사세케이(梓設計), 펠리 클라크 펠리 아키텍츠, 야스이(安井)건축설계사무소

도쿄에 가려면, 과거에는 도쿄 시내에서 1시간 반 정도 떨어진 나리타(成田) 공항에 도착해 전철 등을 이용하여 도쿄 시내로 갔었지만, 최근 도깨비 여행으로 가는 여행객들은 대부분 제일 먼저 도착하는 일본의 관문은 나리타 공항이 아닌 하네다 공항이다. 서울의 김포공항처럼 주로 국내선 공항으로 이용되었으나 최근 도깨비 여행객을 위한 노선에 주로 사용되는 공항으로 모노레일을 타면, 20분 만에 도쿄 시내인 남쪽의 하마마츠초(浜松町) 역에 도착하게 된다. 일본의 지방에서 외국을 가려면 하네다 공항에서 내려서 다시 한 시간 반 이상 걸리는 나리타 공항으로 가서 비행기를 갈아타야 하는 것 때문에 인천의 영종도공항과의 경쟁에서 밀리는 문제를 해결하기 위하여 하네다 공항에 국제선을 위한 공항을 만든 것이 도쿄 국제공항 국제선 여객터미널이다.

하네다 공항에 새롭게 문을 연 국제선 여객터미널은 제1터미널이 육지, 제2터미널이 바다로 디자인 콘셉트를 설정한 데 비하여 하늘로 설정하였다. 국제선 터미널은 경관과 내외부 공간의 디자인 콘셉트를 하늘로 설정. 수도권 하늘의 현관답게 방문하는 사람들에게 기대감을 주도록 디자인하였다. 공항은 2층이 도착층, 3층이 출발층, 4층과 5층에 상업시설을 배치하였으며, 이런 시설들이 하늘을 형상화한 거대한 지붕에 덮여있다. 3층, 4층이 일체화된 공간에 천장을 통하여 들어오는 빛과 거대한 순백색의 금속패널로 이루어진 천정은 마치 새털구름 등을 암시하면서 여객의 동선을 따라 연속적으로 천정이

## 도쿄 하네다 국제공항 국제선 여객터미널

높아지면서 동선의 진행방향을 알려주고 있다. 국제선 공항에서 일본다운 분위기를 여객들에게 느끼도록 2층의 도착 콩코스에서 육상 교통기관에 이르는 동안 일본의 감성과 사계절을 주제로 하여 연출하였다. 특히 4, 5층은 에도에서 현대 미래의 도쿄를 주제로 한 상업존을 만들어 에도 시대에 와있는 것 같은 비일상적인 체험을 하도록 하였다. 4층은 에도의 작은 거리와 공중정원, 5층은 도쿄 팝타운으로 설정한 과거와 미래의 도쿄로 연출한 상업존으로 구성하여 공항에서 머무르는 동안에 일본의 전통과 미래의 분위기를 느끼도록 하였다. 에도의 거리 연출은 교토의 건축가인 기시 와로(岸 和郎)가 감수를 맡아서 디자인하였다.

# 도쿄 하네다 국제공항 제2여객터미널

2004
2010

펠리 클라크 펠리 아키텍츠+MHS+NTT 퍼실리티스

하네다 공항에 2004년에 도쿄 국제공항 하네다 제2여객터미널이 문을 열었다. 건축이나 인테리어를 전공한다면, 일본에 도착하는 항공편이 하네다 공항의 제2여객터미널로 바로 도착하지는 않지만 무료로 운영되는 리무진버스를 이용, 제2여객터미널을 한번 돌아본 후에 도쿄 시내로 가는 것을 추천한다. 도쿄 만에 면해서 건축된 제2여객터미널은 그 디자인을 바다를 디자인 콘셉트로 하여 공항의 캐노피부터 바다의 물결을 연상시키는 파도형의 곡선으로 구성하였다. 공항의 공간적인 포인트는 실내의 상징적인 랜드마크인 라이트 콘이라고 불리는 지하에서 지상 5층까지 오픈된 콘 형태의 콩코스, 그리고 이 오픈된 공간 상부에 걸려있는 곡선형의 파도를 연상시키는 천으로 된 오브제가 인상적이다. 이것은 최근 대부분의 공항이 하이테크한 디자인으로 균질 공간에 의한 모듈화된 구조미학을 표현하고 있으나 시자 펠리는 오히려 실내 공간에서 승객들의 길 찾기를 위한 공간적, 시각적인 인식성을 강조하여 라이트 콘 같은 콩코스와 출발 게이트에 조명을 이용한 광벽을 사용하여 멀리서도 쉽게 인지되도록 하였다.

라이트 콘 부분에 마켓플레이스로서 회유성이 있는 상업시설을 배치, 자연히 옥상의 전망 로비까지 승객들의 동선을 연결시키고 있다. 공항터미널의 디자인은 보다 편리하게 여객을 목적지로 유도하는 기능성과 체류 공간으로서의 쾌적성을 추구하게 되는데, 이 제2터미널은 체류 기능을 가지고 있기 때문에 여객들이 시간을 보내는 다양한 환경 만들기가 중요하다. 따라서 상업시설을 '매력 있는 도시적인 분위기 창출'을 목표로 라이트 콘 주변에 적층, 배치하여 기능적, 시각적으로 일체화된 도시의 광장으로서 디자인하여 옥상의 전망 로비에서 비행기가 오르고 내리는 것을 바라보며 커피를 마시도록 디자인한 데크가 인상적이다. 이 하네다 공항을 본 다음, 시간이 남으면 바로 공항과 연결된 하네다 엑셀 호텔 도큐(2004)를 방문하기 바란다. 도큐 설계 컨설턴트(건축)와 관광기획설계사(실내)에서 디자인한 공항 호텔의 실내 공간은 곡면으로 구성된 라운지가 인상적으로 대부분의 기능적인 공항 호텔과는 다른 분위기를 연출하고 있다. 공항의 설계와 증축은 국내의 종로 교보빌딩을 설계한, 과거 시자 펠리 아키텍츠였던 펠리 클라크 펠리 아키텍츠에서 2010년 콩코스에서 연장, 증축하였다. 기다리는 동안 공용부에 놓여있는 260종류의 디자이너 의자에 앉아 즐기기 바란다.

羽田空港国際線旅客ターミナル 39

E-3
도쿄 하네다 국제공항 제2여객터미널　p.34

시노노메 캐널 코트 ❶
단 집합주택(p.44)

다음 역인
시노노메역에서
하차

❼
도쿄 국제전시장
(p.53)

お台場
오다이바

팔레트 타운

일본 과학미래관

후지텔레비전빌딩

## 오다이바 지역

오다이바는 원래 서울의 여의도처럼 업무 중심 지구인 임해 부도심 개발로 이루어진 인공으로 조성된 섬이었다. 도쿄 만의 중앙을 매립한 아리아케(有名) 지역에 도쿄의 7번째 부도심인 임해 부도심의 개발 구상을 진행하여 도쿄 텔레포트 타운의 개발이 구체화되었다. 그러나 1989년 말 버블 경제의 붕괴와 10여 년에 걸친 장기 불황으로 업무 공간의 분양이 극도로 저조하여 계획을 수정하지 않을 수밖에 없게 되었다. 따라서 인공 섬은 최첨단의 놀이와 패션의 거리, 먹거리를 즐길 수 있는 거대한 테마파크형의 관광지로 변모하여 도쿄의 젊은이들의 명소가 되어 매년 4천만 명 이상이 방문하고 있다.

임해 부도심은 크게 4개의 지역인 다이바(大場) 지구, 아오미(靑海) 지구, 아리아케 북측 지역, 아리아케 남측 지역으로 구분된다. 오다이바로 가기 위해서는 JR 신바시 역이나 유리카모메 시오도메 역에서 무인 방식으로 운행되는 모노레일 유리카모메를 타고 가면 된다. 유리카모메로 일주일에 일곱 번 조명이 바뀐다는 레인보우 브리지를 건너면 오다이바에 도착하게 된다. 오다이바는 영화 '춤추는 대수사선 2; 레인보우 브리지를 봉쇄하라'나 '도쿄 러브 스토리', '퍼팩트 러브' 등 여러 작품의 배경이 된 도쿄의 새로운 명소다. 이 지역은 상당히 넓기 때문에 후지 텔레비전 빌딩, 아쿠아시티와 메디아주, 덱스 도쿄 비치가 있는 다이바 역, 카이힌 역을 A지역, 텔레콤 센터 역, 일본 과학미래관 등이 위치한 배과학관 역 주변이 B지역, 비너스 포트와 팔레트 타운, 메가 웸이 위치한 아오미 역을 C지역, 국제전시장과 패션타운이 있는 도쿄국제전시장 역 주변을 D지역이라고 한다면, 관광객을 위한 볼거리는 A, C지역에 몰려 있다고 해도 과언은 아니다. 특히 텔레콤 센터와 인접하여 오에도온센 모노가타리(大江戶溫泉物語)라는 에도 시대의 거리를 테마로 한 대형 온천탕이 생겨서 도깨비 여행으로 피곤한 여행자가 심야 항공기의 이용에 따른 피로를 풀거나 온천에서 숙식을 해결하기 위해 자주 이용하는 장소다.

최근작들을 중심으로 보려고 한다면, 이토 토요, 쿠마 켄고, 야마모토 리켄 등이 디자인한 시노노메 캐널 코트 코단 집합주택 단지가 위치한 시노노메(東雲) 역으로 간 다음, D지역인 도쿄 빅 사이트라고 불리는 도쿄 국제전시장, 도쿄 패션타운을 거쳐서 C지역의 우치다 시게루가 디자인한 차이니스 레스토랑 물란이 있는 비너스 포트와 팔레트 타운 웨스트 몰을 거쳐 B지역의 일본 과학미래관, 그리고 A지역의 후지 텔레비전 빌딩으로 가는 것이 효과적이라고 생각한다.

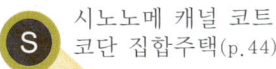

시노노메 캐널 코트
코단 집합주택(p.44)

도쿄 국제전시장(p.53)

팔레트 타운 웨스트 몰
비너스 포트(p.51)

도쿄 국제교류관(p.50)

일본 과학미래관(p.48)

후지 텔레비전 빌딩(p.46)

# 시노노메 캐널 코트 코단 집합주택

CODAN shinonome Canal Court | 오다이바 お台場

2003~2005

야마모토 리켄(1블록)·이토 토요(2블록)·쿠마 켄고(3블록)·야마 설계공방(4블록)·워크스테이션+ADH(5블록)·모토쿠라 마코토 등(6블록)·하세카와 히로키(조경디자인)

새로운 개념의 이 집합주택 단지는 도시기반정비공단에 의하여 과거 공장 부지였던 장소에 실현된 약 2천 호를 수용하는 고밀도 도시형 집합주택으로 다양한 가족 구성과 라이프스타일에 대응하는 거주 형태를 제안하는 프로젝트다. 일본은 국내의 주공과 같은 일본주택공단이 1955년 설립 이래 주택도시정비공단이 전후 일본의 주택공급을 주도하여왔으나, 공단의 해산과 함께 새로운 도시기반정비공단이 설립되면서 집합주택을 근간으로 하는 주택 계획이 근본적으로 변하면서 프로젝트가 시작되었다. 도쿄 역에서 5km밖에 떨어지지 않은 이 지역은 대중교통에 문제가 있었으나 지하철 린카이 선이 연장되면서 주거지로서의 가치가 상승하였다. 야마모토 리켄을 프로젝트 디자인 어드바이저로 하는 6개의 건축가 팀과 조경디자이너, 작곡가, 미디어 전문가들이 참여한 자문기구인 '가로 가구 기획 회의(街路街區企劃會議)'를 통하여 그 콘셉트를 'Good, Activity, Variety, 24hours, Vivid'로 정하여 설계에 임하였다. 전체 단지의 기본 구성은 공단측이 제안한 S자형의 단지 내 도로를 중심으로 6개 건축가 팀들이 제안하는 집합주택 블록을 배치, 각 블록과 저층부의 상가나 생활 지원 시설은 S자형 도로를 중심으로 배치하였다. 저층 상가 및 생활 지원 시설의 옥상은 옥상정원으로 이루어진 데크로 처리, 하

오다이바 | お台場　　　　　　　CODAN shinonome Canal Court

## 시노노메 캐널 코트 코단 집합주택

부는 상가와 함께 고령자를 위한 시설, 탁아소, 집회소 등으로 구성하였다. 이렇게 독신자는 물론 고령자를 위한 그룹 홈 등 다양한 주거 형식을 허용하는 새로운 형식의 도시형 집합주택을 만들기 위하여 단위 주호도 건축가들은 주호라고 부르지 않고 베이직 유닛으로 칭하여 상가나 생활 지원 시설과 세트로 한 생활을 위한 기초단위가 되도록 디자인하였다.

# 후지 텔레비전 빌딩

フジテレビジョン　　　오다이바 | お台場

1996　단게 겐조(丹下 健三)

후지 텔레비전은 과거 본사가 있던 신주쿠에서 임해 부도심인 다이바 지구로 이전, 건축하였다. 멀리서 바라보면, 은색의 프레임 형 구조 위에 구형의 전망대가 오브제처럼 보이는 이색적인 외형을 하고 있는 방송국은 수변 공간이라는 입지와 정보 발신 기지로서의 미디어 기업이라는 점을 감안하여 개방적인 구조의 건축물로 디자인한 결과라고 할 수 있다.

24시간 활기차게 활동하는 모습을 보여줄 수 있는 투명성이 높은 건축물로 디자인하여 고도 정보화 사회에 적합한 사람과 사람의 만남과 정보 교환이 행해지는 커뮤니케이션 스페이스 창출을 목표로 하였다. 방송국은 대형 TV 스튜디오와 관련된 시설이 집약된 저층부, 일반 업무와 관련된 시설인 서측의 업무동, AV와 관련된 시설과 스튜디오로 구성된 동측의 미디어 타워동으로 구성되었다. 두 동의 타워는 6층마다 공중 복도로 연결시키면서 프레임으로 연결된 텔레비전 방송국을 상징하는 필름의 모티프를 한 구조체가 전체의 실루엣을 형성하고 있다. 공중 복도는 기능적인 연결 통로의 기능을 넘어서 사람들과 사람들의 정보 교환을 위한 커뮤니케이션 스페이스로 제공되며 튜브형의 에스컬레이터와 엘리베이터 샤프트는 유리로 처리하여 내부의 움직임을 보여 주는 개방적이고 투명성이 있는 디자인을 달성하였다.

방송국의 주요 기능인 스튜디오는 모두 3층 이상에 배치하여 1층은 사람들에게 개방될

## 후지 텔레비전 빌딩

フジテレビジョン

수 있도록 하였으며 동시에 양쪽 타워의 입구나 점포, 대지를 남북으로 연결하는 멀티 시어터 몰 등이 공공성이 높은 공간으로 디자인할 수 있게 하였다. 업무동과 미디어 타워 간의 저층동에는 5개의 대형 TV 스크린을 배치하고 미디어 타워의 6층, 9층, 12층에 4개에 TV 스크린을 배치하였다. 라디오 방송용 스튜디오는 전망이 좋은 23층, 24층에 배치하여 바다와 다이바 지역을 바라보면서 방송할 수 있도록 디자인하였다.

멀티 시어터 몰과 같은 공공성이 높은 공간은 주변의 도시 공간과 연속시켜 누구나 자유롭게 이용할 수 있는 개방적인 시설로서, 1층의 공공 광장에서 3층 데크, 서측 프롬나드에서 데크, 대계단, 옥상정원, 공중 복도 공간, 구체형의 전망대에 배치하였다. 이 빌딩에는 리처드 로저스가 디자인한 TV 커넥션 카페도 7층 옥상 광장 옆에 위치하고 있으니 커피를 한 잔 마시면서 공간도 감상하기 바란다.

| 48 | 日本科学未来館 | 오다이바 ｜ お台場 |
|---|---|---|
| D-5 p.40 ③ | **일본 과학미래관** | |
| | 2001　니켄세케이(日建設計)+구메세케이(久米設計) | |

# 일본 과학미래관

일본의 과학 미래를 위한 출범한 비행선이나 선박처럼 보이는 미래관은 최첨단의 과학기술을 체험하는 전시 공간으로 연구, 전시, 교류라는 3개의 존으로 구성되었다.

건축물의 특징은 중심부의 전시 공간에 가변성의 도입과 함께 각 존에서 커뮤니케이션을 실현하는 장치로 보이게 한다는 의미의 '스루홀(through-hole)'이라고 칭한 평면 시스템을 도입하였다. 가변적인 전시에 대응하는 30m 스팬과 길이 100m의 무주(無柱) 전시 공간과 양측에 배치된 교류 존, 연구실 존 사이에 10개의 작은 광정을 배치하여 자연 채광과 환기가 가능하게 하였다. 각 층과 존을 시각적으로 연결하는 이 공간을 반도체에서 레이어를 전기적으로 연결하기 위한 층간 접속 기능에서 힌트를 얻어 스루홀이라고 명명하였다. 이 공간을 둘러싼 4개의 기둥을 구성하는 슈퍼 프레임을 세워 지진을 제어하는 장치를 삽입, 지진 시 수평적인 힘을 부담시켜 바닥에서 수평력의 전달을 해방시켰다. 미래관에 진입할 때, 도입부에 곡면으로 처리된 원호상의 아트리움을 통하여 상하층 연속성의 강조와 함께 천장에 매달린 오브제들이 인상적인 공간을 연출한다.

전시 공간의 타원형 오버브리지 사이에 매달려 있는 지오 코스모스라는 지구의는 95만개 이상의 발광다이오드(LED) 칩으로 만들어졌으며, 발광다이오드가 연출하는 다양한 지구의 모습은 장관이다. 전시 공간에서 가장 인기 있는 곳은 3층으로 로봇, 가상현실, 나노 테크놀로지 등 체험형 전시물들로 구성되었다. 외부의 조경은 조지 하그레이브스와 협력하여 디자인하였으며, 광장의 돌로 마감된 스트라이프의 바닥은 과학미래관에서 외부를 향하여 발신하는 과학 정보를 상징, 추상화된 잔디가 깔린 산모양의 구릉은 과학과 자연이 만나서 교섭하여 만들어낸 분자를 상징한 형태를 의미하고 있다. 옥외 전시장은 과학을 구성하는 파형(波形)을 은유하는 파도치는 지형으로 디자인되었다.

## 50 東京國際交流館

# 도쿄 국제교류관

오다이바 | お台場

2001　이시모토(石本)건축설계+사토(佐藤) 설계

일본 과학미래관에 인접한 단지는 국제연구교류대학촌의 국제 교류 기능을 담당하고 있는 시설로 유학생과 연구자 천여 명이 거주하는 4개 동의 기숙사와 국제 회의장으로 구성되었다. 임해 부도심의 특징인 바다에서 부는 강한 바람을 막기 위하여 기숙사인 주공간은 도시에 대해 폐쇄적인 구성을 취하고 있으나 교류 시설만은 개방적인 구성을 취하였다. 기숙사동은 북측에 14층 높이의 독신자용 2개 동을 배치하고 남측에 각각 11층, 9층의 부부를 위한 동과 가족을 위한 동을 배치, 중정을 중심으로 ㅁ자형을 취하고 있는 단지는 각 동에서 바다측으로 최대한 전망을 확보하도록 하였다. 기숙사 동은 중간 중간에 랜덤하게 오픈된 테라스와 라운지를 설치하여 획일적인 느낌의 집합주거에서 탈피를 시도하고 있다. 이 단지에서 가장 인상적인 것은 중정의 교류 광장에 설치된 기하학적인 패턴의 오브제형 벤치라고 할 수 있다. 도시적인 스케일의 건축물에 대한 광장에서 늘어선 휴먼스케일적인 장치로서 벤치와 수목이 조합된 구조물은 마치 미니멀한 설치미술처럼 보이기 때문이다. 조경디자인은 하세카와 히로키(長谷川 浩己)가 이끄는 온사이트 계획설계의 작품으로 인접한 과학미래관의 조지 하그레이브스의 조경과 비교해보는 것도 흥미롭다.

오다이바 | お台場　　　　　　　　　　　　　　　　　パレットタウン Venus Port

# 팔레트 타운 웨스트 몰 · 비너스 포트

모리빌(森ビル)설계부+니혼세케이(日本設計) 등　　1999

직경 100m의 대관람차가 랜드마크로 부각되는 명소로 여성을 위한 쇼핑몰인 비너스 포트와 남성들과 자동차 마니아를 위한 자동차 테마파크인 메가 웹 등으로 구성되어 있다. 비너스 포트는 팔레트 타운 2, 3층에 위치한 테마파크형 상업시설로서 패션, 잡화, 코스메틱, 레스토랑과 여성을 타겟으로 한 상공간의 집합체. 실내 공간은 미국 라스베이거스의 유명한 지하 상점가 포럼 숍스(Forum Shops)를 디자인한 쉬마 듀갈 디자인 어소시에이츠에게 맡겨 2층 높이로 중세 유럽의 가로를 재현하였다. 외부와 차단된 실내 공간에는 천장에 특수 조명을 설치해 매 시간마다 인공적으로 새벽부터 저녁까지의 하늘을 연출하고 있다. 이외에도 쇼핑 천국 선워크, 복합 테마파크 도쿄 레저 랜드,

대형 라이브 홀인 젭 도쿄도 있는 오다이바 최대의 볼거리 장소라고 할 수 있다. 비너스 포트의 식당가에 있는 중식당 뮬란은 우치다 시게루(內田 繁)가 디자인한 곳이니 한번 방문하기 바란다.

52 TOKYO FASHION TOWN　　　　　　　　　　　　오다이바 | お台場

D-5
p.40
⑥

# 도쿄 패션타운

1996　단게 겐조(丹下 健三)+니혼세케이(日本設計)+야마시타(山下) 설계감리공동체

도쿄 국제전시장에 인접한, 경사진 커튼월과 수직의 샤프트가 대비를 이루는 인상적인 외관을 한 도쿄 패션타운은 생활 문화 산업의 창조적인 활동 거점으로 계획되었다. 건축물은 공공 도로를 사이로 동관과 서관 블록으로 구성되어 있으며, 동관에는 높이 35m, 길이 100m의 아트리움이 배치되어 있다. 아트리움은 서관에 위치한 3개의 이벤트 홀 회장으로 유도하는 공간인 동시에 휴식 공간으로 역에서 직접 접근할 수 있게 하였다. 테라스형으로 구성된 데크는 도시와 건축의 접점으로 스케일이 큰 건축에서 인간이 어떻게 행동하나를 살펴볼 수 있는 장소다. 아트리움에서는 관광객을 위하여 샤워 트리라는 35m 높이에서 2톤의 물이 천장에서 떨어지는 폭포 쇼가 연출되고 있으며, 오후에는 음악과 조명이 어우러져 더욱 환상적인 분위기를 연출한다.

오다이바 | お台場　　　　　　　　　　　　　　　　　　　東京ビックサイト

## 도쿄 국제전시장

사토(佐藤)종합계획　　1995

도쿄 빅사이트로 불리는 도쿄 국제전시장은 하루미에 있던 도쿄 국제견본시장이 이전하여 만들어진, 임해 부도심의 아리아케 남쪽 지구에 위치한 일본 최대의 전시장이다. 전체 구성은 진입부에 위치한 4개의 역 피라미드 구조로 된 국제회의장 타워와 함께 동측 전시장과 서측 전시장으로 구성되어 있다. 전시홀로의 진입을 위한 중심축인 갤러리아가 컨벤션 기능 등을 원활히 이루어지게 하는 동선 축의 기능을 하고 있다. 임해 부도심의 도시축인 이스트 프롬나드를 부지 내에 도입하여 갤러리아와 직행, 새로운 교류 축을 형성하며 국제회의장 타워를 랜드마크로 만드는 등 도시적인 요소를 건축 내에 내포시키는 시도가 행해졌다. 전체적인 디자인의 구성은 사선적인 시스템을 도입하여 역동적인 공간을 만들고 있으며 각 공간에는 공중전화 박스 등 스트리트퍼니처가 잘 정리되어 있다. 옥외 공간에는 클레이스 올덴버그 같은 조각가의 작품과 스트리트퍼니처, 안개를 분무하는 연못 등이 잘 조화되어 있다.

## 긴자 銀座 · 마루노우치 丸の内 · 니혼바시 日本橋의 도시개발

니혼바시 무로마치 노무라 빌딩(p.74)
미츠코시마에역
⑬ 무로마치 히가시 미쓰이 빌딩(p.72)
코레도 무로마치(p.73)

미츠코시마에역

⑫ 코레도 니혼바시(p.71)
호바시역

신토미초역

지역

도쿄 포럼
샤넬긴자빌딩

도쿄빌딩

## 긴자, 마루노우치, 니혼바시의 도시개발

긴자(銀座)와 마루노우치 지역은 도쿄에서도 가장 유행의 첨단을 걷는 곳의 하나로 최근 많은 패션 부티크를 위한 건축물들과 도쿄 역 앞의 재개발로 활성화되고 있다. 긴자는 과거 바다를 매립한 매립지에 은화 주조회사가 있었기에 은화를 만드는 거리라는 의미의 명칭이 붙여졌다. 그런 거리가 지금처럼 화려한 거리로 변신하게 된 것은 1872년 대화재로 잿더미가 된 거리를 재건하는 것과 함께 메이지 유신 후 서양 문물을 받아들이는 창구 역할을 담당하면서 일본 문화의 발신지와 새로운 문화의 탄생지로 주목받았다. 1900년 초 신식 여성이 과감하게 기모노를 벗어던지고 활보한 곳도, 1960년대 통기타와 청바지 문화를 탄생시킨 것도 바로 이 지역이다. 지금은 부티크가 많아서 젊은이들보다는 경제적으로 안정된 중년 남녀들이 찾는 곳이란 이미지가 강하지만 아직도 도쿄를 대표하는 품격 있는 번화가로 자리 잡고 있다. 또한 긴자와 바로 인접한 히비야(日比谷)는 극장가로 이름을 날리던 곳이라 히비야산테 극장 앞에는 일본의 유명 연극이나 영화배우들의 손도장이 새겨진 조그만 광장도 있다. 마루노우치 역시 긴자와 인접한 도쿄의 현관인 도쿄 역에서 일왕이 사는 고쿄(皇居)에 이르는 지역을 가리킨다. 이 지역에 위치한 도쿄 역과 역 내에 있는 스테이션 호텔은 영화 '도쿄 맑음'에도 등장하는 명소이기도 하다. 고쿄가 있는 해자에서 유유히 노니는 백조들, 그리고 그 풍경의 배경인 오래된 격조 있는 건축물과 세계 유수 기업들의 빌딩이 조화를 이루고 있는 곳으로 도쿄 역에서 고쿄로 이어지는 교코(行幸) 거리를 따라 걸으면 잔디와 소나무, 자갈길과 연못이 조화를 이루고 있는 고쿄가이엔(皇居外苑)이 나온다. 이 지역은 국회의사당이 위치한 행정 중심부인 가스미가세키도 인접하고 있으며 아름다움까지 갖춘 도쿄 최대의 관광지다.

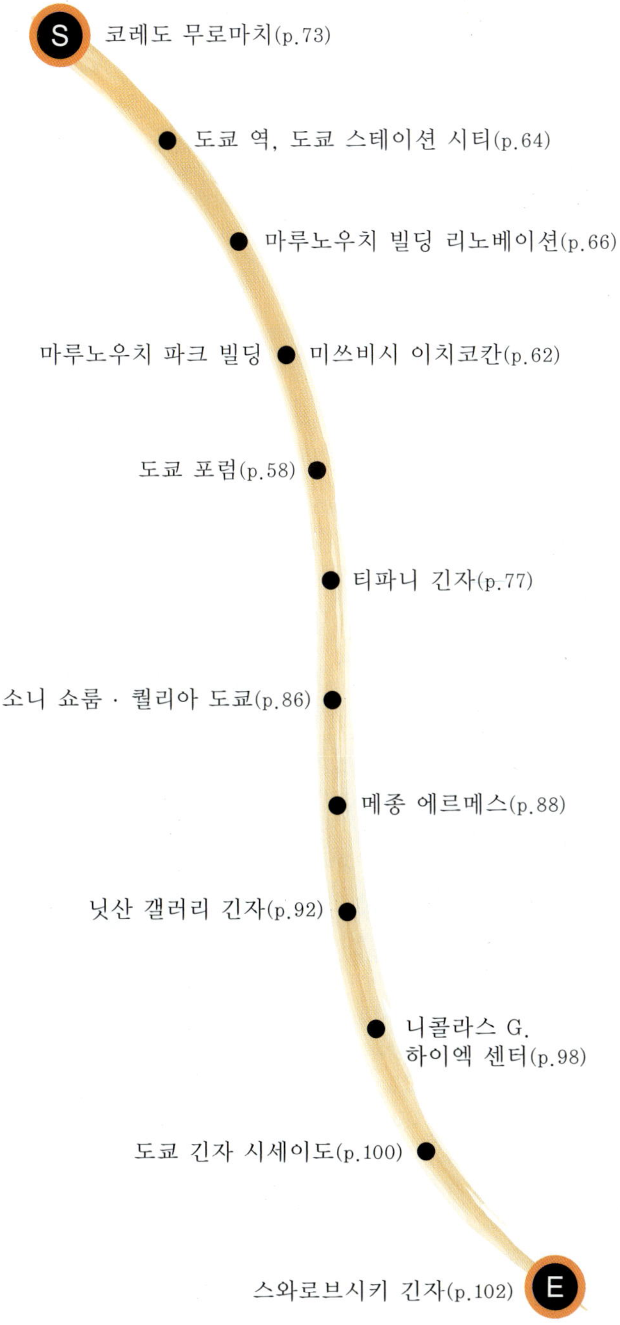

**S** 코레도 무로마치(p.73)

● 도쿄 역, 도쿄 스테이션 시티(p.64)

● 마루노우치 빌딩 리노베이션(p.66)

마루노우치 파크 빌딩 ● ● 미쓰비시 이치코칸(p.62)

도쿄 포럼(p.58) ●

● 티파니 긴자(p.77)

소니 쇼룸 · 퀄리아 도쿄(p.86) ●

● 메종 에르메스(p.88)

닛산 갤러리 긴자(p.92) ●

● 니콜라스 G. 하이엑 센터(p.98)

도쿄 긴자 시세이도(p.100) ●

스와로브시키 긴자(p.102) **E**

## 도쿄 포럼

1996　라파엘 비놀리(Rafael Vinoly)

긴자·마루노우치·니혼바시 · 銀座·丸の内·日本橋

과거 도쿄 청사의 입지를 대상으로 한 복합 문화시설을 위한 국제현상설계(1989)의 실현안이다. 프로그램에서 요구된 기능은 4개의 성격이 다른 공연장인 5,000석의 대규모 공연장, 가변적인 3,000석의 공연장, 1,500석의 음악 공연장, 600석의 실험 무대 공연장, 전시장, 문화 정보센터, 회의실, 영빈 시설과 지역 냉난방 플랜트 등이었다. 건축가 라파엘 비놀리는 인접한 철도선인 JR선에 의한 소음 등 도시 공간의 저해 요소를 해결, 쾌적한 문화 공간과 옥외 광장을 조성하면서 차별화된 디자인을 해야 하는 문제 해결의 단서를 입지 특성에서 실마리를 찾았다. JR선에 의해 생긴 곡선형의 입지 형상과 철도의 소음이 문제점 해결의 관건임을 간파하여 설계안의 가장 포인트인 미래지향적인 유선형의 글라스 홀의 형태를 도출한 기본 배치를 완성. 현상안에 당선되었다. 글라스 홀이라는 하이테크한 이미지의 유선형의 홀은 JR선의 소음에 대응하는 방음벽의 기능을 하면서 동시에 4개의 공연장의 로비 공간을 한 곳에 모아서 다목적형의 홀 기능을 하도록 하였다. 이 홀과 4개의 공연장 사이에 만들어진 공공적인 성격의 오픈스페이스인 광장을 예술품

긴자·마루노우치·니혼바시 | 銀座·丸の内·日本橋　　　TOKYO FORUM

## 도쿄 포럼

C-4
p.54
①

과 수목, 그리고 시민들의 삶이 어우러진 쾌적한 공간으로 변모시켰다. 글라스 홀의 실내 공간은 하이테크한 분위기로 차갑게 느껴지는 것을 완화시키기 위해 따듯한 느낌의 목재 루버를 사용하는 등 디자인 배려도 하였다. 또한 엄격한 모듈에 의한 격자 구성의 공간에 1층의 옥외 공간에 면한 휴게 공간에서와 같이 사선을 도입하여 격자 틀의 엄격함을 완화시키고 외부 벽의 어번스케일적인 거대함을 석재 줄눈의 크기를 변화시켜 휴먼스케일적인 측면에서 조절하는 등 세심하게 디자인하였다. 이외에도 문화 공간의 영역과 실내 공간을 조명을 이용하여 조닝하거나 디자인하여 버블 시대의 산물인 낭비적인 건축물이란 비난도 받았다. 라파엘 비뇰리의 안은 장 누벨의 아랍문화회관과 디자인적인 접근이 유사하다고 할 수 있으며 입지가 지닌 특성과 도시적인 맥락을 프로젝트의 장점으로 반전시킨 수작이다. 도쿄 포럼 지하 1층에는 아래의 설명처럼, 아이다 미쓰오 미술관이 있으니 꼭 방문해보기 바란다.

相田 みつお 美術館 | 긴자·마루노우치·니혼바시 | 銀座·丸の内·日本橋

# 아이다 미쓰오 미술관

2003    아이다 가즈히토(相田 一人)(기획) · 이리에 게이이치(入江 経一)(디자인 개념) · 하시모토 유키오(橋本 夕紀夫)(실내)

도쿄 포럼의 지하 1층에 위치하고 있는 미술관은 서예가면서 시인이었던 아이다 미쓰오의 작품을 소장, 전시하는 공간으로 개관 후 지금까지 수백만 명이 다녀가기도 한 유명한 곳이다. 공간은 계단을 사이에 두고 '묵(墨)의 사이'라는 1홀과 '종이(紙)의 사이'라는 2홀로 구성되어 있다. 공간의 디자인 개념은 아이다 미쓰오의 생애를 통하여 나타난 고향의 지역성과 작품에 나타난 불교적 세계관, 그리고 입지인 미술관이 도쿄 포럼의 지하층이라는 점을 고려한 가상의 대지와 그곳에서의 현실과 비현실의 정보 공간으로 설정하였다. 1홀은 중심인 대지와 그 배후에 아이다의 작품인 글씨(書)의 전시실, 휴게실과 관객과 상호 교감하는 작품, 매장 등으로 공간의 흐름을 전개하였으며, 2홀은 작가의 전기에 대한 전시, 비디오실, 카페, 업무 공간으로 구성하였다. 1홀의 디자인은 전체적으로 균일한 재질감을 갖춘 가상적인 대지로 생각되는 바닥과 벽을 만들고 면의 기복과 요철에 의해 장(場)의 성격을 결정하고 있으며 가구도 대지의 일부로 디자인하였다. 미술관의 특징은 관객과 상호 감응하는 미디어 아트라는 설치적인 장치가 정보과학예술대학원에 의해 제작된 '책, 우물'같은 장치가 있으며, 이 장치는 관객의 참가에 의해 정보가 실시간 변하도록 디자인되어 있다. 다른 서예 작품을 전시하는 미술관과는 달리 작품에 대한 흥미를 고조시키기 위하여 휴대폰을 이용한 관내 가이드나 전자 시스템을 이용한 전시, 물로 쓰는 붓글씨 등 체험적인 전시가 많은 공간이다.

# 도쿄 빌딩

미쓰비시지쇼(三菱地所)(건축) · 모리타 야스미치(森田 恭通)(실내)   2005

도쿄 포럼 바로 옆에 위치한 도쿄 빌딩은 1940년대의 빌딩을 교체하는 계획이다. 건축물의 특징은 정면 상층부에 위치한 스카이 홀이라고 불리는 공간과 저층부의 상업과 공공 공간이다. 저층부의 상업 공간과 공공 공간은 도쿄 포럼의 도시적 스케일의 보이드와 연속시켜 장래에는 중앙우체국을 포함하는 도쿄 역과 유라쿠초 역 간을 연결하는 새로운 보행자 네트워크를 형성하는 것을 목표로 하였다. 따라서 1층의 실내를 관통하는 2개 층 높이의 보행자용 통로는 공공 공간의 성격을 갖는 가로와 같은 공간으로 디자인, 갈색의 테라코타 타일로 마감하였다. 지하의 상업 공간을 비롯한 공공적인 성격의 실내 공간의 디자인은 모리타 야스미치가 기본 디자인을 하였다. 그는 마루노우치 지역이 가진 고급 혹은 보수적인 이미지를 탈피시키기 위하여 음식을 중심으로 한 음악, 미와 건강에 의한 커뮤니케이션을 테마로 한 야간 놀이 문화로 잡았다. 그런 분위기 조성을 위한 지하 식당가 거리에 조명이 매입된 프레임 형식의 구조나 오픈부의 난간에 설치한 조명은 모리타 야스미치가 디자인한 공간임을 인식할 수 있다. 2층에 위치한 프렌치 레스토랑 레조난스 역시 모리타 야스미치가 디자인하였다.

丸の内 パークビル · 三菱一号館 | 긴자 · 마루노우치 · 니혼바시 | 銀座 · 丸の内 · 日本橋

# 마루노우치 파크 빌딩 · 미쓰비시 이치코칸

2009　미쓰비시지쇼(三菱地所)

마루노우치 파크 빌딩은 타워 동과 아넥스 동, 미술관 용도로 복원된 미쓰비시 이치코칸과 중정으로 구성된 도시재생특별지구의 지정을 받은 대규모 복합 시설이다. 이 복합 시설은 34층+옥탑 3층으로 구성된 업무용 타워 동, 상업용 기능의 아넥스 동, 1894년에 업무용 빌딩으로 세워졌던 미쓰비시 이치코칸을 미술관 용도로 복원한 건축물로 구성된 프로젝트로 역사적 건축물을 활용하여 지역의 문화적 거점을 만드는 것이다. 과거 역사적 건축물을 포함한 개발은 현대 건축물과의 대비를 통한 디자인이 많았으나, 이 프로젝트는 조화를 전제로 가구(街區) 전체의 기능, 기술, 디자인이 다양한 인터페이스를 구축하여 전체로서 융합하는 것을 목표로 하였다. 미쓰비시 1호관의 복원은 도쿄 역에서 메이지 생명관, 에도 성을 연결하는 도시의 기억으로 인터페이스가 되는 가로의 연속성을 복원하는 것이기도 하다. 미쓰비시 이치코칸은 메이지 시대인 1894년에 영국인 건축가 조시아 콘더(Josiah Conder)가 퀸 앤 양식으로 디자인한 마루노우치 지역 최초의 서양식 사무소 건축으로 1968년 파괴된 것을 복원하여 지역의 문화 거점으로서 미술관 용도로 사용 중이다. 3층으로 구성된 미술관은 19세기 근대미술을 중심으로 한 작품과 로트렉의 작품 200점 이상을 소장, 전시하고 있으며, 1894년을 기념하기 위하여 뮤지엄숍과 카페도 1894년이라는 이름을 붙였다. 저층부의 상업 공간은 아넥스 동과 미술관과 본동의 상업 공간, 그리고 사이의 정원을 이용하여 마루노우치 스퀘어란 이름으로 사용되고 있다. 이 공간은 전통과 혁신, 풍부한 녹지와 현대적인 빌딩, 문화와 경제, 사람과 정보라는 다양한 가치관이 교류하는 공간으로 디자인되었기에 도쿄라는 대도시의 역사적인 건축물이 있는 정원에서 커피 한 잔을 들면서 과거 도쿄의 분위기를 느껴보기 바란다.

긴자·마루노우치·니혼바시 | 銀座·丸の内·日本橋　　　　　　　　　　　　　　明治安田生命

## 메이지 야스다 생명 빌딩

미쓰비시지쇼(三菱地所)　　2004

메이지 야스다 생명 빌딩 내의 마이 플라자(My Plaza)는 1997년 국가중요문화재로 지정된 메이지 생명관을 보존하면서 가구(街區) 전체를 정비하는 프로젝트다. 오카다 신이치로(岡田 新一郎)가 1934년 건축한 신고전주의의 걸작인 메이지 생명관을 보존하면서 후면에 증축한 지상 30층의 현대적인 업무용 건축물 사이를 유리 지붕으로 연결한 아트리움으로 조성, 과거의 거리를 실내의 골목길로 만들면서 메이지 생명관의 동측 입면을 수복하는 것이다. 문화재를 보존하면서 현대적인 건축물을 증축하는 공사상 어려움 때문에 기준층으로 가는 엘리베이터를 3층에 배치하고 8개의 내진 코어에 의한 대가구(大架構)와 기본 스팬을 6.3m로 하여 해결하였다. 고층부인 업무동은 커튼월과 석재로 외관을 마감하여 과거의 건축과의 조화를 해결하면서 녹지가 있는 고쿄로의 전망을 확보하였다. 고층부를 마감한 석재는 생명관의 외관에 사용된 화강석과 유사한 이탈리아산 화강석을 사용하면서 생명관의 오더형 기둥과 유사한 간격으로 배치, 신구가 조화가 되도록 디자인하였다. 마이 플라자 1층에는 콤데가르송 매장도 입점해 있으니, 디자인에 관심이 있으면 방문해보기 바란다.

東京驛, TOKYO STATION CITY

긴자·마루노우치·니혼바시 | 銀座·丸の内·日本橋

# 도쿄 역, 도쿄 스테이션 시티

1914
2011

다츠노 긴고(辰野 金吾)

도쿄 역은 네덜란드의 암스테르담 역을 모델로 하여 건축하였으나 2차 세계대전의 공습으로 파괴되었던 것을 1947년 재건하였다. 서울의 한국은행(1912)을 설계하였던 다츠노 긴고의 후기 대표작으로 당시 많은 추종자를 낳은 다츠노식의 건축물이다. 다츠노식은 영국의 노먼 쇼가 창출한 프리클래식 양식을 기반으로 하면서 적 벽돌로 마감한 고딕적인 양식의 벽면에 개구부 주위의 고전적인 양식의 디테일과 백색의 석재를 종횡으로 가로 지르는 강한 시각 효과를 가진 리듬이 특징이다. 역 내에는 소설 《설국(雪國)》으로 유명한 가와바타 야스나리를 비롯한 많은 문인들이 애용하였던 스테이션 호텔과 레스토랑, 갤러리 등이 도쿄 역의 상징으로 사랑받았으며 역과 스테이션 호텔은 '도쿄 맑음' 같은 영화의 배경이 되기도 하였다. 이런 과거의 도쿄 역을 보존, 활용하면서 미래의 도쿄 역을 위한 도쿄 스테이션 시티 프로젝트가 2011년 현재 마무리 단계에 와있으며, 일부는 2013년 완공될 것이다. 야에스 출구 주변에 세워진 43층의 그랜도쿄 노스 타워와 42층의 그랜도쿄 사우스 타워, 두 개의 타워를 보행자 데크로 연결하는 그랜루프, 35층의 사피아 타워, 지하의 쇼핑몰 그랜스타를 포함하는 것으로 역이 도시를 바꾼다는 캐치프레이즈에 걸맞게 도쿄의 관문을 새롭게 변신시킬 것이다.

긴자·마루노우치·니혼바시 | 銀座·丸の内·日本橋

# 도쿄 중앙우체국

오시다 데츠로(吉田 鐵郞)+체신청 영선과·헬무트 얀(Helmut Jahn)+미쓰비시지쇼(증축)

1931
2011(증)

브루노 타우트가 일본 근대건축의 걸작으로 언급한 도쿄 중앙우체국은 도쿄 역 앞의 마름모 형 입지에 위치한 건축물로 우편을 위한 창구와 집배 기능, 업무를 위한 복합 기능 용도를 하고 있다. 당시 체신청 영선과의 기사였던 요시다 데츠로가 설계한 건축물은 마름모라는 입지에서 보이는 긴 면의 입면 구성에서 생기는 문제점을 굴곡된 2면을 주요 파사드로 설정하여 해결하였다. 입면의 각 면을 개별적으로 디자인하면서 거대한 기둥을 연속으로 배치하는 것으로 디자인을 통합하였으며, 오더 같은 역사적인 모티프를 사용하지 않고도 중앙우체국다운 위엄이 있는 파사드를 만들었다. 구성이 단순하게 보이나, 4, 5층 창의 높이를 3층보다 낮게 하면서 4층과 5층 사이에 띠 형의 돌출된 구조물과 입면 구성 요소를 타일의 분할에 맞게 디자인하는 등 세심한 디자인적인 배려가 엿보인다. 현재는 우체국의 운영 개선을 위하여 역사적인 건축물 일부를 보존하면서 38층의 타워를 증축하는 프로젝트가 진행 중이다.

## 마루노우치 빌딩 리노베이션

1923(준공)
2002(재준공)

미쓰비시지쇼(三菱地所)

긴자·마루노우치·니혼바시 | 銀座·丸の內·日本橋

도쿄 역 인근에 위치한 건축물들을 21세기에 맞는 미래형으로 리노베이션하기 위하여 오오테마치·마루노우치·유라쿠초 지구재개발계획추진협의회는 거리 만들기 협정을 체결, 디자인 콘셉트인 '오픈 인터랙티브 네트워크'로 출발하였다. 1923년 건설된 마루노우치 빌딩은 여러 번 리노베이션을 거치면서 1997년 해체 후 저층부를 과거 맥락을 유지하는 형태의 고층 건축물로 변모시켰다. 공간의 구성면에서는 7, 8층의 다목적 홀을 중심으로 한 인터랙티브 존을 핵심적인 공간으로 하여 지하 1층–4층까지를 쇼핑 존, 5–6층과 35–36층을 레스토랑 존, 9–34층을 업무 공간 존으로 구성하고 있다. 빌딩의 환경 디자인의 콘셉트는 마루노우치 빌딩다움을 위한 '온센틱(本物)'으로 입지의 역사적 배경과 도시 환경을 조화시키는 것이다. 빌딩 자체보다는 지역의 거리 만들기의 일환인 지역의 네트워크 구축에 치중하여 '마루 큐브'라고 불리는 1–5층까지 오픈된 아트리움을 설치하여 5층의 공중 정원과 테라스까지 연결하는 일체감 있는 공간을 실현하였다. 설계

## 마루노우치 빌딩 리노베이션

팀들은 콘셉트의 세부 목표로 '빛과 그림자가 만드는 표정, 사실적인 재질감, 질 높은 디테일'에 주력하여 디자인을 전개하였다. 실내의 예술품 설치는 영국의 큐레이터 비비안 러벨(Vivien Lovell) 등과 함께 사업자와 아트 커미티를 구성, 진행하였으며, 특히 1층 업무 공간 로비 상부 벽의 목재를 이용한 역동적인 조형물이 인상적이다. 실내디자인을 전공한 사람이라면, 5층의 물 위에 떠있는 듯한 공중정원과 함께 2층의 콘란 숍, 1층의 하시모토 유키오 디자인의 빔스 하우스 매장과 클라인 다이삼(Klein Dytham)의 블룸버그 아이스를 방문해보기를 바란다. 실내 공간을 즐기면서 식사를 하려면 1층의 모리우에 디자인의 마루노우치 카페 이지(ease), 6층의 하시모토 유키오의 춘하추동, 사토 디자인의 나나하를 추천한다. 블룸버그 아이스는 거대한 곡면 유리로 된 인터랙티브한 정보 공간이면서 동시에 사람들이 자유롭게 들어와서 유리로 된 디스플레이 면에 접촉하면 시각적으로 다양한 형태로 반응하는 인터랙티브한 설치미술적인 공간이기도 하다. 디자인은 초기 단계부터 미디어 아티스트의 협력에 의해 진행되었으며 아이스(ICE: Interactive Communication Experience)는 말 그대로 상호 커뮤니케이션의 경험을 위한 장을 의미하고 있다.

# 신 마루노우치 빌딩

新丸の内ビル | 긴자·마루노우치·니혼바시 | 銀座·丸の内·日本橋

2007　홉킨스 아키텍츠+미쓰비시지쇼(三菱地所)(건축)·미쓰비시지쇼+A.N.D(실내)

지하 4층, 지상 38층 규모의 신 마루노우치 빌딩은 복합 업무 공간으로 미쓰비시지쇼가 시행하였던 마루노우치 재개발의 1단계 프로젝트로 과거 미쓰비시 1호관에서 시작된 마루노우치 지역의 오피스 거리의 역사를 계승하는 의미 있는 작업이다. 신 마루노우치 빌딩과 마루노우치 빌딩은 도쿄 역을 중심을 왕과 여왕 같은 존재라는 대칭론을 고려, 비슷한 구성의 저층부와 고층부로 디자인하였으나 남성적, 여성적인 디자인으로 차별화하고 있다. 이런 조화와 개성이라는 두 빌딩의 관계적인 문제 해결을 위하여 미쓰비시지쇼는 영국의 건축가인 마이클 홉킨스(Michael Hopkins)를 초청, 저층부 높이를 가이드라인인 31m에 맞추면서 모서리부를 곡선으로 처리하는 등 옛 건물의 형태적 특징을 계승하였다. 고층부는 3개의 볼륨으로 구성하여 주변의 빌딩들과 차별화하였으며 고층과 저층을 분절하는 7층의 식음 공간, 8층의 기계실 등으로 구성하여 식사를 하면서 전망을 즐기는 발코니를 설치하였다. 실내 공간의 디자인은 미쓰비시지쇼와 고사카 류(小坂 竜)가 이끄는 A.N.D가 협력하여 1층의 상업 공간을 아치가 있는 열주랑으로 디자인, 거리를 실내로 끌어들이고 있다. 마루노우치 거리의 역사와 다양한 정보를 발신하는 새로운 교류를 도모하는 공간으로 디자인 콘셉트를 HAVE A ROYAL TIME으로 설정, 아치로 구성된 대규모의 콩코스 공간으로 활성화하고 있다. 저층부의 식음 공간에서는 5층에 위치한 WACT+다카하마(高濱) 디자인의 레스토랑 솔트/W.W, 오카야마 신야(岡山 伸也)의 이그렉 마루노우치, 고야마 토시오(小山 トシオ)가 디자인한 파스타 하우스 AW 키친 도쿄가 디자인적으로 특화된 공간이니 시간이 있으면, 방문해보기 바란다.

# 마루노우치 오아조

미쓰비시지쇼(三菱地所)+니켄세케이(日建設計)+야마시타(山下)(설계)  2004

마루노우치(丸の内)의 마루와 오테마치(大手町)의 오를 연결하면서 모든 것(AtoZ)이라는 의미를 내포한 마루노우치 오아조는 유니크한 복합단지의 프로젝트다. 도쿄 역 앞 마루노우치의 북구 앞에 위치한 구 국철 본사를 포함한 블록의 개발로서 일본 생명 마루노우치 빌딩(니켄세케이), 마루노우치 북구 빌딩(미쓰비시지쇼), 신 마루노우치 센터 빌딩(야마시타 설계), 마루노우치 호텔과 상업시설(미쓰비시지쇼+니켄세케이)가 갤러리아를 중심으로 구성되었다. 오아조는 에스페라토 어로 오아시스인 휴식의 땅이라는 의미로 도쿄 역 앞의 교류 거점 만들기와 주변 지구와의 보행자 네트워크 구축, 마루노우치의 연속적인 가로 형성을 개발의 콘셉트로 하였다. 경관은 갤러리아를 중심으로 구성된 가든 코트에 보이는 야간에 조명이 되는 아크릴 스크린, 식재, 스트리트퍼니처, 폴리 등이 인상적이다. 특히 마루노우치 호텔의 7층 로비에서 보이는 옥상정원은 도심 속 정원의 대안으로 보이며 실내디자인은 멕 디자인 인터내셔널에서 하였다. 이곳에는 일본의 최대급 서점인 마루젠(丸善)도 있으며 상설 전자 서점 체험 코너인 eBookSpot에서는 전자 서적을 직접 체험해 볼 수 있다.

## 샹그릴라 호텔 도쿄

2008　야스이(安井) 건축설계사무소(건축)·허쉬 베드너(Hirsch Bedner) 어소시에이츠+AFSO(실내)

전설의 이상향을 의미하는 샹그릴라 호텔은 홍콩을 거점으로 하는 호텔로 도쿄 역 북동측에 위치한 마루노우치 트러스트 타워 본관의 지하 1층, 지상 1층과 27–37층에 위치하고 있다. 호텔은 1층에서 샹들리에가 달려 있는 엘리베이터를 타고 오르면, 프런트 데스크가 있는 28층은 전망이 좋은 공간에 거대한 샹들리에가 오브제처럼 매달려 있으면서 홍콩 예술가에 의한 현대적인 유리 공예, 럭셔리한 자재의 사용으로 동양미와 럭셔리 디자인이 결합된 분위기를 표출하고 있다. 공용 공간 역시 크리스털 샹들리에의 화려함과 중후한 느낌의 대리석, 이국적인 모빙기 목재로 마감된 벽, 호화로운 카펫, 예술품으로 샹그릴라 호텔의 특징적인 분위기를 연출하고 있다. 28층 프런트 데스크가 있는 층을 중심으로 27–29층에 레스토랑, 방케트, 스파 등이 있으며, 31–37층은 객실로 구성되어 있다. 전체 실내 공간은 LA를 거점으로 활동하는 허쉬 베드너에서 총괄하였으며, 28층 이탈리안 레스토랑, 29층 일식당, 37층 라운지는 홍콩과 유럽을 거점으로 활동하는 안드레 후가 이끄는 AFSO가 디자인하였다.

긴자·마루노우치·니혼바시 | 銀座·丸の内·日本橋     COREDO 日本橋

# 코레도 니혼바시

KPF+니혼세케이(日本設計)+도큐(東急) 설계 컨설턴트    2004

이제까지 니혼바시의 상권을 상징하는 것은 미쓰코시와 다카시마야(高島屋)란 오래된 백화점이었다. 이 두 백화점 사이에 위치한 니혼바시 역에 1999년 폐점한 도큐 백화점 니혼바시 점을 재개발한 건축물에 들어선 상업 공간이 코레도 니혼바시다. 상업 공간은 지하 1층에서 지상 4층까지를 점유하고 있으며 고층부는 메릴린치 그룹이 주로 임대한 업무 공간으로 구성되어 있다. 지역이 전통적인 상업 지역이면서 동시에 금융 업무의 거리라는 양면성을 살리기 위해 콘 피더센 폭스는 디자인 키워드를 전통과 혁신으로 삼아 외관도 저층부는 정형화된 틀을 만든 후, 고층부는 슬림한 곡선형으로 디자인하였다. 특히 이런 성격을 상업 공간에 부여하기 위해 3층에 성인들을 위한 소니 플라자의 새로운 업태인 세렌티비티를 입점시켰으며, 매장 디자인은 기타하라 스스무(北原 進)와 K.I.D 어소시에츠가 협동하여 범선을 모티프로 한 곡선형 유리벽으로 건축물과의 맥락을 연계시키고 있다. 4층의 사이카보(妻家房) 니혼바시 점은 한국의 가정 요리를 하는 식당으로 국내에도 진출한 적이 있는 이이지마 나오키(飯島 直樹)가 디자인하였으며, 타공된 벽체를 이용한 추상적인 공간이 인상적이다.

# 무로마치 히가시 미쓰이 빌딩

室町東三井ビル | 긴자·마루노우치·니혼바시 | 銀座·丸の内·日本橋

2010 | 니혼세케이(日本設計)+시미즈(淸水) 건설+단 노리히코(團 紀彦) 건축설계사무소

무로마치 히가시 미쓰이 빌딩은 역사적으로 유서 깊은 니혼바시 지역을 근거지로 삼았던 미쓰이 부동산이 '남기고, 소생시키며, 창조한다'는 콘셉트로 전개하는 니혼바시 재생계획의 일환인 프로젝트다. 주오우(中央) 거리를 중심으로 역사적인 건축물인 미쓰이 본점, 미쓰코시 본점 본관과의 맥락을 위하여 주변의 다른 건축물과 함께 저층부를 석조로 마감하면서 가로의 연속성을 디자인에 반영한 빌딩은 빌딩 자체보다는 도시 속의 건축으로서 역사적인 거리 흐름을 중시하였다. 지하 4층, 지상 22층 규모의 복합 용도의 빌딩은 저층부는 코레도 무로마치라는 지하 1층에서 지상 4층까지의 식음 공간과 판매 공간, 5층의 다목적 홀, 고층부인 6층부터는 업무 공간으로 구성되어 있다. 고층부는 저층부보다 셋백시켜 가로 레벨의 압박감을 경감시키면서 니혼바시 지구의 도시 디자인 규범에 맞추고 있다. 프로젝트에서 저층부의 상업 및 문화 공간과 고층부의 업무 공간과의 기능적인 조화, 미쓰이 본관과의 맥락, 상업 공간에서의 회유 동선의 확보, 통로에서의 점포 입면 확보 등의 문제를 해결하기 위하여 도시 디자인적 측면의 접근, 양면 코어와 6m 스팬의 채용으로 해결하였다. 또한 지하 1층에서 2층에 이르는 부분에서 인접 가구와 연계된 보행자 네트워크, 지하 주차장 네트워크라는 복합적인 요구 조건을 해결하였으며 5층의 다목적 홀 호와이에서 바로 미쓰이 본관의 정면을 볼 수 있게 하여 역사성을 환기하고 있다. 저층부의 식음 공간 등이 있는 코레도 무로마치는 수퍼포테이토의 스기모토 다카시가 공용부 전체의 디자인을 총괄하여 특화하였다.

긴자·마루노우치·니혼바시 | 銀座·丸の内·日本橋　　　　　　　　　　　　COREDO 室町

# 코레도 무로마치

C-5　p.55　⑭

스기모토 다카시(杉本 貴志)+수퍼포테이토　　　2010

코레도 무로마치는 니혼바시 재생계획의 일환으로 세워진 무로마치 히가시 미쓰이 빌딩 저층부의 지하 1층부터 지상 4층 사이에 위치한 상업 공간이다. 수퍼포테이토를 이끄는 스기모토 다카시는 상업 공간 공용 부분의 디자인 콘셉트를 일본 미의식에 흐르는 자연관과 니혼바시 지역에 잠재한 가로의 기억으로 설정하여 디자인하였다. 그는 콘셉트를 공간에 구현하기 위하여 돌, 철, 나무, 물, 빛, 골목, 사람이란 키워드를 각 층에 적용하였다. 지하 1층과 지상 1층은 오랜 시간을 경과한 돌과 철을 배치하였으며, 각각의 소재를 장인들의 손으로 작업하여 벽과 바닥에 재구성하였다. 비와 바람, 자연과 시간을 통하여 세월을 적층시킨 소재를 손으로 작업하여 만들어낸 매력적인 공간을 통하여 손님들을 맞이하게 하였다. 음식점이 4곳 입점한 2층은 층 전체를 사람들이 교류하는 하나의 시장으로 설정하여 점포, 통로, 물건, 사람들이 혼연일체가 되어 교류하는 활성화 된 장으로 디자인하였다. 3층과 4층은 파문과 나뭇잎 사이로 새어드는 햇빛으로 설정하였다. 아티스트 다카하시 요코(高橋 洋子)의 떨어지는 물방울과 조명에 의해 만들어지는 파문이 패턴이 있는 벽면에 나타나게 한 3층, 조명을 타공이 된 천정 내부에 설치하여 바닥과 벽면에 빛의 파편들이 만드는 연출의 4층으로 표현하였다. 특히 눈여겨 볼 공간은 돈 디자인연구소에서 디자인한 지하 1층의 타로 서점, 교토에서 활동하는 디자이너인 쓰지무라 히사노브(辻村 久信)가 디자인한 3층의 나나 니혼바시가 있으니, 혹시 시간이 된다면 점심식사라도 해보기를 권한다.

# 니혼바시 무로마치 노무라 빌딩

2010  노무라(野村) 부동산+니켄세케이(日建設計)

니혼바시 재생계획의 일환인 또 다른 프로젝트인 니혼바시 무로마치 노무라 빌딩은 지하 5층, 지상 21층 규모의 복합 업무 공간이다. 기존의 역사적인 가로와 조화를 시키면서 개성적이고 매력적인 거리의 재생을 위하여 활성화의 거점, 거리의 경관 형성, 공공 공간의 정비, 환경에의 배려를 개발 콘셉트로 하였다. 이에 따라 빌딩은 인접한 무로마치 히가시 미쓰이 빌딩처럼 저층부 디자인을 니혼바시 미쓰이 타워의 맥락을 반영한 석재의 종류와 마감으로 기단부를 디자인하였으나 거칠게 수직형으로 표현하여 통일성과 독자성을 표현하였다. 도시적인 측면에서는 사람들이 모이는 광장을 만들기로 하여 모서리 부분에 지하 광장과 에스컬레이터로 연결되는 거대한 보이드를 설치, 지하철 콘코스와 지상의 거리 레벨을 시각적, 공간적으로 연계시켜 빌딩의 또 다른 얼굴인 옥외 출입구면서 광장을 만들고 있다. 저층부인 지하 1층에서 지상 9층에 이르는 상업 서비스 공간인 유이토(YUITO)는 도시, 사람, 시간을 결합하는 어번스퀘어를 목표로 디자인하였다. 지하 1층-지상 4층은 판매 공간과 식음 공간, 지상 5-6층은 노무라 컨퍼런스 플라자, 지상 7-9층은 금융 서비스 존으로 구성하여 사람과 사람, 온 오프, 니혼바시의 전통과 새로운 휴식이 결합한 공간을 만들고 있다. 유이토에서는 4층에 위치한 레스토랑 젝스(XEX) 니혼바시가 시오미 이치로(塩見 一郎)가 이끄는 스핀오프에서 디자인한 공간이기에 눈여겨보기 바란다.

긴자·마루노우치·니혼바시 | 銀座·丸の内·日本橋　　　　　　　　　　　　無印良品

## 무지루시료힌 유라쿠초 매장

수퍼포테이토　　2001

도쿄 포럼과 인접하여 위치한 도쿄 최대의 면적을 자랑하는 유라쿠초 무지 매장의 디자이너는 서울에서도 노보텔의 슌(현재는 슌미), 가온 등 활발하게 프로젝트를 전개하고 있는 스기모토 다카시+수퍼포테이토의 작품이다. 국내에서도 롯데백화점 영 플라자에 입점하여 알려진 무지 매장은 단순히 브랜드명이 없으나 오히려 그것이 하나의 브랜드가 된 무인양품 매장이라는 것을 떠나서 밀 무지(Mill MUJI)의 존재라고 할 수 있다.

경사지붕 아래 100석 규모의 카페테리아 스타일의 레스토랑은 테이크아웃과 셀프서비스로 다양한 빵과 음료 및 캐주얼한 음식 메뉴를 갖추고 있으며 무지가 기존에 시도했던 카페 무지를 확대한 형식이라고 할 수 있다. 무지는 이제 의류와 생활용품만 제안하는 것이 아닌 '라이프스타일로서 음식'까지 제안하고 있는 것이다. 실내디자인은 기존 무지 매장에 대한 직업 여성들의 신뢰감을 기반으로 하여 높은 천장고를 특징으로 하는 창고 같은 공간 감각에 단순하면서도 자연스러운 소재 구성의 디자인을 전개하고 있다.

학생들을 데리고 도쿄 포럼을 방문한 후, 찾는 무지 매장은 수퍼포테이토의 디자인도 느끼면서 간단한 쇼핑과 점심을 해결할 수 있는 장소이기에 추천한다.

## 미키모토 긴자

MIKIMOTO GINZA

긴자·마루노우치·니혼바시｜銀座·丸の内·日本橋

2005　이토 토요(伊東 豊雄)+다이세이(大成)건설

지상 9층, 지하 1층의 건축물은 저층부가 미키모토 부티크의 점포, 상층부는 임대용으로 사용하고 있으며 건축가의 토즈 오모테산도 빌딩과 마찬가지로 구조가 그대로 파사드를 형성하고 있다. 표면적인 이미지를 조작하는 것이 아닌 표층과 구조를 일체화하는 것으로, 존재 그 자체의 강력함을 표현하고 있는 건축물이다. 마치 치즈 조각처럼 구멍이 나 있는 파사드는 진주를 판매하는 회사인 미키모토를 위한 건축물답게 진주의 원석과 같은 유기적인 형의 개구부를 취하여 판매하는 제품과 연결된 상징성을 파사드에 표현하였다. 저층부의 점포는 지하 1층에서 지상 3층까지 오픈, 연결한 유기적인 구성의 계단이 공간의 포인트가 되고 있으며 계단의 중앙에는 크리스탈 유리를 사용한 체인망 사이로 자동적으로 오르내리는 3개의 펜던트 조명이 인상적이다.

긴자·마루노우치·니혼바시 | 銀座·丸の内·日本橋　　　　　　　TIFFANY GINZA

# 티파니 긴자

쿠마 켄고(隈 研吾)　　2008

보석회사의 매장답게 사각형 모듈의 커튼월로 보석 이미지를 형상화한 입면이 인상적인 티파니 긴자는 9층의 임대 빌딩을 리모델링한 프로젝트다. 건축물은 다이아몬드 커팅에서 아이디어를 얻어 디자인된 입면을 항공기 동체에 사용하는 알루미늄 허니컴과 유리를 샌드위치한 파세트 패널로 구성하였다. 주야간 빛이 비치는 각도나 조명에 따라 다양한 모습을 취하고 있으며, 방문할 때마다 주야간에 따라 마치 보석이 빛나듯이 드러나고 있다. 매장은 저층부 3개 층으로 1, 2층은 매장, 3층은 라운지와 소비자 서비스 공간, 사무실로 구성되어 있다. 주출입구의 전면부 2개 층을 보이드화한 공간의 벽에는 이탈리아산 크리스탈 스톤을 고투과 유리 및 고투과 강화유리와 샌드위치하여 만든 광벽을 설치, 보석이 빛나는 것 같은 분위기를 실내에서도 연출하였다. 2층에서 3층으로 오르는 계단실에 매달린 샹들리에도 다른 4종류의 알루미늄 허니컴을 아크릴과 샌드위치하여 만든 건축가의 작품이다.

## 드비어스 긴자

2007　미쓰이 준(光井 純)(건축)·크리스토프 카펜테(Christophe Carpente)(실내)

## 드비어스 긴자

드비어스는 전 세계 다이아몬드 거래량의 80%를 취급하는 최대의 다이아몬드 회사로 명칭은 남아공의 다이아몬드가 발견된 농지 소유자의 이름에서 유래하였다. 드비어스는 긴자 마로니에 거리에 면하여 일본 본사 빌딩인 드비어스 긴자를 지하 2층, 지상 11층, 연면적 3,997㎡ 규모의 건축물로 결정하였으며, 스테인리스로 마감된 곡면의 외관이 인상적이다. 스테인리스협회의 상을 받은 여성적인 실루엣을 한 감각적인 외관의 건축물은 디자인 콘셉트를 변화하는 빛의 이미지와 함께 긴자의 화려함을 표현하고자 하였다. 나선상의 휘어지는 구조에 스테인리스로 마감된 건축물은 빛에 의해 시시각각으로 변화하는 모습을 보여주고 있다. 보석 매장은 지하 1층에서 지상 2층에 이르는 3개 층으로 구성되어 있으며 1층은 다이아몬드와 보석 컬렉션의 판매와 전시장, 2층은 혼수용 보석과 하이엔드 제품의 판매장과 VIP룸, 지하 1층은 보석과 시계의 애프터서비스를 하는 워크숍과 미팅룸으로 구성되어 있다. 실내디자인은 동사의 부티크를 디자인하고 있는 장 누벨 등에서 근무하였던 프랑스인 건축가 크리스토프 카펜테가 하였으며, 보석의 면 가공 방법의 하나인 파세트를 이미지로 한 거대한 다이아몬드 월의 설치와 다이아몬드 보더라고 불리는 입체적인 다이아몬드 형의 벽장식, 에칭 유리와 흑단제 디스플레이 카운터 등으로 빛과 그림자가 교차하는 공간 이미지로 디자인하였다. 전면은 스테인리스로 마감하여 곡면적인 외관을 만든데 비하여 측면은 석재로 마감된 직선적인 디자인의 대비로 긴장감이 있는 디자인을 만들어내고 있다. 주 출입구부에 곡면으로 이루어진 각 층을 알리는 안내판을 부착, 건축물의 외관 이미지와 통일시킨 것이 인상적이다.

## BVLGARI GINZA TOWER
## 불가리 긴자 타워

긴자·마루노우치·니혼바시 | 銀座·丸の内·日本橋

2007　시미즈(淸水)건설(건축)·안토니오 치테리오(Antonio Citterio) 등(실내)

이탈리아의 보석과 향수 브랜드에서 호텔 및 리조트까지 진출하고 있는 불가리는 지하 1층, 지상 11층에 5,000㎡ 규모의 불가리 긴자 타워를 티파니 긴자, 샤넬, 카르티에 같은 브랜드숍이 밀집한 지역에 건축하였다. 황금색 외관이 인상적인 건축물은 불가리로서는 세계 최대의 매장으로 1~4층은 매장, 5~7층은 업무 공간, 8~11층은 식음 공간으로 구성되어 있다. 매장은 스튜디오 스크라비와 스튜디오 베레사니, 업무 공간은 프레스코, 식음 공간은 안토니오 치테리오 사무실에서 디자인하였다. 매장 구성은 1층은 보석과 시계, 2층은 가방과 안경 등 액세서리, 3층은 브라이달 살롱과 VIP룸, 4층은 시계 수리를 위한 애프터서비스 공간으로 구성되어 있으며, 식음 공간은 9층의 일 리스토란테, 10층의 바인 일 발 등에서는 밀라노와 발리의 불가리 호텔과 리조트 동급의 음식과 서비스를 즐길 수 있게 하였다. 이탈리아의 세계적인 디자이너인 안토니오 치테리오가 디자인한 식음 공간은 현대적인 호화로움이란 콘셉트로 디자인하였다. 벽과 바닥, 가구는 티크 목을 사용하면서 파티션은 브론즈 매쉬의 사용 등으로 기품이 있으면서 안정된 공간으로 디자인하면서 전망이 좋은 9층과 10층은 일부를 보이드시켜 공간감을 더욱 확장시키고 있다.

# 폴라 긴자 빌딩

니켄세케이(日建設計)+야스다(安田) 아틀리에    2009

폴라 긴자 빌딩은 1960년도에 세워진 구 폴라 긴자 빌딩 자리에 창업 80주년을 맞이하여 새롭게 신축한 지하 2층, 지상 12층 규모의 판매, 전시, 식음, 업무 공간이 복합된 건축물이다. 새로운 빌딩의 주제는 미용, 미술, 미식이라는 3가지 미(美)로 설정, 인간을 활성화시키는 근원적인 존재인 물과 빛을 디자인 콘셉트로 하면서 생명감의 이미지인 시간에 따라 변화하는 건축물을 목표로 하였다. 변화와 움직임을 표현하기 위하여 더블스킨 안에 폴리카보네이트 가동 패널과 다양한 색채의 표현이 가능한 LED 조명을 조합, 건축물의 표정을 자유롭게 변하도록 하였다. 66m 높이의 더블스킨을 한 파사드는 긴자 거리를 향한 연출 장치인 동시에 남측에 면한 건축물의 열부하를 경감하는 환경 조절 장치이기도 하다. 1층은 폴라 뷰티의 플래그십 숍으로 지하 1층의 에스테와 함께 장 필립 누엘이 실내디자인을 하였다. 3층은 무료 입장이 가능한 폴라 뮤지엄과 레스토랑, 숍이 있어 미용, 미술, 미식을 구현하는 건축물로 기능하고 있다.

CHANEL GINZA ビル  긴자 · 마루노우치 · 니혼바시 | 銀座 · 丸の内 · 日本橋

# 샤넬 긴자 빌딩

2004    피터 마리노(Peter Marino)

1978년 일본에서 창업한 샤넬은 새롭게 긴자를 거점으로 한 독립적인 매장을 만들기로 결정하여 지하 1층, 지상 10층의 건축물을 세웠다. 긴자의 중앙로와 마로니에 거리에 면한 56m 높이 건축물의 2면 파사드는 약 4,500㎡의 면적에 70만 개 이상의 백색 LED로 구성, 야간에 세계 최대 규모의 벽면 LED 아트에 의한 다양한 이미지를 만들고 있다. 디지털한 이미지를 지닌 건축물의 전체 구성은 1–3층이 부티크, 4층이 젊은 아티스트를 위한 연주회와 전시용 공간, 5–9층은 업무 공간, 10층은 레스토랑으로 구성되어 있다. 건축가는 오랫동안 뉴욕의 알마니 매장, 바니스 매장 같은 패션 관련 건축을 주로 디자인한 피터 마리노로, 그는 샤넬의 사장인 리샤르 코러스의 주택을 디자인한 인연으로 프로젝트를 맡게 되었다. 1–3층의 실내디자인은 모두 이 빌딩을 위해 만든 오리지널이며, 각 층에 놓여있는 테이블과 의자도 특수 주문으로 만들었다고 한다. 10층에 위치한 레스토랑 베쥬는 프랑스의 유명 요리사인 알란 듀카스와의 협력으로 만들어진 프렌치 레스토랑으로 스태프들의 의상들도 칼 라저펠트가 디자인하였으며 각층의 엘리베이터 홀에는 아르망 같은 유명 예술가에게 의뢰한 작품을 전시하고 있다. 야간에 이 건축물을 방문하면, LED로 만들어지는 다양한 이미지를 전개하는 파사드에서 마치 디지털 예술을 감상하는 느낌을 받게 된다.

# 더 페닌슐라 도쿄

THE PENINSULA TOKYO

미쓰비시지쇼(三菱地所)(건축) · 하시모토 유키오(橋本 夕紀夫)(실내)    2007

페닌슐라 호텔은 공간에서 안락감과 호텔의 아이덴티티를 부여하면서 일본의 문화와 미의식을 조화시킨 세계 유일의 호텔을 목표로 디자인하였다. 건축물은 따뜻함, 주목성, 차별화라는 키워드로 외관에서는 안정감 있는 3부 구성으로 디자인하였으며, 실내 공간을 디자인한 하시모토 유키오는 일본적인 분위기를 표현하기 위하여 전통적인 모티프와 소재를 사용하면서 다양한 전통 기술을 가진 장인들의 협력으로 과거와 미래를 연결하는 공간을 만들고자 하였다. 특히 로비 공간에서는 격자 모티프와 천 개 이상의 크리스탈 볼로 만든 샹들리에와 LED 조명을 이용, 페닌슐라의 역동성과 일본의 섬세함을 표현하였다. 24층에는 캐나다 디자인 팀인 야부 푸쉘버그가 디자인한 레스토랑 겸 바인 피터도 있으니 방문해보기 바란다.

| 84 | 有楽町センタービル | 긴자·마루노우치·니혼바시 | 銀座·丸の内·日本橋 |

## 유라쿠초 센터 빌딩

1984　　다케나카코무텐(竹中工務店)

도쿄 유라쿠초 역 앞 정비계획의 일환으로 세워진 건축물로서 구 아사히신문 도쿄 본사가 있던 블록의 재개발이다. 한큐, 세이브라는 2개의 백화점과 5개의 영화관, 아사히홀 등으로 이루어진 대규모의 복합 상업시설로서 관청가와 오피스가, 상점가를 연결하는 정보의 교차점으로서의 기능이 요구된 건축물이다. 불특정 다수를 대상으로 하는 고밀도의 시설로 인해 건축물 전체의 용도 구분을 4개 구역으로 구분하여 방재상의 완충 대를 둔 버퍼존 시스템을 도입하였다. 파사드는 주위의 정경을 비춰 보이는 스크린으로 디자인하여 알루미늄 멀리온, 반사 유리의 조합으로 구성되었다. 이 건축물 내의 세이브 백화점 7층에는 요시오카 토쿠진(吉岡 德仁)의 이세이 미야케 매장이 있으니 한번 시간이 있으면, 방문해보기 바란다.

## 다사키 긴자 본점

이누이 구미코(乾久 美子)+시미즈(淸水)건설 | 2010

다사키는 1954년 고베에서 설립된 보석 판매 회사이자 브랜드 명으로 보석 디자인 개발로 세계적인 명성을 얻었으며, 특히 직접 양식한 진주를 사용하여 소량 고품질의 제품으로 만드는 것으로 유명한 회사다. 다사키 긴자 본점 프로젝트는 지하 1층, 지상 10층 규모의 기존 점포 내, 외장을 전면적으로 개장하는 작업이다. 900mm× 2,110mm의 모듈을 한 외관이 인상적인 건축물은 단순한 구성의 입면처럼 보이나 실제로는 보석이 빛을 받으면 다양한 모습을 보여주듯이 프레임의 폭, 프레임면에서 유리면까지의 깊이, 알루미늄과 스테인리스라는 재료와 색, 유리의 투명과 불투명의 정도가 다 다른 1,152개의 패턴이 만들어내는 파사드를 가진 건축물이다. 진주를 사용하여 소량 고품질의 보석을 만들어낸 다사키답게 파사드를 자세히 보면 다 다른 프레임과 유리로 구성된 파사드가 하나 하나 장인의 손에 의해 보석을 만든 것 같은 느낌을 받게 되는 것이다. 우리가 지나치면서 보기 쉬운 건축물도 자세히 보면, 디자인의 노력이 배어있다는 것을 보여주는 건축물이라고 할 수 있다. 큰 도로에 면한 전면에는 작게, 작은 도로에 면한 후면 패널은 약간 크게 사이즈를 조절하는 등 세심하게 디자인하였다.

## 소니 쇼룸·퀄리아 도쿄

2003　그웨나엘 니콜라(Gwenael Nicolas)+큐리오시티(CURIOSITY)

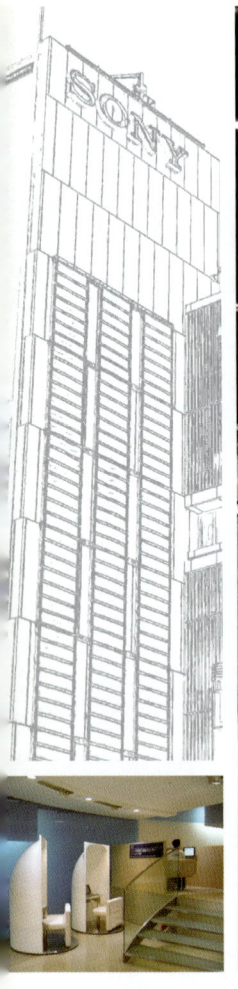

소니 빌딩은 아시하라 요시노부(芦原 義信: 1966)의 《외부공간의 미학》에서 주장한 이론이 실현된 것으로 유명한 건축물이다. 같은 층의 건축물이라도 실내에서 한 층이 1/2, 혹은 1/4로 레벨이 스킵으로 구성되어 있으면, 실제로는 같은 층이지만 시각적인 연속성으로 쉽게 접근할 수 있어서 같은 6층이라도 일반적인 6층처럼 느껴지지 않는다는 이론이다. 이 이론에 따라 필자도 이 건축물을 평면이 田자형으로 레벨이 분할된 공간을 따라 오르다 보면 언제 도착했는지 모르게 6층에 도착했던 기억이 있다. 이것은 물리적인 공간이라 하더라도 심리적인 연출에 의해 공간이 다르게 인지될 수 있음을 보여주는 이론으로 특히 상업 공간에서 많이 디자인에 이용하였다. 국내에도 무크(MOOK) 매

긴자·마루노우치·니혼바시 | 銀座·丸の内·日本橋　　SONY SHOWROOM·QUALIA TOKYO

# 소니 쇼룸·퀄리아 도쿄

장에서 1층에 구매를 하러 온 고객들이 시각적, 공간적으로 연결된 1/2층으로 제품을 보러가면서 자연스럽게 2-3층으로 유도하였던 것을 본 적이 있다. 소니 빌딩의 실내를 2003년 프랑스인 디자이너 그웨나엘 니콜라가 새롭게 디자인하였다. 그웨나엘 니콜라는 큐리오시티에 소속된 디자이너로 일본에서 활발하게 활동하는 외국인 디자이너 중 한 명이다. 일본에는 외국 디자이너들이 활발하게 활동하고 있는데, 영국인 팀인 클라인 다이삼을 비롯한 크리스찬 비쉐 등이 있다. 디자이너는 현상공모로 시작한 이 프로젝트에 있어서 우선 1/4 스킵으로 구성된 기존 공간의 강한 개성을 최대한 살리면서 그 장점을 새로운 디자인에 연결시키도록 하여 만들어 낸 콘셉트가 'New Tower in Ginza'다. 클라이언트는 기존 소니의 쇼룸을 새롭게 디자인하는 것과 새로운 소니의 브랜드인 퀄리아를 위한 매장을 디자인하는 것을 요구하였다. 따라서 디자이너는 소니 빌딩의 본질적인 부분을 새로운 디자인에 부각시키기로 하여

기존의 상하층까지 연속성을 부여하는 스킵 플로어 구조를 통하여 나타난 강한 아이덴티티를 실내디자인에서 강조하기로 하였다. 즉, 콘셉트인 'New Tower in Ginza'를 실현하기 위하여 커다란 원형의 푸른 유리로 된 타워를 설치, 그 타워에 의해 동선만이 아닌 계단, 집기, 조명 등이 중심의 기둥을 따라 연속성이 느껴지게 배치하여 공간의 연속성과 역동성을 강조하는 것이다. 곡선의 유리벽은 각 층에서 2개의 영역으로 구분하면서 고객의 호기심을 유발시키며 동시에 쇼룸의 전모를 확실하게 보이게 한다. 또한 유리로 된 타워 내부는 거리로 설정하여 그곳에 설치된 상품이 윈도 디스플레이라면, 고객들이 마음에 든 상품이 있으면 점내로 설정된 타워 밖으로 진입하게 하였다. 두 개의 영역은 카펫과 돌이라는 재료마감과 함께 조명을 다르게 하여 명확하게 구분하고 있다. 전체의 공간에 푸른 유리를 사용한 것은 작은 공간이지만 마치 옥외에서 느낄 수 있는 푸른 하늘의 분위기를 체험시키기 위해서다.

## 메종 에르메스

MAISON HERMES

긴자·마루노우치·니혼바시 | 銀座·丸の内·日本橋

2001　렌조 피아노(Renzo Piano)+레나 듀마(Rena Duma)+다케나카코무텐(竹中工務店)

티에리 에르메스가 1867년 마구 상으로 말안장을 만든 후 시대가 흐르면서 여행 가방 등을 만들어 유명해진 에르메스는 프랑스의 대표적인 명품 브랜드다. 19세기 말에는 일본의 군주들까지 고객이 된 에르메스 제품의 판매를 위한 건축물인 메종 에르메스는 유리 블록으로 된 외피에 모빌의 오브제가 매달린 인상적인 외관으로 렌조 피아노에 의해 완성되었다. 건축가는 유리 블록으로 된 랜턴 같은 건축물로 만들고 싶다는 목표하에 '매직 랜턴'이라는 콘셉트로 건축물을 설계하였다. 입지가 큰 길과 접하는 면이 작은 것을 고려하여 주출입구를 골목길 같은 측면에 배치하고 2개의 블록으로 분절, 엘리베이터 로비로 연결하여 구성하는 평면으로 디자인하였다. 11층의 건축물은 저층부의 판매 공간, 피혁제품 아틀리에, 박물관, 갤러리, 미팅룸, 시네마 등의 공간으로 구성되어 있다. 이런 유리 블록으로 된 랜턴과 같은 건축물로 완성하기 위하여 건축가는 특수 주문한 유리 블록과 균질하게 느껴지는 조명의 설치로 해결하였다. 저층부의 외부에는 휴먼케일적인 눈높이에 맞추어 유리 블록 크기의 디스플레이 박스도 설치하였다. 실내디자인은 서울의 메종 에르메스 도산파크를 설계한 레나 듀마(Rena Dumas)가 하였으며, 그녀는 렌조 피아노의 오더메이드한 건축에 시적인 감성을 실내 공간에 불어넣도록 노력하였다.

긴자·마루노우치·니혼바시 | 銀座·丸の内·日本橋

DIOR GINZA

## 디올 긴자

이누이 구미코(乾久 美子)　2004

디올 긴자 프로젝트는 상업 공간 매장 내외부의 개수를 하는 작업으로 펀칭된 10mm 알루미늄을 외부에 피복하여 파사드를 구성하고 있다. 크기가 다른 두 종류의 구멍으로 펀칭한 알루미늄 판으로 스킨을 만들어 디올의 패턴을 나타내면서 마치 건축물이 촘촘한 망사 같은 천으로 마감한 것 같은 분위기로 연출하고 있다. 외관은 애매함과 명쾌함을 동시에 표현하여 상업 공간으로서의 랜드마크적인 인지성을 부각시키고 있으며, 특히 밤에는 조명에 의해 펀칭된 알루미늄 판의 실루엣이 살아나면서 무게감이 없는 포장과 같은 모습으로 연출한 것이 인상적이다. 실내 공간의 디자인은 크리스찬 디올 건축 파트에서 하였다.

## 아르마니 긴자 타워

ARMANI GINZA TOWER | 긴자·마루노우치·니혼바시 | 銀座·丸の内·日本橋

2007 가지마(鹿島) 디자인+도리아나 & 마씨밀리아노 훅사스(Doriana & Massimiliano Fuksas)

긴자에 새롭게 오픈한 아르마니 긴자 타워는 복합 콘셉트 스토어로는 세계에서 4번째 매장으로 디올 긴자의 바로 옆에 위치하고 있다. 지하 2층, 지상 12층의 복합 용도 건축물은 지하에서 지상 3층까지는 아르마니 매장, 4층에는 아르마니 카사 외에 스파나 레스토랑, 카페, 업무 공간 등 다양하게 구성되어 있다. 홍콩의 아르마니 매장도 디자인한 이탈리아의 도리아나 & 마씨밀리아노 훅사스 팀은 내외장을 블랙과 골드를 주조로 하면서 아르마니 자신이 섬세하면서도 내구성이 있는 특질이 일본을 표현하는 데 있어 맞다고 판단한 '대나무'를 콘셉트로 디자인하였다. 디자이너 팀은 외관에서는 대나무의 모티프를 이용한 동양적인 분위기를 표현하고 실내 공간의 매장에서는 대나무를 이미지화한 금색의 메탈 메쉬를 유리에 겹쳐 넣은 파티션으로 표현을 하였다. 실내 공간에 사용된 메탈 메쉬나 펀칭메탈 같은 투명한 재료는 투명하면서 우아한 인상을 부여하도록 공간을 연출하는 데 일조를 하고 있으며, 마치 대나무 잎과 같은 조명으로 분위기 연출을 극대화하고 있다.

긴자·마루노우치·니혼바시 | 銀座·丸の内·日本橋

GUCCI GINZA

# 구찌 긴자

오바야시구미(大林組)+제임스 카펜터(외관)·스튜디오 소필드(실내)　　2006

이탈리아의 대표적인 패션 및 가죽제품의 브랜드 회사인 구찌는 긴자 거리에 면한 곳에 구찌 긴자라는 지하 1층, 지상 8층 규모의 제품을 판매하는 매장, 업무 공간, 식음 공간이 있는 복합 빌딩을 건축하였다. 브론즈와 투명 유리로 만든 이중 외피의 입면이 인상적인 구찌 긴자는 구찌측이 판매 공간과 건축물 전체를 통하여 브랜드 이미지를 전달하기 위하여 요철이 있는 로라 패턴 글라스(RPG)를 제시, 유리를 가지고 설치하는 예술가인 제임스 카펜터와 건설사 공동으로 설계를 진행한 결과다. 4개 층의 매장을 가지고 있는 구찌는 세계에서 2번째로 만든 구찌 카페, 손님들에게 독자적인 서비스를 제공하는 고객서비스 코너, 갤러리, 이벤트 홀과 루프 테라스 등으로 차별화하였다. 60, 70년대의 구찌를 대표하는 상징적인 숍에서의 영감을 받으면서 최첨단의 기술을 결합시킨 매장은, 특히 실내 공간에서 크리에이티브 디렉터인 프리다 쟈니니와 실내디자이너인 소필드가 협력하여 스테인리스 스틸, 로즈우드, 유리를 사용하여 경쾌하면서도 따뜻하고 동시에 세련된 분위기로 연출하였다.

# 닛산 갤러리 긴자

NISSAN GALLERY GINZA

긴자·마루노우치·니혼바시 | 銀座·丸の内·日本橋

2001　후미타 아키히토(文田 昭仁)

닛산 자동차를 위하여 리모델링한 갤러리는 알루미늄 스팬드럴의 파형 처리된 판으로 마감한 외관으로 자동차처럼 유동적인 인상을 부여하고 있다. 회사의 브랜드 아이덴티티를 확립하기 위하여 지명 현상설계로 진행된 프로젝트는 자동차와 자동차가 놓여있는 공간에 대한 관계를 '보석과 그것을 담는 쇼케이스'로 상정, 거대한 쇼케이스를 중심에 놓는 것으로 디자인의 출발점을 삼았다. 자동차를 전시하는 갤러리의 벽과 바닥을 곡면으로 처리, 윤곽선을 사라지게 하여 공간의 거리감을 의도적으로 애매하게 만들고 재료는 이런 의도를 실현하기 위해 바닥과 벽 등을 스테인리스 판을 바이브레이션 처리한 마감과 펀칭 및 엠보스 가공으로 논슬립에 대한 고려와 함께 소리의 반향을 방지하는 등 세심하게 디자인하였다. 상업적인 성격의 홍보를 위한 갤러리는 정보가 시간과 장소를 불문하고 행해지는 오늘날 자동차와 만나는 직접적인 경험과 닛산 브랜드가 목표로 하는 이념을 느끼게 만드는 감각적인 경험을 위한 공간으로 디자인된 갤러리다. 야간의 도시로 향한 영상과 2층의 코퍼레이트 코너에서 정보 단말기를 통하여 닛산의 다각적인 정보를 얻을 수 있는 갤러리의 2층 코퍼레이티브 코너에 가면, 마치 스탠리 큐브릭의 영화 2001년 스페이스 오딧세이에서 볼 수 있었던 미래적인 공간이 펼쳐진 것 같은 느낌을 받게 된다.

## 베르투 긴자

클라인 다이삼 아키텍처 | 2009

영국의 공방에서 수작업으로 만드는 것으로 유명한 베르투는 노키아의 자회사인 럭셔리 핸드폰 전문 제작업체로 일본 최초의 플래그십스토어가 베르투 긴자다.

지상 4층 규모에 1, 2층이 판매 공간, 3, 4층이 업무 및 기타 공간으로 구성된 베르투 긴자는 건축물의 파사드 자체를 베르투의 이미지를 표현하기로 하였다. 곡선형 옥상 구조물로 부드러운 느낌을 주면서 베르투의 브랜드 컬러에 맞는 다크한 이미지의 유리로 마감된 파사드에 요철이 있는 V자 패턴을 광택과 무광택으로 처리하여 파사드 자체가 럭셔리한 핸드폰의 제품 이미지를 전달하게 하였다. 입체 가공과 유리면의 광택에 의한 브랜드 로고, 전해착색과 분체도장의 강약에 의한 컴포지션에 의해 시선에 따라 밝기가 변하는 보석의 커팅 같은 입체감을 표현, 고급 브랜드의 핸드폰을 판매하는 공간을 파사드에서 보여주고 있다.

백색과 흑색을 기조로 하여 디자인된 1층 판매 공간의 벽면은 곡선으로 처리된 우레탄 광택마감의 모듈화된 구성으로 부드러우면서 샤프한 분위기의 실내를 표현하고 있으며, 벽면 역시 수납된 형식의 디스플레이 공간으로 사용하고 있다. 2층은 컨설팅 등을 하는 VIP 공간으로 벽과 바닥 일부를 백색과 흑색을 주조로 한 공간에 적색을 가미하여 또 다른 고급스러운 분위기를 연출하고 있다. 계단은 기존 건물의 레이아웃을 변경하여 1층에서 4층을 관통하는 대 계단으로 디자인, 하나의 공간 체험 요소로 조성하였다.

# 긴자 그린

GINZA GREEN | 긴자·마루노우치·니혼바시 | 銀座·丸の内·日本橋

2001 다케나카코무텐(竹中工務店)

긴자 그린은 이름처럼 지상 12층, 지하 2층의 녹색의 외관을 한 건축물로서 긴자 거리에 위치하고 있다. 과거 기쿠타케 기요노리(菊竹 淸訓)가 디자인하였던 토토(TOTO) 전 시장 위치에 세워진 복합 식음 공간 용도의 이 건축물을 소개하는 것은 건축적인 의미라기보다는 각 층마다 유명한 실내디자이너가 디자인한 특색 있는 레스토랑이나 카페, 바들이 있기 때문이다. 1-2층에 크리스티앙 비쉐(Christian Biecher)의 셀프스타일의 찻집인 살롱 드 테 마드레느 긴자(Salon de the Madeleine Ginza), 5층은 야마기와 준페이(山際 純平)의 스시 다이닝 오모테산도 이치즈(表參道 ICHIZ) 긴자점, 6층은 오하시 마사키(大橋 正明)의 와인 다이닝인 부(房)'s 긴자, 8층은 다카토리(高取) 공간계획의 한국음식

# 긴자 그린

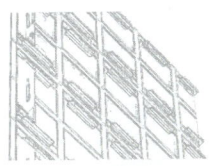

점인 한가위, 10-11층에는 스기모토 다카시의 수퍼포테이토가 디자인한 일본풍의 다이닝바 히비키(響) 긴자점이 위치하고 있다. 건축물에서 인상적인 공간은 1-2층에 위치한 프랑스계 실내디자이너인 크리스티앙 비쉐의 살롱 드 테 마드레느 긴자와 수퍼포테이토의 히비키를 거론할 수 있다. 마드레느는 비쉐가 디자인한 공간으로 홍차, 커피, 케이크를 팔고 있는 찻집이다. 찻집은 실내를 금속과 반투명 유리, 목재, 아크릴 등의 재료를 사용한 미니멀한 공간에 벽면 일부를 노란색 등을 포인트로 사용하여 주 고객인 2-30대 사무직 여성들의 감성에 부합되는 도시적이면서 따뜻한 공간을 연출하고 있다. 실내 공간은 디자인 개념을 '반투명한 빛'으로 정하여 가늘고 긴 공간에 주방, 화장실, 종업원실 등 기능적이면서 필수적인 공간을 실린더 형으로 마감하고 그 벽면에 선형의 조명을 매입, 공간에서 리듬을 느낄 수 있는 오브제적인 장치로 연출하고 있다. 벽면 일부에는 프랑스인 디자이너 엘베 반 델 스트라텐이 디자인한 거울을 오브제로 사용하여 디자인 개념을 공간에서 보완하고 있다. 히비키는 10-11층에 위치한 일본풍의 다이닝바로 국내에도 많은 작품이 있는 수퍼포테이토의 작품이다. 엘리베이터로 11층으로 진입한 후, 실내 계단을 통하여 10층으로 연결한 구성이 특이한 음식점은 벽면에 곡물을 집어넣은 디스플레이가 인상적으로 국내의 레스토랑 8이나 노보텔의 슌미 이전의 디자인 어휘를 볼 수 있는 공간이라는 점에서 의미가 있다고 할 수 있다.

LOUIS VUITTON GINZA 並木店 긴자·마루노우치·니혼바시 | 銀座·丸の内·日本橋

## 루이뷔통 긴자 나미키점

2004  아오키 준(青木 淳)(건축)·루이뷔통 말티에(실내)

루이뷔통 긴자 나미키점은 1981년 일본에서 오픈한 최초의 직영점으로 점포의 확장과 내외부의 리노베이션이 행해진 프로젝트다. 이 상업적인 건축물은 외장을 라임스톤에 가까운 GRC에 빛을 투과하는 만달레이 화이트라는 백색 대리석을 랜덤하게 상감한 패널로 시공, 주야간이 빛의 투과에 의해 다른 이미지로 보이도록 디자인하였다. 주간에는 7층의 건축물이 거대한 석재로 마감된 매스로 인식되지만, 야간에는 내부에서 투과되는 조명에 의해 마치 구멍이 난 치즈처럼 빛이 새어나오는 인상적인 건축물로 변모한다. 실내공간은 지하 1-2층을 오픈한 공간의 벽면에 부유하는 듯하게 진열한 가방들의 전시가 인상적이며 1층 입구 홀의 반사재로 마감된 벽면에 매입된 LED를 사용한 모니터 역시 부유하는 분위기를 연출하고 있다. 긴자 거리의 또 다른 루이뷔통의 매장인 마츠야(松屋) 긴자점과도 그리 멀지 않은 거리에 있으나 취급 상품은 큰 차이가 없다.

긴자·마루노우치·니혼바시 | 銀座·丸の内·日本橋　　　YAMAHA GINZA ビル

## 야마하 긴자 빌딩

니켄세케이(日建設計)　　2009

1951년 안토닌 레이몬드가 디자인한 옛 야마하 긴자 빌딩이 있던 장소에 새롭게 세워진 야마하 긴자 빌딩은 악기 판매 공간, 공연장, 음악 교실, 스튜디오 등으로 구성되어 있다. 소리의 파동이라는 디자인 콘셉트를 표현한 지하 3층, 지상 12층 건축물은 고투과 금박을 입힌 격자 유리 마감의 외관으로 빛과 조명에 의해 거리, 사람, 소리가 만나는 공간 이미지를 표현하고 있다. 세계적인 종합 악기 메이커인 야마하를 상징하기 위하여 음(音)—음악을 감지, 악기를 이미지화, 전통과 혁신의 융합이라는 3가지 주제로 디자인을 전개하였다. 건축의 개념은 목제 악기를 내포하는 유리의 쇼케이스로 하여 용도와 관련된 3개의 보이드 공간을 목제 악기의 조형과 소재를 느끼도록 디자인하였으며, 보이드된 공간의 액티비티가 반투과 격자 유리를 통하여 외부에 표출되도록 하였다. 실내의 지붕이 곡면으로 처리된 주 출입구가 있는 로비 공간은 포털이라고 명명된 공간으로 야마하의 정보 발신 거점으로 전시와 미니 콘서트 같은 라이브 등 이벤트가 이루어지고 있다. 실내 공간은 목재라는 악기에 사용되는 재료와 조형 요소를 채용하여 마치 악기 내부에 있는 느낌을 주도록 디자인하였다. 300석 소규모 콘서트홀인 야마하홀, 살롱, 음악교실, 스튜디오 등은 최첨단의 방진 차단기술로 실현한 슈퍼 콤플렉스 공간이다.

# 니콜라스 G. 하이엑 센터

Nicolas G. Hayek Center  
긴자·마루노우치·니혼바시 | 銀座·丸の内·日本橋

2007　시게루 반(坂茂)

# 니콜라스 G. 하이엑 센터

전 세계적으로 유명한 스위스 시계회사인 스와치 그룹이 긴자에 쇼룸 겸 본사의 건축설계 공모에서 당선된 결과로 지어진 지하 2층, 지상 14층 규모의 건축물이다. 폭 14m, 길이 34m의 길고 좁은 부지에 1-4층까지 7개 브랜드의 독립 쇼룸을 배치하는 프로그램을 요구한 건축주의 요구에 대하여 건축가는 일반적인 디자인의 프로세스인 문제 해결(Problem Solving)이 아닌 문제 조성(Problem Making) 방식으로 대응하였다. 좁은 입지 문제로 인하여 7개 쇼룸 중 1개만이 거리에 면하여 배치할 수밖에 없는 상황이 되기에 모든 쇼룸들이 동일하게 거리에서 접근이 가능한 방식을 택하였으며, 이것은 1층을 전, 후면으로 개방하여 보행자들도 다닐 수 있는 공적인 성격의 거리로 만들면서 시간의 거리로 명명하여 해결하였다. 시간의 거리에는 7개의 독립된 쇼룸들이 마치 원형, 혹은 사각형의 공간으로 분산하여 배치되었으며, 이 쇼룸 겸 엘리베이터는 상, 하부 층의 매장으로 연결하여 준다. 또한 시간의 거리라는 실내외가 연결된 공간의 벽면에는 버티칼 가든을 설치하고 4개 층의 개방된 전, 후면에는 유리 셔터를 설치하여 상업공간과 도심 속의 정원이 결합된 것 같은 공간으로 디자인하였다. 5층의 아트리움이 있는 고객서비스 공간과 함께 5-7층, 8-10층, 11-13층 역시 유리 셔터와 버티칼 가든이 있는 아트리움으로 쾌적한 판매 및 업무환경을 제공하고 있으며, 14층의 이벤트 홀은 13층까지의 분위기를 탈피하기 위하여 경쾌한 곡선형 디자인의 지붕을 설치한 것이 인상적이다. 친환경적인 종이 튜브의 건축으로 유명한 건축가 시게루 반의 혁신적인 시도들이 상업적인 건축에서도 진행형인 것을 알 수 있는 사례라고 할 수 있다.

東京銀座資生堂ビル

# 도쿄 긴자 시세이도 빌딩

긴자·마루노우치·니혼바시 | 銀座·丸の内·日本橋

2000　리카르도 보필(Ricardo Bofill)

시세이도 빌딩은 일본의 유명한 화장품 회사로 시작하여 세계적인 기업이 된 시세이도가 창업 130년을 맞이하면서 창업한 그 장소에 세운 상징적인 건축물이다. 스페인의 건축가인 리카르도 보필은 시세이도의 회장이 요구한 50년 후에도 훌륭한 작품으로 남을 건축물로 설계하기 위하여 예술 작품으로서의 건축을 목표로 디자인하였다. 탈근대의 성향을 지닌 건축가인 리카르도 보필의 작품답게 붉은색의 인상적인 외형을 한 건축물은 고전적인 3부 구성의 형식을 취하면서 긴자 중앙거리에 랜드마크로 부각되고 있다. 건축가는 계획 과정에서 공공 공간과 백 야드의 명쾌한 분리, 목적이 다른 다양한 공간과 건축과의 일체성, 기업의 상징으로서의 아이덴티티와 미래를 향한 타운 스케프와의 조화 등의 문제를 해결하기 위하여 건축물을 긴자 거리에 아름다운 변화를 부여하는 하나의 예술 작품으로 만들기로 하였다. 전체 공간은 1층의 공공적인 성격의 플라자, 지하 1층의 갤러리, 3-5층의 레스토랑과 카페, 9층의 다목적 홀, 10-11층의 식음 문화의 새로움을 체험하기 위한 화로 시세이도 등 다양한 성격의 공간으로 구성되어 있다.

긴자·마루노우치·니혼바시 | 銀座·丸の内·日本橋

LANVIN BOUTIQUE GINZA

# 랑방 부티크 긴자점

나카무라 히로시(中村 拓志)+NAP 건축사무소       2004

프랑스의 브랜드 랑방은 잔느 랑방이 딸을 위한 옷을 만드는 것으로 시작되었다. 긴자 중앙거리에 위치한 랑방 부티크 긴자점은 따뜻한 분위기의 잔느 저택을 즐기면서 체험하는 듯한 것을 목표로 디자인하였다. 외관을 보면, 상부 일부가 경사진 검은색의 상자를 삽입한 것 같은 구성으로 외피는 디올 긴자와 마찬가지로 펀칭된 철판으로 마감하였다. 검은색의 철판에 노란색이 감도는 조명과 실내 분위기의 연출로 따뜻한 공간을 의도하고 있으며, 실내 공간 역시 벽과 바닥에 원형의 펀칭을 하여 그 펀칭된 구멍으로 들어오는 빛에 의해 연출된 다양한 현상이 복잡하면서도 풍부한 실내 공간을 만들어내고 있다. 특히 야간에 외관을 바라보면, 하늘에 별이 촘촘히 떠있는 것 같은 구성이 인상적이다.

## 스와로브스키 긴자

긴자 · 마루노우치 · 니혼바시 | 銀座 · 丸の内 · 日本橋

2008    다케나카코무텐(竹中工務店)(건축) · 도쿠진 요시오카(吉岡 德仁)(실내)

수정으로 이루어진 숲을 거니는 불가사의한 감각을 공간의 내외부에 투영하고자 하였다. 스테인리스 밀러 각봉들을 사용한 설치미술 같은 주출입구는 수정 고드름들이 매달린 것 같은 초현실적인 분위기를 연출하여 빛의 변화나 주위의 풍경에 따라 다양한 느낌을 고객들에게 부여하였다. 실내 공간에서는 1층에서 2층으로 오르는 계단 옆에 설치된 빈센트 반 두이센의 폭포(Cascade)라는 수정을 이용한 원주형 오브제나 2층의 슈팅스타라는 2만 8천여 개의 수정을 이용한 흐르는 별 같은 모양을 한 설치미술, LED가 설치된 강화유리로 마감된 계단 디딤판, 수정 유리가 혼입된 인조 대리석의 바닥 등과 수정 샹들리에 등을 통하여 수정의 숲을 돌아다니는 듯한 느낌을 연출하였다. 스와로브스키에서는 적청색을 기조로 한 기존 점포의 이미지 쇄신을 위하여 브랜드 로고도 수정의 아름다움을 이끌어내는 백색과 실버로 바꾸는 동시에 전 세계 1,150개 매장 디자인을 바꾸기 위한 일환으로 이루어진 첫번째 작업이라는 점에서도 의미가 있는 프로젝트다.

스와로브스키는 오스트리아의 다니엘 스와로브스키가 1895년 티롤 주의 와튼즈에 세운 크리스털 제조 및 판매 회사로 크리스털 업계를 선도하는 세계적인 기업이다. 2006년 전 세계 매장의 리뉴얼을 하기 위해 스와로브스키 긴자점을 저명한 디자이너와 건축가들에게 지명 현상공모를 행하여 도쿠진 요시오카의 안을 선정하였다. 디자이너는 '수정의 숲(Crystal Forest)'이란 콘셉트로 디자인하여

긴자·마루노우치·니혼바시 | 銀座·丸の内·日本橋

交詢ビル 103
D-5
p.54
㊵

# 고순 빌딩

시미즈(清水)건설+데이비드 치퍼필드(David Chipperfield)   2004

1872년 에도 대화재로 긴자 거리도 도로폭을 확장하고 화재 예방을 위한 불연화를 영국인 기술자 T. J. 워트루스에 의해 진행하였던 시기인 1880년 일본 최초의 사교구락부 고순사 구락부가 탄생하였다. 관동대지진 후 고순사도 창립 50주년을 맞이하여 지상 7층으로 2대째 사옥을 철골철근콘크리트 조로 1929년에 건축하였다. 그 건축물을 2000년대에 정면 벽체의 보존과 스테인드글라스 창의 복원, 실내 공간의 튜더 아치와 문장의 조각이 있는 담화실, 중정, 작은 식당을 이축하여 보존하면서 커튼월에 의한 건축물로 변모시키는 작업을 하였다. 외관은 데이비드 치퍼필드의 협력에 의해 정면 벽체와 기단부를 보존하고 나머지 부분은 더블스킨의 커튼월로 디자인하여 완성하였다. 외부측의 유리를 세라믹 열처리 마감을 한 커튼월의 더블스킨 입면이 기존의 튜더 고딕 양식으로 석재로 마감된 보존 부분과 조화를 이루는 디자인에 의한 인상적인 리모델링 프로젝트로 과거와 현대가 한 건축물에서 공존하는 느낌을 받을 수 있다. 저층부인 지하 1층에서 지상 2층에 제프리 하치슨이 디자인한 바니즈 뉴욕 긴자점이 입점하여 있으니 시간이 나면 한번 구경해보기 바란다.

## 가부키자

긴자·마루노우치·니혼바시 | 銀座·丸の内·日本橋

1924　오카다 신이치로(岡田 信一郞)

가부키자는 가부키를 공연하는 공연장으로 건축가 겸 도쿄 예술대학 교수였던 오카다 신이치로가 디자인한 철근콘크리트 구조의 화풍 건축물이다. 일본의 전통과 근대를 융합하여 디자인한 1,866석의 객석을 지닌 공연장은 극장, 악기실, 별관으로 구성되어 있으며, 외관은 모모야마(桃山) 시대의 성곽과 사찰을 기본 모티프로 한 외관에 당파풍의 박공을 가미하여 디자인하였다. 현재의 가부키자는 과거 화재, 지진, 전쟁으로 3번이나 파괴되었던 것을 공연장을 운영하였던 쇼치쿠(松竹)의 회장 오오타니 다케지로(大谷 竹次朗)에 의해 재건되었다. 그는 단순히 공연장만을 재건하는 데서 그친 것이 아니라 전통적인 예술을 수호하였으며 그 결과로 지금의 가부키자도 존재한다고 할 수 있다. 건축가는 후에 설계한 서구 고전양식의 메이지 생명관(明治生命館:1934)에서 그가 서구양식과 일본 전통양식의 디자인에 능한 건축가임을 알 수 있으며, 이후 구로다(黑田) 기념관(1927), 일본 그리스도교 시나노마치(信濃町) 교회(1930), 하쿠호도(博報堂:1930) 등에서는 서구 고전양식을 응용한 건축을 선보였다.

# ADK 쇼치쿠 스퀘어

쿠마 켄고(隈 硏吾)+미쓰비시지쇼(三菱地所)　2002

과거 쇼치쿠 회관이 있던 장소에 건축된 23층 규모의 업무, 상업 공간, 공동주택으로 구성된 복합공간이다. 클라이언트가 요구한 과제는 입지의 가능성을 최대한 추구한 수익성의 추구, 이미지 업을 시킬 수 있는 공간의 디자인, 최단 기간의 건립이었다. 사업성 검토 결과, 주공간을 업무 공간하고 공간의 활성화를 위해 점포와 공동주택을 도입, 대폭 용적 할증을 얻으면서 디자인 문제의 해결은 쿠마 켄고를 디자인 파트너로 참여시키는 것으로 해결하였다. 건축가는 쇼치쿠가 가부키나 영화로 출발한 기업이라는 점을 감안, 공간을 극장 도시라는 개념으로 하여 도시 공간의 실내화를 목표로 디자인하였다. 커다란 계단으로 구성된 실내 광장은 하나의 극장이면서 동시에 사람들의 휴게 공간, 그리고 외부 공간의 흐름과 연속된 공간이기도 한 것이다. 그는 실내 공간을 면과 선으로 구성된 질감을 느낄 수 있는 공간으로 디자인하여 사람들의 신체와 섬세한 커뮤니케이션이 가능하게 하였다고 술회하고 있다. 로비에 면한 계단식의 휴게 공간, 마치 실타래 같은 선적인 요소로 구분된 카페 공간, 외부 공간의 사인 등의 섬세한 처리가 인상적이다. 전통적인 공연을 하던 가부키자와 쇼치쿠가 깊게 연결되어 있는 것처럼, ADK 쇼치쿠 스퀘어는 전통을 현대화시킨 공간이라는 점에서 의미가 있다고 생각한다.

# 쓰키지 혼간지

築地 本願寺

긴자·마루노우치·니혼바시 | 銀座·丸の内·日本橋

**1934** 이토 주타(伊東 忠太)

쓰키지 역에 내리면 이국적인 인도풍의 사찰을 만나게 되는데, 그 건축물이 바로 쓰키지 혼간지다. 건축물은 1617년 아사쿠사에 건립된 혼간지가 1657년 화재로 소실, 1679년 당시 바다였던 곳을 매립한 땅이라는 의미의 쓰키지에 세웠진 것이다. 실내는 일본풍이나 이국적인 외관을 한 사찰 건축을 설계한 이토 주타는 건축가인 동시에 일본 최초의 건축사가로서, 그는 건축을 범 아시아적인 시각으로 해석하여 디자인하였다. 그는 일본 건축을 객관적으로 보기 위해 중국을 방랑하고 인도의 건축을 습득, 아시아에서 기원을 찾은 인도 불교식의 독특한 건축을 전개하였다. 본당 내부의 양식은 일본식으로 회의실, 숙박 공간, 일요학교 등 종합적인 시설을 갖춘 사찰로서 본당과 대회의실은 철근콘크리트 구조로서 사찰의 안팎 곳곳에는 코끼리, 새, 원숭이 같은 실제 동물과 상상 속의 동물 모습을 한 조각이 있어 그 동물들을 찾아보는 것도 재미가 있다. 이외에도 이토 주타의 건축물은 에도 도쿄 박물관의 후면에 위치한 도쿄 도립위령당(1930)과 도쿄도 부흥기념관(1931)이 있다. 건축물에서 멀지 않은 곳에 위치한 생선을 판매하는 시장인 쓰키지 시장에는 싱싱한 생선을 취급하는 세계 최고의 수산시장으로 건축물 역시 근대의 유물이다. 특히 시장 안에 있는 A동 6호관인 다이와즈시(大和壽司)는 생선회로서 최고의 음식점이니 한번 기회가 있으면 방문해보기 바란다. 단 평일 오전 9시 전후가 아니면, 기다려야 한다는 점을 고려해야 한다.

## 나카긴 캡슐 타워

中銀 Capsule Tower

구로카와 기쇼(黑川 紀章) 1972

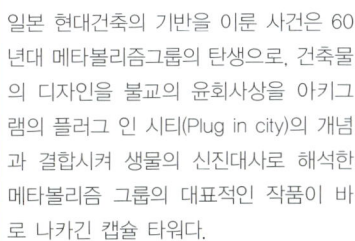

일본 현대건축의 기반을 이룬 사건은 60년대 메타볼리즘그룹의 탄생으로, 건축물의 디자인을 불교의 윤회사상을 아키그램의 플러그 인 시티(Plug in city)의 개념과 결합시켜 생물의 신진대사로 해석한 메타볼리즘 그룹의 대표적인 작품이 바로 나카긴 캡슐 타워다.

2개의 엘리베이터와 계단실이 있는 코어를 중심적인 구조로 하여 모든 가구와 설비를 유닛화한 2.3m×3.8m×2.1m 크기의 공장제 주거 캡슐을 하이텐션 볼트로 매단 구성은 그 당시 미래 건축을 현실화하였던 기념비적인 작품이라고 할 수 있다. 균질화된 입면을 피하면서 실내에서 프라이버시도 고려, 진입 레벨을 다르게 하여 랜덤하게 보이는 외관을 창조하였다. 당시에는 지방에서 출장 오는 사람들을 위하여 모든 작업이 원스톱으로 이루어지도록 타이프라이터나 오디오, 욕실 등을 실내에 콤팩트하게 유닛화한 것이 인상적이다.

텐츠 사옥 건너편에 위치한 이 건축물이 방문할 때마다 퇴락해가는 모습을 보면서 조만간 헐릴지도 모른다는 생각이 들지만, 그 기념비적인 성격 때문에 책에 내용을 삽입하였다. 혹시 헐린다면, 비록 메타볼리즘의 개념을 이 건축물보다는 완벽하게 실현하지는 못하였으나, 근처에 단게 겐조의 시즈오카(静岡) 신문방송 도쿄지사에서 그 개념의 과정을 엿볼 수 있으니 방문해보기 바란다.

시오도메 汐留

시오도메지하 보행자 도로

시오도메시티센터

애드 뮤지엄 도쿄

## 시오도메 지역

시오도메 지구는 롯폰기 힐즈와 함께 도쿄 내의 대규모 개발 프로젝트로서 신바시(新橋)역과 하마마초(松町) 역 사이에 위치한 JR선 동측의 시오도메 화물역과 서측의 기존 시가지를 대상으로 하는 지역이다. 동측에는 업무, 상업 등 복합형 빌딩 12동, 고층 주거동 3동이 건설되었으며, 서측에는 이탈리아 거리인 치타 이탈리아가 들어서 있다. 이 지역에 새로운 초고층 빌딩군이 출현하였으며 도내에서 11번째로 높은 시오도메 시티센터(케빈 로치 존 딩켈루 어소시에이츠)를 필두로 덴츠 신 사옥과 연결된 카레타 시오도메, 일본 텔레비전 타워(리처드 로저스+미쓰비시지쇼), 마쓰시다 전공 도쿄 본사 빌딩(니혼세케이+니켄세케이), 시오도메 미디어 타워 등으로 구성되어 있다. 이 지구에서 보아야 할 건축물로는 지구에 있어 핵심이라고 할 수 있는 덴츠 신 사옥과 하부의 카레타 시오도메, 그리고 상기한 건축물들과 연결하는 지하 몰이다.

**S** 덴츠 신 사옥(p.112)

● 애드 뮤지엄 도쿄(p.114)

● 일본 텔레비전 타워(p.115)

● 시오도메 시티 센터+
B지구 공용부(p.116)

시오도메 지하 보행자 도로(p.117) **E**

112 CARETA SIODOME 시오도메 | 汐留

D-4
p.108
①

# 덴츠 신 사옥

2002　장 누벨(Jean Nouvel)+저드 파트너십(Jerde Partnership)+오바야시구미(大林組)

# 덴츠 신 사옥

덴츠 신 사옥 프로젝트는 시오도메 지구 재개발에 있어 주도적인 프로젝트로 일본의 유명한 광고 회사인 덴츠 본사 빌딩을 중심으로 덴츠 홀, 상업 문화동, 시오도메 아넥스 빌딩을 포함하고 있다. 복합 건축물에서 48층으로 구성된 고층동은 프랑스 건축가인 장 누벨, 저층부의 시오도메 카레타라는 쇼핑몰은 저드 파트너십이 설계하였다. 일반적으로 국내에서는 복합형 건축물이라 할지라도 한 건축가가 설계하는 것이 대부분이지만, 2000년대부터 일본에서는 하나의 건축물이라도 저층부와 고층부를 전문화된 다른 건축가 팀에게 맡기는 경향을 보이고 있으며 덴츠 신 사옥도 그 사례 중에 하나다.

프로젝트의 전체 이미지는 수정과 암석(Crystal & Rock)으로 저드 파트너십이 디자인한 저층부의 거친 암석 이미지의 건축물 위에 장 누벨이 설계한 투명한 수정 같은 고층부가 결합된 구성이라고 할 수 있다. 고층동의 곡면으로 이루어진 정면부의 커튼월은 세라믹 프린트 유리를 사용하여 시간의 흐름에 따라 순백에서 다크 그레이로 입면이 다양하게 변하는 건축물을 만들고 있다. 이것은 그의 출세작이기도 한 아랍문화연구소의 모듈화된 개구부를 카메라 조리개로 구성하여 빛의 강약에 따라 변화하는 것과 같은 발상이라고 할 수 있다. 디자인은 장 누벨이 항상 의식하고 있는 사라지는 건축(Vanishing Architecture)이면서 주장하지 않는 건축의 체현이라고 할 수 있다. 건축물의 지하에는 광고 회사의 새로운 사옥답게 실내디자이너인 곤도 야스오가 디자인한 광고 박물관인 애드 뮤지엄 도쿄(Advertising Museum Tokyo)가 지하 1층과 2층에 걸쳐서 자리 잡고 있으니 필히 방문하기 바란다. 46–47층은 레스토랑가로서 유명 디자이너들의 가구들이 통로에 마치 오브제처럼 놓여 있어 앉아서 휴식을 즐길 수 있으며, 47층에 위치한 레스토랑 비체(BiCE) 도쿄는 토스카나 지방의 요리로 이름 높은 이탈리안 레스토랑으로 클라인 다이삼 아키텍츠에서 디자인하였다.

Advertising Museum Tokyo　　　　　　　　시오도메 | 汐留

# 애드 뮤지엄 도쿄

2002　　곤도 야스오(近藤 康夫)

애드 뮤지엄 도쿄는 약 13만 점의 광고 작품을 소장, 전시하는 광고 박물관으로 일본 광고의 역사를 한눈에 볼 수 있는 공간이다. 덴츠측에서는 실내디자이너인 곤도 야스오에게 이 공간이 전시 중심의 공간만이 아닌 실내면서도 건축적인 개념을 디자인에 포함시켜달라고 요구하였다. 디자이너는 이런 개념을 실현하기 위하여 런던의 테이트 모던에서의 입구 홀처럼 목적성이 없는 공간이면서 동시에 시설 전체의 핵심이 되는 공간을 만들고자 하였고 지하 1-2층을 연결하는 대 계단은 이렇게 만들어졌다. 원통형의 안내 코너를 통해 전시 공간으로 진입하면, 진입부에 갑자기 나타나는 모노크롬한 금속성의 분위기로 연출된 대 계단, 그리고 가운데 서 있는 선명한 붉은색으로 도색된 엘리베이터 샤프트가 오브제처럼 위치하고 있어 실내 공간은 건축적인 구조 자체만으로 시각적인 임팩트를 부여하고 있다. 공간은 안내 공간, 전시실, 작은 AV홀, 도서관으로 구성되었으며, 전시 벽면은 금속 메쉬로 마감하여 자유롭게 전시품을 유동적으로 전시할 수 있게 디자인하였다.

시오도메 | 汐留

# 일본 텔레비전 타워

리처드 로저스(Richard Rogers)+미쓰비시지쇼(三菱地所)　2003

1997년 제안 형식의 현상공모에 의해 당선된 텔레비전 방송국으로서 건축주가 초기능이라는 콘셉트를 제시한 것을 건축가는 공개된 광장, 교체 가능, 정보의 흐름으로 풀어서 설계를 전개한 건축물이다. 외관은 하이테크한 건축을 전개하는 리처드 로저스의 기본 설계안답게 양측 면에 트러스 형상의 메가 프레임을 채용, 내진성의 고려와 함께 3단으로 적층된 방송용 스튜디오라는 대 공간을 확보하면서 방송국으로서의 상징성을 표현하였다. 버트레스로 불리는 구조체는 교체 가능한 가변성을 확보하여 교체 가능성을 표현하고, 방송을 위한 제작 공장과 업무 공간을 연결시키는 남북의 코어는 24시간 움직임을 계속하는 사람과 정보의 흐름을 표현하였다. 텔레비전 타워와 시오도메 타워 사이에는 유리 지붕으로 마감된 광장을 만들고 건축물을 연결하는 브리지에 '제로스타' 같은 유리 큐브형으로 텔레비전의 스튜디오도 설치하여 공간을 활성화시키고 있다. 2층 레벨에 설치된 보행자 광장의 조경은 온사이트와 가지마 디자인, 미쓰비시지쇼 설계가 협력하여 디자인하였다.

## 시오도메 시티 센터 + B지구 공용부

2003　케빈 로취 존 딩켈루 어소시에이츠(Kevin Roche John Dinkeloo and Associates)

시오도메 B지구는 구 신바시 정류장 복원 역사를 둘러싸는 지역으로 시오도메 시티 센터와 마츠시다 전공 도쿄 본사로 구성되어 있다. 용적율 1,200%라는 고밀도의 거리를 만들면서 지구의 중앙에는 구 복원 역사를 재건하고 지하에 사적지로 지정된 부분을 보존하는 것을 조건으로 이와 함께 건축물들과 연결되는 선큰가든을 정비하였다. 레스토랑과 전시 공간 기능의 구 복원 역사를 축으로 하는 위치에 배치된 시오도메 시티 센터는 지하 4층, 지상 43층의 임대를 위한 업무 공간용 건축물로 저층의 3층에 걸친 오픈부에는 3인의 아티스트에 의한 작품들이 공간에 동적인 리듬을 부여하고 있다. 기준층은 센터코어를 채용하여 연속된 업무 공간을 확보하면서 조망을 최대한 살리기 위하여 9.6m의 기둥 스팬을 취하고 있다. 선큰가든에 서 있는 기둥 형상의 조명탑이 조형물이면서 동선을 유도하는 장치로 기능하고 있다. 1층에 위치한 두부다방이라는 기산지야(京さんじや)는 모리타 야스미치의 디자인답게 지등들이 걸려있는 디자인이 인상적이니 쉬는 겸해서 방문해 보기 바란다.

汐留 地下 步行者徒路

## 시오도메 지하 보행자 도로

도쿄도 건설국+패시픽 컨설턴트　　2003

시오도메 지구의 개발은 시오도메 화물역을 중심으로 하는 구역을 도쿄 도가 토지구역 정리사업으로 진행하였으며, 이 개발의 일환으로 시오도메 지구와 JR 도영 아사쿠사 선의 신바시 역을 연결하는 폭 40m, 길이 170m의 일본 내 최대급의 지하 보행자 도로가 개통되었다. 도로는 각 가구(街區)를 지하 네트워크로 연결하는 코어가 되는 중요한 시설이며 동시에 각 가구의 선큰가든과 일체화된 공간으로서 중요한 기능을 담당하고 있다. 디자인 콘셉트는 카레타 시오도메를 디자인한 존 저드와 가로 만들기 협의회의 협의를 거쳐 '해변의 저녁 조수(潮水)를 주제로 한 부유감이 있는 환경디자인'으로 계획하였다. 시오도메의 역사에도 언급되고 있는 저녁 조수를 모티프로 한 공간은 바닥은 모래사장, 벽과 천장 등은 파도, 파문, 흐름을 구현하여 어두운 지하 공간의 이미지가 아닌 따뜻한 색조와 조명을 이용하여 디자인하였다. 점포가 있는 부분은 유리를 이용하여 투명하고 시야를 확장시키는 공간을 만드는 동시에 광벽을 사용하여 통상적인 것보다 더 시각적으로 밝게 느껴지는 것을 목표로 하였다.

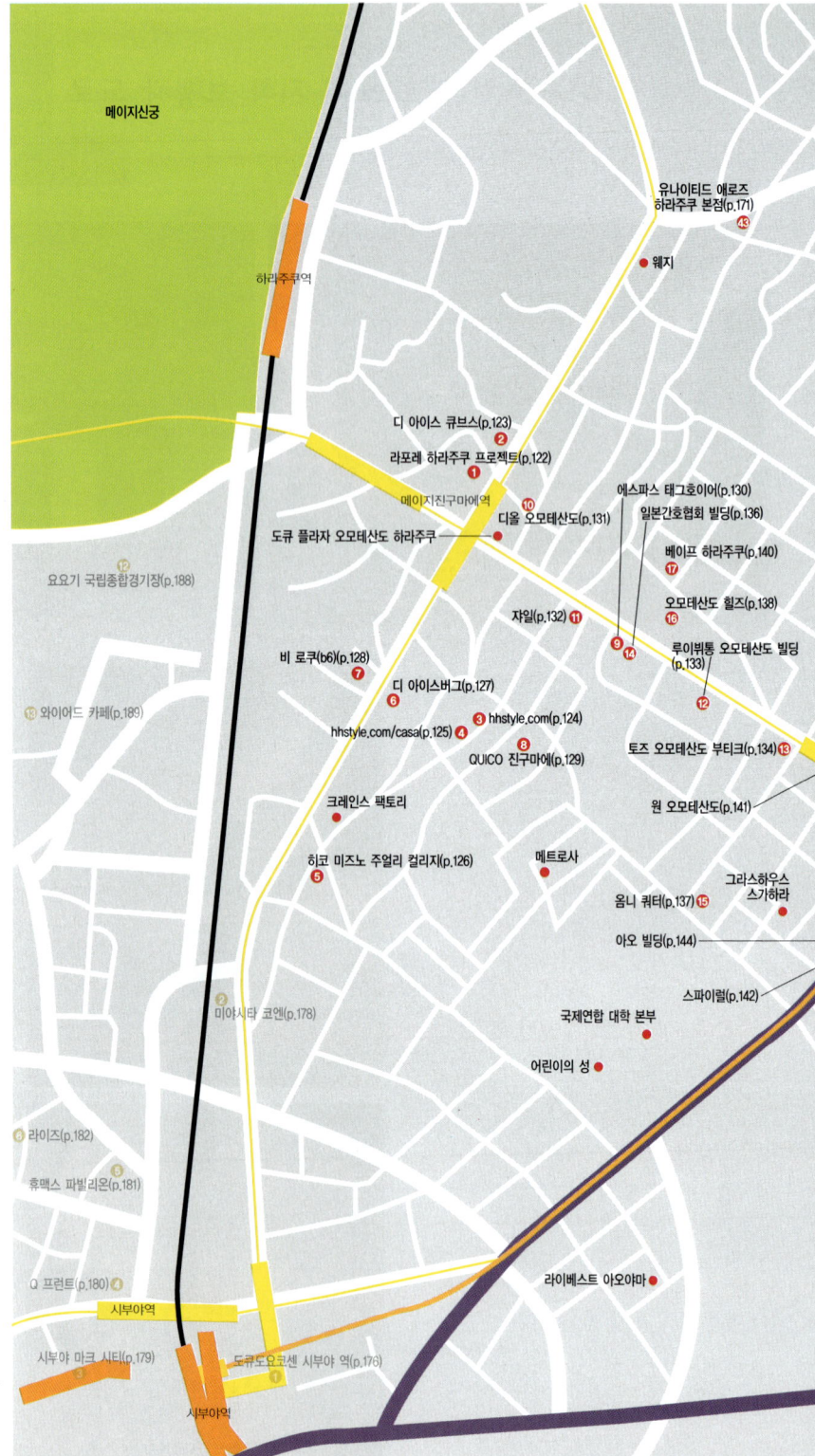

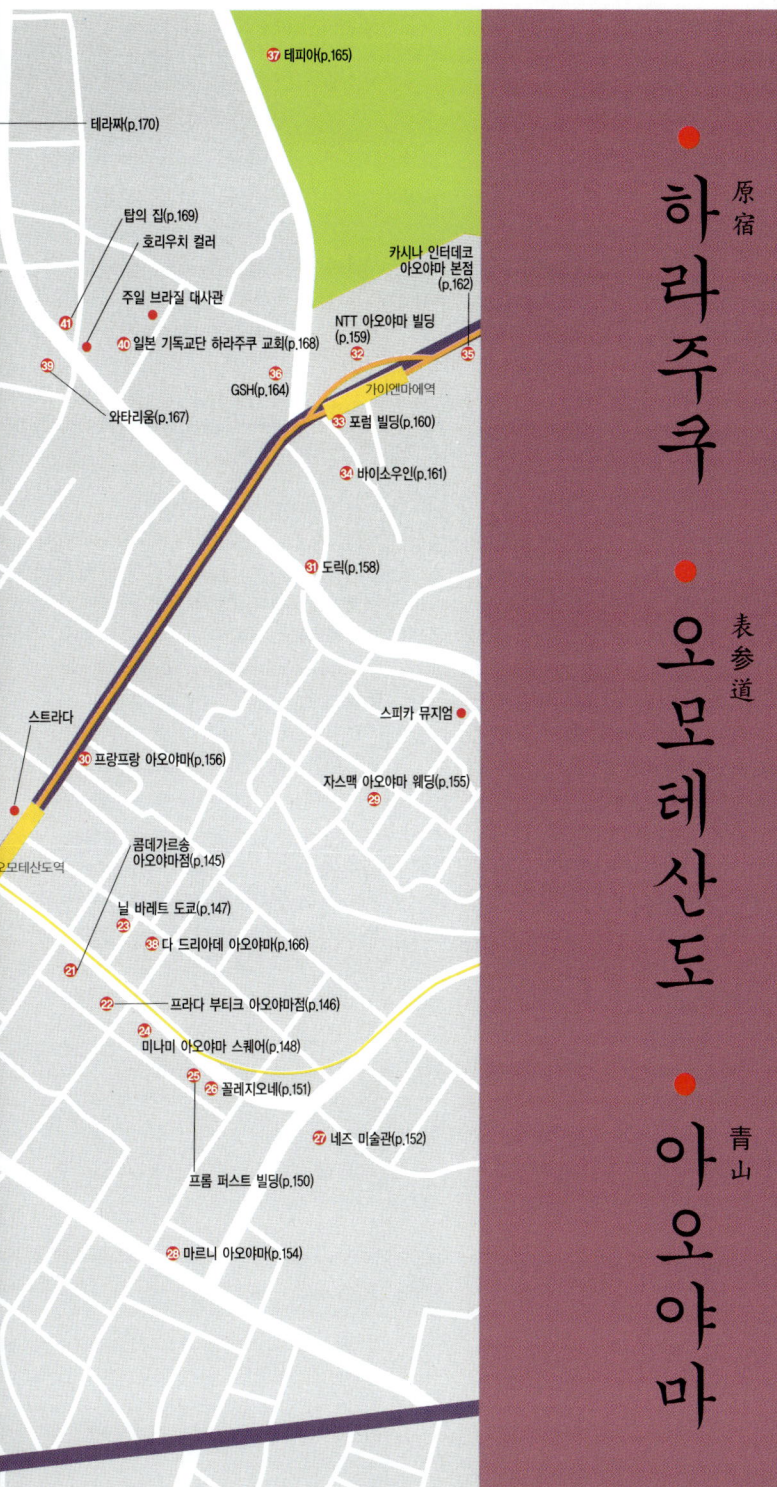

## 하라주쿠, 오모테산도, 아오야마 지역

하라주쿠 지역은 하라주쿠로부터 오모테산도, 아오야마로 이르는 지역이 시작되는 곳이다. 하라주쿠라고 하면, 대부분 일본에 가지 않았던 사람이라도 도쿄의 젊은이들의 거리라는 것은 들어서 알고 있다. 주말이면 연주를 하는 젊은이들이나 만화 주인공 복장을 한 코스프레족들이 보여주는 진풍경을 통해서 젊은이들의 거리임을 알 수 있으며 상가가 있는 거리에서는 일본의 유행을 선도하는 대표적인 패션의 거리임이 실감된다. 하라주쿠와 인접한 메이지진구(明治神宮)는 메이지 천황과 쇼우켄 황태후를 기리는 곳으로 다른 신사와는 달리 신궁(神宮)으로 불리는 일본의 미래와 과거가 공존하는 장소다. 메이지진구에서 볼만한 곳은 정원인 메이지진구교엔(明治神宮御苑)으로 중앙의 연못을 중심으로 산세의 흐름을 그대로 옮겨다 놓은 일본의 전통적 정원 형식인 회유식 정원을 감상할 수 있다. 오모테산도는 부동산 폭락과 함께 시작된 일본의 장기 불황 속에서도 다른 도쿄의 번화가인 긴자와 함께 유일하게 땅값이 올랐던 지역으로 2000년 이후 아르마니, 크리스찬 디올, 루이뷔통, 샤넬, 토즈 등 명품 매장이 들어선 도쿄 제일의 쇼핑거리로 자리 잡고 있다. 과거 메이지진구의 참배길로 조성된 지역답게 가로수가 울창한 거리에 위치한 명품 숍들은 유명 건축가들에 의해 디자인되어 아오키 준의 루이뷔통, 세지마 가즈요+니시자와 류에 팀의 디올 오모테산도, 이토 토요의 토즈 매장, 쿠마 켄고의 원 오모테산도, 클라인 다이삼의 라 포레 하라주쿠의 리노베이션, 그 웨나엘 니콜라의 에스파스 태그호이어 등 건축에서 실내디자인 프로젝트를 망라한 작품들을 즐길 수 있는 곳이다. 현재는 관동대지진 이후 일본에서 근대적인 집합주택으로 건설된 도준카이(同潤會) 아오야마 아파트가 건축가인 안도 다다오의 설계에 의해 재개발된 오모테산도 힐즈로 다시 부각되고 있다. 오모테산도 힐즈는 느티나무들이 우거진 거리에 자리 잡고 있던 도준카이라는 역사적 건축물의 기억을 안도 다다오가 어떻게 건축적으로 해결하였나 하는 호기심과 함께 쇼핑 공간에는 유명 디자이너들이 디자인한 매장도 있어 건축이나 실내디자인을 전공한 사람들의 관심을 집중시키는 명소가 되었다. 페르치오 라비아니의 돌체 & 가바나, 스테파노 피라티의 이브 생 로랑, 토마스 마이어의 보테가 베네타, 모리타 야스미치의 에디 루브와 SJX 매장, 안도 다다오의 류네트 쥬라 안경점, 마테오 튠의 포르쉐 디자인 스토어, 스즈키 에드워드의 이마이 카라레 등 실내디자이너와 건축가들의 손을 거친 매장들의 경연장이 되고 있다. 과거에 고급 주택가와 명품 매장들이 조화롭게 들어서 있던 거리인 아오야마 역시 오모테산도와 연결된 거리이기에 최근 프라다 부티크 아오야마, 콤데가르송이 들어서면서 과거에 건축된 프롬 퍼스트, 꼴레지오네 같은 유명 건축물과 함께 새로운 명품 매장들의 명소로 떠오르고 있다. 특히 스위스 건축가 팀인 헤르조그와 드 뮤론의 프라다 부티크 아오야먀와 퓨처 시스템스의 콤데가르송 매장, 미나미 아오야마 스퀘어, 자하 하디드가 실내를 디자인한 닐 바레드 매장으로 명품 매장들의 경쟁이 다시 가열되고 있다.

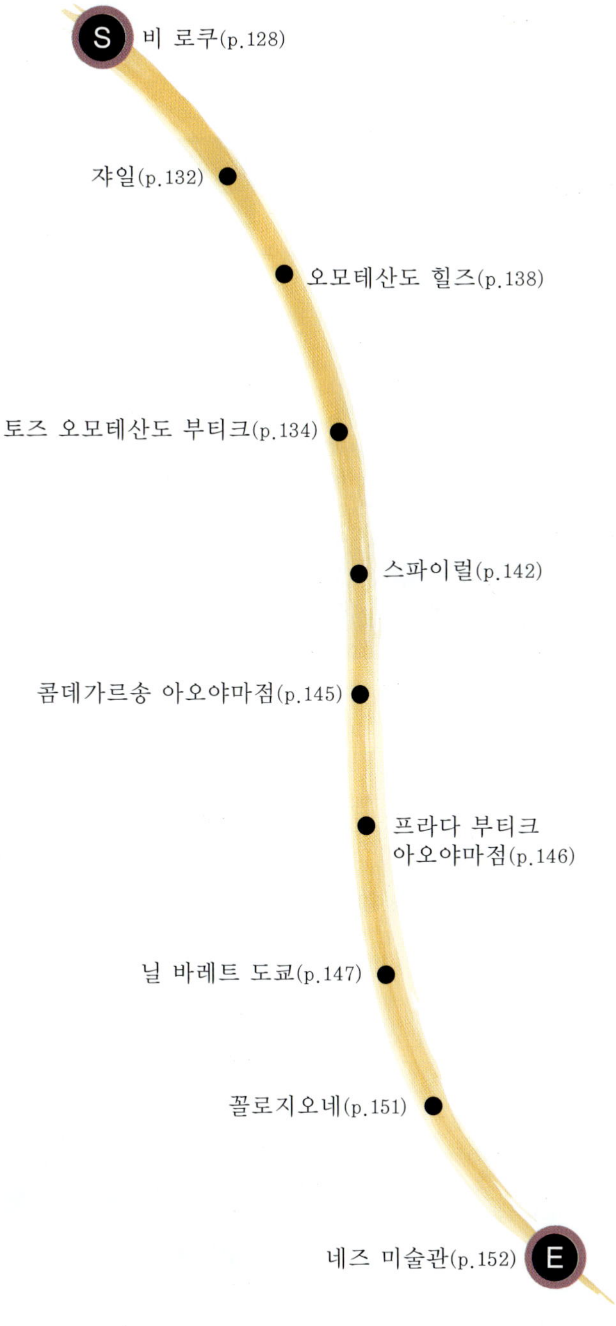

**S** 비 로쿠(p.128)

쟈일(p.132)

오모테산도 힐즈(p.138)

토즈 오모테산도 부티크(p.134)

스파이럴(p.142)

콤데가르송 아오야마점(p.145)

프라다 부티크 아오야마점(p.146)

닐 바레트 도쿄(p.147)

꼴로지오네(p.151)

네즈 미술관(p.152) **E**

## 라포레 하라주쿠 프로젝트

하라주쿠·오모테산도·아오야마 | 原宿·表参道·青山

2002  클라인 다이삼(Klein & Dytham)

라포레 하라주쿠는 2001년 봄에 리노베이션한 라포레 하라주쿠의 외관과 린린(林林) 프로젝트를 모두 포함한 프로젝트로 메이지 거리에 위치하고 있다. 라포레 하라주쿠의 외관 디자인은 젊은이들이 주목하는 지역답게 개성적인 이미지를 부여하기 위해 도로에 사용하는 원형의 반사판인 데리니에타를 다이아몬드형의 유닛으로 한 라이트그린 패널을 배치, 파사드 전면에 패턴을 만든 미디어 건축으로 디자인하였다. 라포레 하라주쿠(1978)는 단순한 패션몰 이전에 하라주쿠 문화의 발신지로서 참신하고 가능성 있는 소규모 브랜드에 주목하여 입점 브랜드 중 30~40%는 마이너 브랜드, 10%는 초 마이너 브랜드로 유행할 패션을 제안해서 판매하는 곳이다. 라포레 하라주쿠 앞길에 서 있는 린린 프로젝트라고 부르는 스테인리스 밀러로 마감된 쇼케이스 용도의 나무 형 모뉴멘트 역시 클라인 다이삼의 작품이다.

하라주쿠·오모테산도·아오야마 | 原宿·表参道·青山

# 디 아이스 큐브스

The ICE CUBES

미쓰이 준(光井 純)(건축)·유니버설 디자인 스튜디오(실내)    2008

디 아이스 큐브스는 하라주쿠 지역의 유수한 패션 임대 빌딩들이 들어선 메이지도리에 위치한 지하 2층, 지상 9층에 연면적 3,090㎡ 규모의 상업용 건축물이다. 마치 백색의 사각형 얼음덩어리들이 쌓여있는 것 같은 특이한 외관을 한 상업용 건축물에는 스웨덴의 패션 브랜드인 H&M이 입점해 있다. 디 아이스 큐브스라는 명칭처럼 유리 큐브가 적층된 것 같은 디자인은 패션 스트리트인 하라주쿠에서 강한 개성을 지니기 위해서 도시에 대하여 개방적인 분위기를 지닌 건축물을 만들어 달라는 건축주의 요구에 부응하면서 변하기 쉬운 패션의 거리에서 사람들의 기억에 강하게 각인시키기 위한 것이었다. 실내를 디자인한 유니버설 디자인 스튜디오는 전통적인 블랙박스의 매장에서 탈피한 실내를 자연광으로 채운 공간으로 디자인하여 실내와 주변 도시의 대화를 이끌어내었다. 3면을 유리로 마감한 파사드 내부는 맞춤 제작한 백색의 금속 쪽패널을 이용한 주름 문양의 스크린을 삽입하여 실내를 가리는 동시에 내부 벽면의 부착물을 위한 배경을 만들었다. 또한 쪽패널 스크린을 이용하여 4개층을 연결하는 계단실도 디자인하여 실내 공간에 또 다른 오브제로 만들고 있다. 최상층의 로이크라톤 리조트라는 타이풍 레스토랑은 천정고가 높은 공간으로 하라주쿠 거리를 바라보면서 식사가 가능하며, 건축물 1층 입구에 있는 건축물의 형태를 축소시킨 것 같은 안내 사인 구조물이 인상적이다.

# hhstyle.com

하라주쿠·오모테산도·아오야마 | 原宿·表参道·青山

2000 세지마 가즈요(妹島 和世)+니시자와 류에(西沢 立衛)

수입 가구를 판매하는 매장인 hhstyle.com은 오모테산도 거리에서 시부야로 향하는 골목길인 우라하라주쿠(裏原宿)에 위치한 3층짜리 건축물이다. 주택가를 연상시키는 아기자기한 분위기의 거리가 최근들어 안도 다다오가 설계한 hhstyle.com/casa도 새로 건축되는 등 활성화되고 있다. 법적으로 높이 10m 이상을 건축하지 못하는 제약이 있었으나 건축주는 적어도 한 층이 3.5m 이상의 높이를 원하였기 때문에 2, 3층의 바닥 일부를 들어 올려 한 층 내에서도 층고를 다르게 조정하는 방법으로 해결하였다. 각 층은 경사로 같은 완만한 계단으로 연결, 3층 전체를 일체화하여 경사로 같은 유보도의 계단을 건축물 안에서 연속시켜 고객들이 상품을 보면서 자유롭게 회유하는 공원 같은 갤러리를 목표로 디자인하였다. 건축가는 처음에는 이 갤러리 같은 건축물을 무주 공간으로 디자인하려고 하였으나 기둥이 외부로 돌출하는 구조상의 문제, 층고를 해결하기 위하여 슬라브를 최대한 얇게 처리하는 것과 가구 스케일을 조화시키는 문제 때문에 4.27m×3.55m의 스팬에 지름 11cm의 파이프 기둥을 채택하여 경쾌한 공간을 만들어내었다. 실내 공간에 들어가면, 유리 박스 안에 설치한 완만한 계단을 통해 올라가는 공간의 처리와 실내에서 2층 바닥 일부의 완만한 경사로 처리한 바닥 등이 묘한 공간적인 분위기를 연출하고 있다. 전면 파사드 유리에는 세로로 된 스트라이프의 세라믹 인쇄를 하여 부유하는 분위기를 연출하고 있고 2, 3층 일부는 업무 공간이기 때문에 일사량을 조절하기 위해 스트라이프를 굵게 처리하여 해결하고 있다. 현재는 아동용품을 판매하는 공간으로 전용하여 과거 공간의 분위기를 느끼지 못하는 것이 아쉽다.

하라주쿠·오모테산도·아오야마 | 原宿·表参道·青山

# hhstyle.com/casa

안도 다다오(安藤 忠雄)　2005

hhstyle.com이라고 하면 안도 다다오의 건축물보다는 과거 인접했던 세지마 가즈요의 건축물이 떠오르는데, 그것은 세지마 가즈요의 hhstyle.com이 먼저 세워졌기 때문이다. hhstyle.com 같은 수입 가구 판매를 위한 매장 기능의 건축물은 처음에는 마치 종이접기처럼 구성된 3층 정도 매스가 과연 누가 디자인한 것일까 하는 의구심이 들게 된다. 그것은 블랙박스 같은 구성으로 통상적으로 알고 있는 안도 다다오의 스타일과는 거리가 먼, 그의 건축적인 변신을 보여주는 작품이라고 할 수 있다. 이런 종이접기 같은 형상의 건축적 접근은 부지의 일부가 도로계획예정지에 들어가 있는 특수한 입지적 조건과 부지 전체의 임대 기간이 각각 5년 내지는 10년이라는 조건에 기인한 것으로, 이에 따라 가설적인 철골조의 경량적인 건축 이미지로 디자인을 접근하였다. 단순히 일조 등을 고려하여 볼륨을 만드는 과정에서 구조적인 검토 등에 의해 형태가 변형, 마치 종이접기 같은 현재의 건축물로 완성되었다. 실내 공간은 상업 공간이라는 특성 때문에 스킵플로어 구성에 의해 시각적으로 연결되어 있으나 공간은 분절되는 구성을 취하고 있다. 현재는 다른 용품을 판매하는 매장으로 사용 중이어서 방문하는 사람들은 실망할지도 모르겠으나, 건축물이 다른 기능으로 전환하여 생명력을 유지하고 있다고 생각해 주기 바란다.

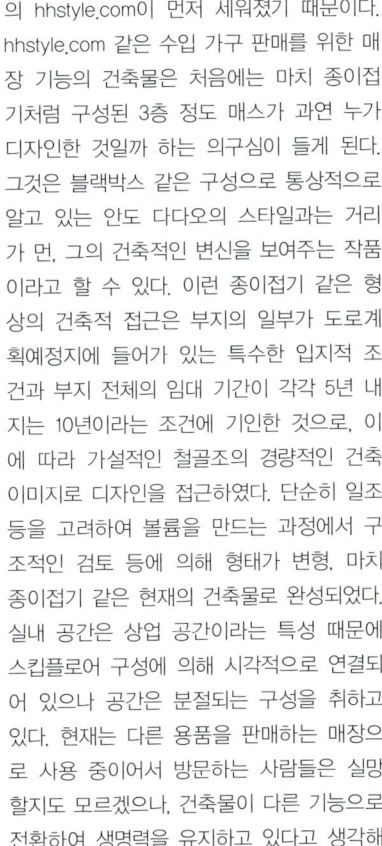

ヒコ・みづのジュエリーカレッジ　　　　　　　하라주쿠・오모테산도・아오야마 | 原宿・表参道・青山

# 히코 미즈노 주얼리 컬리지

1992　　기류 미츠루(吉柳 滿) 아틀리에

주얼리 전문학교로 개교하였던 히코 미즈노 주얼리 컬리지의 신축 프로젝트. 계획 당시 버블 경제의 시기라 토지를 매각하여 약간 도심에서 떨어진 자연환경에 건축하는 것도 생각하였으나, 다시 도심지인 이 위치로 결정하면서 건축의 기본 디자인이 도출되었다. 우선 전면과 측면 도로에 면한 외부 환경에 대하여 내부에 강한 자립과 기능을 명시하는 20여개의 열주를 세우고 열주와 교실 사이에 각 층 교실로 접근하는 주 계단을 설치, 외부와 완충하는 장치를 마련하였다. 모서리부는 학교의 주 출입구로, 그 부분에 세워진 철판으로 마감된 검은 기둥은 장시간에 걸쳐 주얼리로 디자인할 수 있는 베이스보드가 될 것이다. 옥상에는 열주의 흐름을 고려한 검은색의 금속 열주와 지붕이 덮인 계단식 옥상광장을 만들어 옥외 교실과 갤러리 겸 휴식 공간으로 디자인하였다. 도심 속에 위치한 학교 건축이라는 점을 고려하여 학교라는 기능과 함께 교육을 포함한 다른 용도까지 기능과 공간 전개가 가능하게 디자인하였다.

하라주쿠 · 오모테산도 · 아오야마 | 原宿 · 表參道 · 靑山

The ICEBERG

# 디 아이스버그

cdi 아오야마(靑山) 스튜디오　　2006

빙산(iceberg)이란 이름과 같이 얼음의 결정체 형상을 한 해체주의 풍의 건축물이 메이지 거리에 면하여 신축되었다. 투명한 수직형의 누드 엘리베이터를 중심으로 유리의 커튼월이 결정체적인 형상으로 구성되어 있는 건축물은 강한 자극적인 형태로 거리를 지나는 사람들의 시선을 끌고 있다. 건축주가 제시한 '도시에 투입된 크리스털의 결정체'라는 이미지를 디자인으로 현실화하기 위하여 디자인 팀들은 건축물의 디자인, 구조, 재료에 대한 목업과 실물대의 실험을 통하여 완성하였다. 방문 당시 고투과, 블루, 메탈릭 블루라는 3종류의 유리 외피로 마감된 건축물이 외관에서보다 실내 공간에서의 느낌이 어떨지 궁금하였으며, 현재는 아우디 포럼 도쿄가 사용 중으로 역동적인 자동차를 위한 공간으로는 이미지가 적합한 것 같다. cdi 아오야마에서는 오모테산도와 하라주쿠 사거리 근처에 위치한 자라 매장이 입점해있는, 대담한 곡면 형태를 한 상업용 빌딩인 v28도 디자인하는 등 하라주쿠 지역의 다수 상업용 건축물들을 디자인하였다.

## 비 로쿠

b6 | D-2 p.118 ⑦ | 하라주쿠·오모테산도·아오야마 | 原宿·表參道·靑山

2006　니시모리 리쿠오(西森 踫雄)+시티 일급건축사사무소

비 로쿠는 진구마에 거리에 위치한 플라스틱 전자제품 분위기의 외관이 인상적인 지하 1층, 지상 2층 규모의 상업용 건축물로 '기분 좋음'과 '자극'을 응축시킨 공간이다. 모서리가 라운드로 처리된 개구부들로 구성된 파사드로 여러 개의 건물들이 군집한 인상을 부여하는 건축물은 크게 3개의 공간으로 구성되어 있다. 포럼이라는 통일된 입면을 한 조그만 점포들이 입체적으로 연속해 있는 공간, 좀 더 들어가면 다양한 표정을 지닌 노면점 분위기의 점포들이 있는 갤러리아, 마지막에 인접한 숲을 차경으로 하여 도심지에서 탈피한 분위기를 느낄 수 있는 가든이라는 공간이 그것이다. 비록 크지 않은 공간이나 도심 속에서 자극을 부여하는 현대적인 외관을 지닌 게이트 같은 구조물을 통해서 옥외 계단으로 내려가면, 도심에서 탈피한 기분 좋은 전원에 와있는 것 같은 분위기를 상업적으로 활용한 공간은 도심지에 사는 젊은이들의 양면성을 만족시키는 공간이기도 하다. 상업 공간은 단순히 물건을 판매하는 것만이 아닌 사계절의 변화나 수목을 통해서 들어오는 빛과 바람, 곤충 소리 같은 감성적인 요소를 통해서도 차별화시킬 수 있음을 보여주는 공간이다. 지하 1층의 뉴 게스트하우스에서 디자인한 부티크 메르시 보쿠, 3층과 4층의 엠·디에서 디자인한 이탈리안 다이닝바 콤플렉스 테이블이 볼만한 공간이다.

| 하라주쿠·오모테산도·아오야마 | 原宿·表參道·青山

# QUICO 진구마에

사카모토 가즈나리(坂本 一成)　　2006

hhstyle.com에서도 멀지 않은 우라하라주쿠 주택가에 위치한 매장과 업무 공간, 주거의 복합공간이며 주거지역의 엄격한 사선 제한 같은 법적 조건을 디자인의 키로서 해결한 프로젝트다. 즉, 사선 제한이라는 법적인 제한 조건을 이용하여 옥탑 부분을 포함, 최대한의 볼륨을 취하면서 빛과 바람, 전망이라는 주변 환경을 최대한 디자인에 반영하였다. 주변 환경에 대한 고려는 주위의 완만한 지형에 따라 외부 주차 공간을 경사로 처리하여 건축물 자체의 스킵플로어와 연결시키고 있다. 건축물 전체의 스킵플로어 구성은 용도의 분절에 대응하여 각층 평면과 외부와의 관계를 부분 부분의 공간 변화와 연결시키면서 3차원적으로 복합된 관계를 만들어 내고 있다. 매장의 레벨 차가 있는 공간에서는 가구와 상점의 집기도 고려하여 내외부의 갖가지 스케일에 이르는 물건과 공간의 유기적인 관계를 디자인에 반영한 프로젝트다.

## 에스파스 태그호이어

ESPACE TAGHeuer

하라주쿠·오모테산도·아오야마 | 原宿·表參道·靑山

2001  그웨나엘 니콜라(Gwenael Nicolas)+큐리오시티

태그호이어는 스위스에 본사가 있는 전문적인 스포츠워치 브랜드의 회사로 최근 LVMH (루이뷔통 모에 헤네시) 산하에 편입되어 보다 고급 브랜드 이미지를 지향하기로 방침을 결정, 도쿄, 뉴욕, 런던 매장의 리모델링을 위한 지명현상설계를 행하였다. 그웨나엘 니콜라 팀은 시계가 가진 장치성과 정밀성을 공간적으로 해석하여 손님이 모더니티, 럭셔리, 테크놀로지를 체험할 수 있도록 '가동하면서 전개하는 쇼케이스'를 제안하였다. 그들의 당선안은 디자인의 키워드를 무브먼트(Movement), 텐션(Tension), 이분법(Dichotomy)으로 설정하였다. 무브먼트는 큐브라고 명명한 아크릴 케이스가 시계처럼 위치를 바꿀 수 있게 한 것, 텐션은 전면의 계단 난간을 푸른색의 거대한 유리를 설치하여 부유하는 느낌과 함께 또 다른 디스플레이 집기인 모노리스가 마치 유리에 의해 천장에 매달린 것 같은 디자인을 연출, 이분법은 매장 실내의 한 벽을 에너지와 열정의 이미지로 표현한 곡선적인 월넛 마감의 벽과 디지털 타입의 디스플레이 집기인 비주얼 박스가 조립되어 있는 반대측의 검은색 벽으로 공간을 대비시켜 연출하였다. 매장은 외부에서는 단지 거대한 푸른색의 유리가 사선으로 세워진 역동적인 느낌만 부여하지만, 실내에서는 마치 시계 속의 정밀한 장치를 보는 것 같은 공간을 체험하게 된다.

하라주쿠·오모테산도·아오야마 | 原宿·表参道·青山　　　　　　　　　　　　　　　　　Dior 表参道

# 디올 오모테산도

세지마 가즈요(妹島 和世)+니시자와 류에(西沢 立衛)+SANAA　　　2003

오모테산도 거리에 면해 위치한 4층 규모의 디올 매장은 루이뷔통을 필두로 하는 패션 그룹인 LVMH 산하로 세지마 가즈요 팀이 건축적인 골격만 디자인하는 것으로 시작되었다. 공간 프로그램이 지하 1층, 지상 3층까지는 매장이고 4층은 다목적 공간으로 요구된 건축물은 높이를 지구 계획의 한도인 30m에 맞추면서 디올의 글로벌한 콘셉트인 '19세기관(館)의 방'을 해석하여 모던한 요소를 형태와 공간에 반영하였다. 우선 외부에서 바라볼 때, 특징적인 것은 각기 층 높이가 다른 입면 구성과 함께 커튼월 내부에 마치 천을 내려뜨린 것 같은 반투명의 아크릴 스크린을 설치, 부유하는 분위기를 연출한 것이다. 세지마 가즈요 팀은 디올 매장을 디자인하면서 각기 다른 층고의 공간을 적층시킨 구성을 취하면서 마치 커튼월 안에 얇은 속옷을 입은 것 같은 건축물을 만들어 파사드에 디올의 이미지를 만드는 동시에 건축과 매장의 볼륨과의 관계를 연구하였다. 실내 공간은 다른 크기의 직방체의 폐쇄된 방이라는 공간이 열려진 공간인 복도에 의해 연결되면서 방에 각기 다른 상품군이 놓여있다는 설정으로 디자인하였다. 디올 매장 역시 주야간의 모습이 다르게 보이는 건축물이면서 건축에 의상디자인의 개념을 접목한 건축물을 만들고 있다. 방문할 때마다 외피의 커튼월에 시트지를 이용하여 장식한 모습이 마치 건축물에 의상을 입힌 것 같은 느낌을 받았으며, 층이 4층 이상으로 보이는 것은 중간 중간에 설비를 위한 공간을 두었기 때문이다.

GYRE

## 쟈일

하라주쿠・오모테산도・아오야마 | 原宿・表参道・青山

2007　MVRDV+다케나카코무텐(竹中工務店)

디올 오모테산도의 바로 옆에 지상 5층, 지하 1층의 복합형 상업 공간이 네덜란드 건축가 팀인 MVRDV 설계로 완성하였다. 회전이란 의미의 쟈일(GYRE)이란 건축물의 명칭처럼, 디자인 콘셉트를 회전으로 설정하였다. 각 층의 상자형 구조물을 약간씩 회전시켜 적층시킨 구성으로 변화 있는 외부 공간을 조성, 회유를 활성화하는 상업 공간을 만들었다. 이 상업 공간은 세계로 향해 발신하는 'SHOP&THINK'라는 상업 콘셉트를 설정, 각 층의 구성은 1-3층이 판매 공간, 4-5층이 식음 공간, 지하 1층이 식품 판매 공간으로 이루어졌다. 노면은 시설의 개방성을 확보하기 위해 가능한 투명한 파사드로 디자인하고 오모테산도에 면한 2층 테라스는 카페를 배치하고 또한 사람들을 유인할 수 있도록 지하에는 베이커리와 푸드를 주제로 한 시장과 3층에 갤러리 등을 배치하여 회유성을 높였다. 이 복합형 상업 공간에는 안토니오 치테리오가 디자인한 불가리 일 카페, 원더월의 가타야마 마사미치가 디자인한 시나그노, 리차드 글룩맨이 디자인을 감수한 MOMA 디자인스토어, 메종 마르텡 마르젤라가 디자인한 메종 마르텡 마르젤라 오모테산도도 있어 한번 방문하기를 권한다.

하라주쿠·오모테산도·아오야마 | 原宿·表参道·青山

## 루이뷔통 오모테산도 빌딩

아오키 준(青木 淳)(건축)·루이뷔통 말티에(실내)  2002

여행 가방의 판매로 사업을 시작한 루이뷔통답게 건축물의 외관에서도 마치 크고 작은 가방 같은 상자가 적층된 것 같은 입면을 한 건축물은 입면 자체가 브랜드의 표현이면서 동시에 사인으로서 기능하고 있다. 건축가는 트렁크를 적층한 것 같은 입면에 대하여 건너편에 위치한 도준카이 아오야마 아파트(현재는 안도 다다오에 의해 재개발되었음)가 주거였던 것이 점포로 변하면서 만들어 낸 파사드에 착안, 디자인하였으며 건축물은 전면 메탈 패브릭과 배면의 패널로 구성된 더블스킨으로 구성하였다. 트렁크의 메탈 패브릭은 수평이 강조된 2종류와 격자형을 포함하여 3종류로 배면 패널은 약간 붉은색 거울과 메탈면, 황금색 거울과 메탈면, 패턴이 있는 유리면이라는 3종류를 사용한 입면으로 다양한 표정을 만들고 있다. 실내 공간은 메탈 패브릭이라는 백색으로 도장한 스테인리스제 와이어벨트를 내 벽면에 설치하여 공간의 확장감과 천장고 높이를 강조하는 데 사용하였다. 지하 1층에서 4층까지 5개의 매장은 각각 서로 시각적으로 연결되도록 디자인하여 점내의 공간이 흐르는 것 같은 서큘레이션 효과를 창출하였다.

| 134 | TOD'S 表参道 | 하라주쿠·오모테산도·아오야마 | 原宿·表參道·青山 |

D-2
p.118
⑬

## 토즈 오모테산도 부티크

2004　이토 토요(伊東 豊雄)

## 토즈 오모테산도 부티크

이탈리아의 고급 피혁제품을 만드는 회사인 토즈의 사장인 데라 발레는 피혁제품을 만드는 장인인 할아버지를 계승하여 점포를 세계적인 브랜드로 육성하였다. 토즈는 일본 최초의 매장 건축을 건축가 이토 토요에게 의뢰, 그는 수목의 실루엣 형태를 30㎝ 두께의 콘크리트 외벽에 실현하는 아이디어를 제안하였다. 건축가는 브랜드 이미지를 직접 건축과 연결시키지 않고 오모테산도 거리의 브랜드 빌딩 중에서 차별화하면서 거리의 역사적인 흐름을 파사드에 투영하려고 시도하였다. 이 거리는 과거부터 울창한 느티나무 가로수가 인상적인 풍경을 만들었으며 마치 나무의 그림자가 콘크리트 벽에 투영된 것 같은 형태를 건축의 파사드에 제안, 실현시켰다. 다른 토즈 매장의 경우, 실내디자인은 토즈 디자인 팀에서 하였으나 이 매장에서는 건축가에게 디자인을 제안하도록 의뢰하였다. 건축가는 입면에서 사용하였던 나무의 실루엣을 실내 공간의 모티프로 변형, 발전시켜 그 구성과 전시에 있어 다양한 시도를 하였다. 느티나무 줄기와 가지 일부를 모티프로 하여 실내 전시 공간으로 만들면서 양 끝에는 깊이가 다른 제품을 위한 디스플레이 테이블을 배치, 벽면에 기복을 만들어 유동하는 공간으로 디자인하였다. 각 층 중심에는 다각형의 전시대를 배치하면서 층을 연결하는 계단과 쇼윈도의 벽면 일부를 입체 유리로 만든 거울 효과에 의한 일루전으로 고객은 이상한 나라에 도착한 앨리스가 된 것 같은 초현실적인 기분을 느끼게 된다. 책에서 보는 실내 공간과 현실의 공간은 실제 다르게 느껴지기 때문에 필히 공간에서 그 분위기를 체험하기를 추천하는 건축물이다.

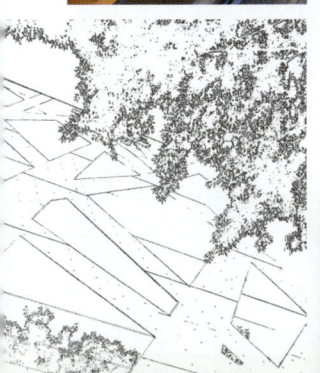

日本看護協會 | 하라주쿠·오모테산도·아오야마 | 原宿·表参道·青山

# 일본간호협회 빌딩

2004　　구로카와 기쇼(黑川 紀章)

건축물의 콘셉트는 공공적인 성격의 일본간호협회의 기능과 품격을 유지하면서 오모테산도 거리와 공생하는 것이다. 오모테산도 거리 측에서 건축물을 셋백시켜 포켓 파크를 조성, 공공적 성격의 외부 공간에 의해 공공성을 표현하고 1, 2층에 상업 공간을 배치하여 하라주쿠 상점가와의 연계성을 취하였다. 건축가의 트레이드마크이기도 한 원추형의 기념비적인 주출입구 공간은 입구의 상징성을 나타내면서 업무가 끝난 후에도 지하층의 강당을 사용할 수 있는 별도의 출입구로도 기능하고 있다. 광장과 계단으로 연결된 테라스는 오픈시켜 시각적으로 테라스와 연결시키면서 바람과 빛도 통하게 디자인하였다.

## 옴니 쿼터

기타야마 고(北山 恒)+워크숍   2000

오모테산도 거리의 후면에 위치한 주택가인 우라아오야마에 세워진 주택, 아틀리에, 갤러리, 상점, 오피스 등으로 구성된 소규모 복합형 건축물이다. 건축주는 유명한 공간 프로듀서인 하마노로 그의 가족 5명을 위한 주거, 업무상 파티를 위한 거대한 리빙 룸, 하마노 개인의 아틀리에, 부인의 도예 아틀리에, 그리고 아트 갤러리, 임대 공간, 상점, 오피스라는 주변의 도시 상황을 대입시킨 것 같은 다양한 공간이 혼재하는 프로그램을 건축물에서 요구하였다. 건축가는 프로그램의 변화에 따라 다양한 공간적인 대응이 가능한 유니버설 스페이스와 같은 공간을 미완의 상태를 목표로 디자인하였다. 소재나 부품도 공업제품으로 유통되는 자재를 선택하여 마감하였으며, 특히 계단실은 지하실의 지열과 따뜻한 공기를 순환시키는 건축물의 기후 조절 장치로 디자인한 것이 특징이다.

表参道ヒルズ | 하라주쿠·오모테산도·아오야마 | 原宿·表参道·青山

# 오모테산도 힐즈

2006　안도 다다오(安藤 忠雄)

오모테산도는 1920년에 세워진 메이지진구의 참배를 위한 길로서 관동대지진 후 1927년 일본 최초의 철근콘크리트 조 집합주택인 3층 높이의 도준카이 아파트 10동이 세워졌다. 이 역사적인 아파트는 세월이 흐르면서 주거에서 상업 공간으로 전용되고 구조적으로 노후되면서 재건축에 들어가 안도 다다오와 롯폰기 힐즈를 개발한 모리 빌딩에 의해 오모테산도 힐즈로 탄생하였다. 설계를 맡은 안도 다다오는 느티나무 가로가 인상적인 거리의 시간성과 역사성을 표현하는 것을 고민, 디자인 콘셉트를 '기억의 재생'과 '미래에의 염원'으로 결정하여 과거 오모테산도와 도준카이에 대한 기억의 재생과 과거, 현재 및 주변 환경의 조화를 목표로 디자인하였다. 그 일환으로 도준카이 아파트 한 동을 원래대로 복원하여 도준칸(同潤館)이라 명명, 갤러리와 아트숍으로 사용하고 오모테산도 역에서 나오는 곳에 삼각형의 적층된 유리 조형물을 설치, 그 조형물에서 시작된 물이 건축물 끝까지 흐르도록 디자인하였다. 흐르는 물은 과거와 현재, 미래라는 시간의 흐름을 촉감으로 느낄 수 있는 현상학적 장치이며 느티나무 거리를 거울처럼 반영하는 장치이다. 유리로 된 파사드 역시 오모테산도의 과거와 미래를 연결시키면서 미래에의 염원을 표현하였다. 건축물은 입지의 형태에 따른 선형 구성에 상부가 삼각형의 천창으로 이루어진 선박형으로 지상 6층, 지하 6층으로 구성, 천창을 이용한 채광으로 지하 3층까지 상업시설로 활용하고 있다. 전체 건축물 높이의 반을 지하에 둔 것은 건축물 높이를 느티나무 가로수의 높이를 고려한 것으로 삼각형 구성의 중정 채용으로 상공간이면서 동시에 실내 공간에 또 하나의 공공적 성격의 거리를 만들려고 의도하였다. 지상 3층,

하라주쿠·오모테산도·아오야마 | 原宿·表参道·青山

表参道ヒルズ

## 오모테산도 힐즈

D-2
p.118
⑯

지하 3층을 관통하는 공공적인 성격의 거리는 각 층이 완만한 구배의 오모테산도 길과 경사로로 연결된다. 지상 4층에서 6층까지는 주거 공간으로 과거 도준카이라는 주거 공간의 흐름을 연속시켜 삼각형 부분의 옥상 정원과 연결하여 도심 속에 쾌적한 주거 공간을 실현하였다. 또 하나의 특징은 파사드 전면에 브라이트 업 월이라고 명명된 LED 스크린을 설치하고 아트리움에는 영상. 음향기기 등을 상설, 갖가지 연출을 하여 공간 연출에 의한 브랜딩 효과를 노리고 있다. 또 전체적인 연출에 있어 미디어를 발신하는 선박인 미디어 쉽이라는 콘셉트로 접근하여 '가장 매력 있는 정보 발신 브랜드로서 프레젠테이션 공간을 창조하는 것'을 목표로 하였다. 그리고 실내의 상업 공간은 모리타 야스미치, 스즈키 에드워드나 마테오 튠 같은 유명한 디자이너들이 디자인한 매장도 만날 수 있으며, 오모테산도 힐즈를 따라 행인들과 같이 걷는 것 같은 그래픽은 영국의 그래픽 디자이너 줄리언 오피의 작품이다.

# 베이프 하라주쿠

BAPE 原宿

하라주쿠·오모테산도·아오야마 | 原宿·表參道·青山

2008　가타야마 마사미치(片山 正通)

원숭이 캐릭터로 유명한 베이프는 일본의 대표적인 스트리트 패션 브랜드로 예비군복을 연상시키는 알록달록한 패션은 국내에서도 빅뱅이나 2NE1 등 연예인들이 입으면서 국내에도 진출하였다. 가타야마 마사미치가 이끄는 원더월이 디자인한 베이프 하라주쿠 매장이 오모테산도 힐즈 후면에 베이프 하라주쿠라는 이름의 독립 매장으로 2008년 오픈하였다. 하라주쿠 매장은 지하 1층, 지상 2층 규모로 경사지에 세워진 입지를 활용하여 정면에서는 3층으로 인식되도록 하면서 커튼월로 마감된 매장 안에는 미국풍의 거리를 주제로 한 공간이 전개되도록 연출하였다. 현대적인 커튼월 외관을 한 매장의 지상층은 2개층이 오픈된 공간에 외관과는 상이한 미국풍의 거리 풍경을 연출하여 건축물은 하나의 포장처럼 디자인된 것이 인상적이다. 백색으로 마감된 실내 공간의 벽면 일부나 바닥은 알록달록한 패턴으로 마감하여 외관과 실내 공간처럼 대비를 통한 임팩트를 부여하고 있다. 최상층은 콜로니얼 스타일의 리조트 같은 분위기의 공간으로 디자인하여 유희와 즐거움을 부여하고 있다.

하라주쿠·오모테산도·아오야마 | 原宿·表参道·青山　　　　　ONE 表参道　141
D-2
p.118
⑱

# 원 오모테산도

쿠마 켄고(隈 研吾)　　2003

오모테산도 거리의 느티나무와 어울리는 수직형 목제 루버의 조화가 인상적인 외관을 한 원 오모테산도는 오모테산도 거리에 면해 위치한 명품 매장 중의 하나로 매장 외에도 업무 공간이 있는 복합 건축물이다. 멀리서 보면, 세로형의 목제 루버에 의해 전체적인 꽉 차 보이는 매스로 보이나, 측면에서 보면 우측부가 부분적으로 보이드된 형상을 한 것이 인상적이다. 중간의 보이드가 된 부분은 저층부의 매장 공간과 상부의 업무 공간을 분절시키면서 업무 공간의 발코니 기능을 하도록 디자인한 것임을 알 수 있다. 입면에는 커다란 두 개의 보이드가 있는데, 좌측 하부에는 업무 공간의 입구와 카 리프트의 입구를 겸하고 또 하나는 우측 상부에 위치한 보이드로서 상기한 것처럼 발코니의 기능을 하도록 디자인하였다. 건축가 쿠마 켄고의 트레이드마크이기도 한 수직형 루버는 건축물에서는 업무 공간의 기능, 루버로서의 성능, 커튼월 멀리온으로서의 구조, 집성재의 재료적 특성 등을 고려하여 450㎜라는 크기와 600㎜라는 간격으로 결정하였다.

# 스파이럴

1985　마키 후미히코(槇 文彦)

하라주쿠·오모테산도·아오야마 | 原宿·表參道·靑山

여성 속옷 메이커인 와콜이 기획, 주최하는 다양한 문화적인 시도를 하는 거점으로 세운 건축물로서 외관도 조형적인 요소들을 꼴라즈하여 디자인한 것이 인상적이다. 지하 2층, 지상 9층의 전체적인 공간 구성은 1층의 카페와 나선형의 경사로가 있는 다목적용 갤러리, 2층의 판매 공간, 3층의 강당, 4층의 비디오 스튜디오, 5층의 옥상 정원이 있는 레스토랑과 그 상부층은 뷰티살롱 등으로 이루어져 있다. 스파이럴이란 명칭은 1층의 상부에 반원형 천창이 있는 나선형 경사로 겸 다목적 갤러리에서 나온 것으로 저층부의 동선 구성은 밝은 진입부 공간에서 어두운 분위기의 카페, 그리고 천창이 있는

하라주쿠·오모테산도·아오야마 | 原宿·表參道·青山

SPIRAL

스파이럴

D-2
p.118
⑲

밝은 나선형 경사로 공간으로 이어지는 밝고 어두운 공간의 교차에 의한 공간의 확장감을 경험하도록 디자인하였다. 2층의 판매 공간에서 1층으로 연결되는 넓은 대 계단 공간은 아오야마 거리를 바라보면서 앉아서 쉴 수 있는 커뮤니케이션을 위한 공간 장치로 디자인, 저층부 외관에서 계단식으로 구성된 파사드로 반영하고 있다. 건축가는 우리의 달동네처럼 계단으로 구성되어 서로 대화를 나눌 수 있는 친밀한 공간이 근대적인 공간의 문제점을 보완할 수 있다고 생각하고 있으며, 그의 또 다른 대표작인 힐사이드 테라스의 외부 공간에서도 그런 시도를 발견할 수 있다.

# 아오 빌딩

2009 니혼세케이(日本設計)(건축) · 이이지마(飯島) 디자인(실내)

아오 빌딩은 유행을 선도하는 아오야마와 오모테산도에 세워진 식음, 판매, 서비스, 업무 등의 기능을 가진 지하 2층, 지상 16층 규모의 복합 용도 임대 빌딩이다. 지역의 랜드마크로 부각된 휘어진 형태의 고층부와 5층 규모의 계단식 저층부로 구성된 커튼월 빌딩은 조망을 확보하기 위한 고층부와 집객력을 높이기 위한 저층부를 통하여 경제적 효용성을 극대화하기 위한 산물이다. 휘어진 형태로 디자인한 것은 부지 중간 부분부터 상업지역에서 주거지역으로 변하면서 일조권의 규제를 받는 것을 피하고 고층부의 볼륨을 최대화하기 위하여 만들어진 컴퓨터 시뮬레이션의 결과물인 것이다.

하라주쿠·오모테산도·아오야마 | 原宿·表参道·青山      Comme des Garsons 青山

# 콤데가르송 아오야마점

가와쿠보 레이(콘셉트 디자인)·퓨처 시스템즈(건축)·가와사키 다카오(실내)     1999

콤데가르송의 매장은 뉴욕이나 도쿄, 오사카, 교토처럼 도시마다 각각 다르게 디자인 하였으나 공통된 점은 움직임이라는 감각을 표현하고 있다는 점이다. 아오야마 거리에 면한 건물의 필로티에 위치한 콤데가르송 아오야마점은 새로운 유형의 부티크인 '다음 세대의 매장 만들기'를 위한 시도로 매장 디자인은 고객들이 의상을 통하여 에너지를 취하면서 자기 자신을 표현할 수 있도록 희망하는 것을 디자인에 반영하였다. 클라이언트인 가와쿠보 레이는 퓨처 시스템즈의 얀 카프리키에게 파사드에서 애매함을 표현하기를 원하였다. 애매함은 매장과 상품에 대해 흥미를 가진 고객이 외부에서 바라보았을 때, 새로운 타입의 매장으로 인식시키는 동시에 흥미를 유발시키기 위한 장치이다. 이러한 애매함을 유발하는 필터적인 장치로 입구에서 안을 향하여 곡면 유리로 처리된 원추형의 벽을 만들고, 그 벽에 반투명한 푸른 도트 무늬를 마감하여 내부를 애매하게 인지하도록 하여 호기심을 유발시키고 있다.

# 프라다 부티크 아오야마점

2003  헤르조그 & 드 뮤론(Herzog & de Meuron)+다케나카코무텐(竹中工務店)

도쿄의 아오야마에 스위스의 건축가 팀인 헤르조그 & 드 뮤론이 지하 2층, 지상 7층에 연면적 2,860㎡ 규모의 프라다 부티크 아오야마 점이라는 에픽 센터를 완성하였다. 진원지를 의미하는 에픽 센터는 브랜드의 창조와 함께 새로운 쇼핑의 체험 가능성을 보여주는 점포 만들기를 시도한 것으로 헤르조그와 드 뮤론은 수정 같은 결정체들의 집합인 매장 용도의 건축물을 통하여 매장 건축 디자인의 새로운 획을 그으려고 하였다. 도심지의 사선제한이라는 법규적인 제한을 해결하는 동시에 표피이면서 구조체인 건축물을 통하여 날렵하면서 가벼운 느낌의 건축으로 소통하면서 상업적인 속성인 건축물 자체가 하나의 빛과 시각에 의한 광고탑 같은 건축물로 창조한 것이다. 마치 다양하게 변모하는 카멜레온처럼 주야간 조명에 의하여 변하는 투명한 건축물은 과거 안도 다다오의 꼴레지오네 등으로 대변되던 아오야마 거리를 한 순간에 변화시켰다. 구조, 공간, 파사드가 삼위일체로 구성된, 거대한 볼록 렌즈의 유리로 구성된 파사드를 한 건축물로 마치 투명한 봉투 같은 볼륨이지만 후면에는 철골구조에 의해 프레임이 동시에 구조이면서 공간이 되도록 하였다. 프레임 후면의 구조와 함께 수직적인 코어인 엘리베이터 샤프트와 수평적인 피팅룸의 튜브 구조가 일체화 되어 지진의 나라인 일본의 환경에서 견딜 수 있는 구조체를 만들고 있다. 유기적인 곡선을 한 백색의 실내 공간과 프라다에서 독자적으로 만든 광파이버가 매입된 진열용 집기들은 미래적인 이미지를 연출하면서 프라다의 새로운 아이덴티티를 확립한다. 실내 공간에는 특이한 형상의 슈노켈이라고 불리는 시스템을 사용하고 있으며, 터치센서를 갖춘 모니터인 슈노켈을 통하여 쇼핑객들은 프라다의 컬렉션에 관한 정보를 검색하는 것이 가능하다. 헤르조그와 드 뮤론은 매장의 혁신적인 디자인과 함께 상품과 거리를 걷는 보행자와의 소통, 건축과 도시의 소통을 의도하는 디자인을 제시한 새로운 매장을 선보이고 있다. 외부공간에는 건축가들이 교토의 정원에서 보았던 세월이 투영된 이끼를 담장이나 바닥에 하나의 조경적인 요소로 사용하였으나, 지금은 그 흔적만을 볼 수 있다.

하라주쿠·오모테산도·아오야마 | 原宿·表參道·靑山

# 닐 바레트 도쿄

자하 하디드 아키텍츠(Zaha Hadid Architects)  2008

닐 바레트 도쿄 매장은 프라다 부티크 아오야마 점의 길 건너편 골목에 위치한 지상 2층에 연면적 450㎡ 규모의 영국의 패션디자이너인 닐 바레트의 패션 제품을 위한 매장이다. 닐 바레트는 건축가인 자하 하디드에게 설치조형물 같은 패션 매장을 주문, 건축가는 패션의 특징인 최소한의 커트를 기반으로 고정 포인트나 폴드, 컷아웃 같은 파라메트릭 기법을 이용하여 오브제이면서 동적인 분위기의 매장으로 디자인하였다. 매장의 디자인은 남성과 여성이라는 상호 보완하는 특성을 주제로 하여 오브제이면서 패션 제품을 전시하는 전시대가 되도록 하였다. 인조대리석인 코리안으로 만든 전시대는 몇 겹의 레이어를 지닌 구조물로서 1층의 남성복 매장에는 남성적인 역동적인 형태, 2층의 여성복 매장은 여성적인 부드러운 형태를 지니도록 디자인하였다. 건축가인 자하 하디드는 항공역학 등에 이용되는 커브리니어 지오메트리라는 기하학을 이용하여 유기체적인 복잡한 형태의 가구 겸 전시대를 디자인하여 닐 바레트의 제품을 전시하면서 레이어를 가진 전시대는 공간과 같이 통합되도록 하였다. 유기적인 형태를 한 전시대의 부분들은 영국에서 제작되어 조인트를 사용하여 현장에서 조립하였으며, 피팅룸의 의자도 건축가가 직접 디자인하였다. 패션은 일회적인 건축이란 말처럼, 닐 바레트 매장에서는 패션 디자이너와 건축가의 협력에 의하여 새로운 분위기의 매장이 탄생한 것을 볼 수 있다.

南青山スクエア | 하라주쿠·오모테산도·아오야마 | 原宿·表参道·青山

# 미나미 아오야마 스퀘어

2005　미쓰이 준(光井 純)

## 미나미 아오야마 스퀘어

프라다 부티크 아오야마 점은 아오야마의 새로운 랜드마크라고 할 수 있다. 그것은 과거 안도 다다오의 꼴레지오네로 대표되던 아오야마 거리에 수정의 결정체와 같은 프라다 부티크가 들어서면서 거리의 면모를 일신시켰다. 특히 야간에 조명으로 부각된 프라다의 존재는 주변의 다른 건축물을 침몰시켰다고 해도 과언이 아니다. 이 프라다 부티크 바로 옆에 미나미아오야마 스퀘어라는 상업 공간을 신축한 것은 프라다에 대한 도전장을 낸 것으로 건축가 미쓰이 준은 강한 형태와 조명의 연출로 프라다를 초월하려는 시도를 하고 있다. 미나미 아오야마 스퀘어라는 명칭처럼 광장을 중심으로 리드미컬한 표정을 지닌 병풍 같은 라임스톤 커튼월을 한 메인동과 전면 유리로 마감한 코너동으로 분할한 배치형식이 특징이다. 마치 두 동이 다른 건축가가 설계한 것같이 보이는 이 프로젝트는 인접한 프라다를 의식, 코너동으로 메인동을 둘러싸는 센터 스테이션으로서 강한 존재감을 드러내는 것을 의도하였다. 먼저 오픈한 코너동은 카르티에 매장으로 디자인 주제를 '반투명성, 반사로서 빛의 유희'로 하여 더블스킨의 파사드에서 보여 지듯이 점내도 다이아몬드를 형태적인 은유로 표현하였으며 평면도 결정체를 모티프로 디자인하였다. 카르티에 매장은 그 코드를 종이 접기를 모티프로 한 천장, 다면체를 의식한 레이아웃, 반사와 투과라는 양면적인 효과가 있는 밀러 글라스, 간접 조명을 삽입한 계단실의 금속 패널 등으로 표현하였다. 카르티에 매장과 대조적인 라임스톤 루버의 외관을 한 메인 동은 오메가 등의 고급 매장이 입점, 지하와 2층의 구획이 메조네트 구조로 이루어진 것이 특징이다. 3층은 아오키 준이 디자인한 헤어살롱 쉘하 바이 아흐로트, 4층에는 크리스티앙 지온이 디자인한 프랑스 3성 요리사 피에르 가네르의 레스토랑이 입점하여 이 지역의 새로운 명소로 부각되고 있다. 최근 미쓰이 준은 서울의 홍대 앞에도 상업용 건축물을 디자인, 완성하였다.

# 프롬 퍼스트 빌딩

하라주쿠·오모테산도·아오야마 | 原宿·表参道·青山

From 1st ビル

1975　야마시타 가즈오(山下 和正)

일본에는 공간 프로듀서란 직업이 있어 상업 공간을 위한 입지 및 업종 선정, 그리고 그 업종에 맞는 건축가나 실내디자이너의 선정에 이르는 기획을 한다. 유명한 공간을 프로듀스하는 회사인 하마노 상품 연구소가 이 복합 상업 건축물을 프로듀스하였으며, 초기의 대표작이다. 건축물은 도심지에서의 소음과 채광 등의 문제를 해결하기 위한 천창이 있는 돌출된 박스형 구조물에 의한 리드미컬한 외관 구성이 인상적이다. 도시형 상업 건축물의 문제 해결을 위하여 중정을 중심으로 한 내향적인 공간 구성을 하면서 저층부에서 변화가 풍부한 오픈과 작은 광장으로 구성된 반 외부 공간으로 사람들이 접근하기 쉽게 디자인한 것이 특징이라고 할 수 있다. 인접한 꼴레지오네도 하마노 상품연구소에서 프로듀스하였다.

하라주쿠·오모테산도·아오야마 | 原宿·表参道·青山

COLLEZIONE

## 꼴레지오네

안도 다다오(安藤 忠雄)   1989

건축주의 주거가 포함된 지상 4층, 지하 3층의 복합 상업건축물로서 안도 다다오가 최초로 도쿄에 본격적인 규모로 디자인한 건축물이다. 건축물의 큰 골격은 2개의 직방체가 입지 형상에 따라 약간 비스듬하게 배치된 구성이다. 하나의 직방체에 관입한 직경 21m의 실린더와 건축물의 입지를 따라서 만들어진 원호의 벽, 그리고 2개의 직방체 상부에 만들어진 입방체로 구성되었다. 직방체의 프레임은 6.15m의 균등한 그리드이고 실린더는 알루미늄과 유리의 커튼월로 마감되었다. 주변의 환경과 조화를 맞추기 위하여 지하 3층으로 하여 건축물 볼륨의 반을 지하로 설정하였다. 실제의 공간은 내외부가 서로 연결되어 있는 미로 같은 공간, 비스듬하게 배치된 직방체에 의한 공간의 편차, 실린더 외벽과 직방체 사이에 만들어진 계단형의 광장이라는 변화 있는 공간을 통하여 갈 때마다 새로운 느낌을 부여하고 있다.

지하 공간을 3층까지 파서 빛과 바람 같은 자연을 지하 공간까지 도입한 것은 건축가가 체험한 인도의 계단이 있는 지하 우물인 스텝 웰(stepwell)에서 느꼈던 차분한 분위기를 도시 공간에 실현한 프로젝트라는 생각이 들었다.

# 네즈 미술관

하라주쿠 · 오모테산도 · 아오야마 | 原宿 · 表參道 · 靑山

2009　쿠마 켄고(隈 硏吾)

네즈 미술관은 오모테산도 남단에 위치한 사설 미술관으로 네즈 가이치로 개인이 수집한 회화, 조각, 도예 등 고미술품을 기반으로 1940년에 설립되었다. 거대한 기와 지붕이 인상적인 미술관은 2006년 대규모의 혁신을 단행한 후에 2009년 건축가 쿠마 켄고가 개수하여 새로운 미술관으로 탄생하였다. 지하 1층, 지상 2층에 연면적 4,014㎡ 규모를 한, 거대한 지붕을 지닌 미술관은 진입부터 처마 밑의 대나무가 우거진 담장과 미술관 사이의 좁은 공간으로 진입시켜 공간의 수축과 팽창에 의한 체험으로 마음을 순화시킨다. 숲으로 둘러싸인 입지의 특성을 최대한 살리기 위하여 유리로 단장된 홀에 위치한 종교 전시 공간에서는 경사진 천정이 있는 공간에서 자연으로 열려진 공간과 전시물이 교감하는 전시를 연출한 것이 인상적이다. 별동으로 정원에 위치한 네즈 카페는 단차가 있는 입지적인 조건을 살리면서 최대한 자연에 열려진 공간으로 디자인한 것이나 천창부에 투습 방수 시트인 타이벡으로 마감, 수목의 그림자들이 천정에 드리운 것 같이 보이게 한 연출은 미술관의 하이라이트라고 할 수 있다. 미술관의 대표적인 소장품이면서 국보이기도 한 제비붓꽃 병풍은 꽃이 피는 4월 말부터 한 달간 공개, 전시한다고 하며 고려 불화인 지장보살도도 미술관에 소장되어 있다. 차를 한 잔 마시면서 무주 공간을 만들면서 실내와 실외가 일체화되는 느낌을 부여하기 위하여 철제 기둥과 리브 글라스를 결합, 유리로 된 개구부와 연결시킨 디테일 등을 연구한 건축가의 디자인적인 노력을 공간과 함께 느껴보는 것도 중요하다. 최근 약한 건축이나 자연스러운 건축이라는 책을 통하여 국내에서도 잘 알려진 쿠마 켄고의 입자의 건축을 이론이 아닌 공간에서 체험하며 느껴보기를 바란다.

하라주쿠·오모테산도·아오야마 | 原宿·表参道·青山

根津美術館

네즈 미술관

D-2
p.119
㉗

# 마르니 아오야마

MARNI 青山 | 하라주쿠·오모테산도·아오야마 | 原宿·表参道·青山

**2010** 시바라이트(Sybarite)

스위스의 패션디자이너인 콘셀로 카스틸리오니가 1994년 만든 브랜드인 마르니 의상은 로맨틱하고 여성적인 모티프로 디자인한 것이 특징이다. 아오야마점은 100여 평 규모로 이 브랜드의 세계 최대의 플래그 숍이다. 콤 데가르송 아오야마점의 외피를 설계한 퓨처 시스템에서 독립한 사이먼 미첼과 토퀼 맥킨토시가 설립한 시바라이트 최초의 프로젝트가 마르니 아오야마점이다. 클라이언트는 이 점포가 지닌 지역적인 약점과 마르니 브랜드의 인지도에 대한 문제를 보완할 수 있는 매장의 디자인을 요구, 디자이너는 엿보기를 콘셉트로 디자인하였다. 도쿄의 뒷골목에 매료된 디자이너는 대로변에는 오브제화된 불룩한 금속의 벽에 스파이 홀(spy hole)을 설치하여 엿보기를 유도, 점포에 대한 호기심을 유발시키고 있다. 실제의 정문은 뒷골목에 위치하고 있으며 점포의 실내는 유기적인 형태의 레일 형 행거나 디스플레이 집기, 오브제화된 타원형의 피팅룸과 반사하는 천장재의 사용으로 마치 미래적인 공간에 온 것 같은 분위기를 연출하고 있다. 2010년에 같은 디자이너 팀에 의해서 실내 공간의 리모델링이 행하여 졌다. 정문 바로 앞에는 오사카 만국박람회의 태양의 탑을 디자인한 오카모토 다로(岡本 太郎)를 위한 기념관(1954)이 있으니 시간이 있으면, 방문해 보기 바란다.

# 자스맥 아오야마 웨딩(구 암비엔테 인터내셔널 본사)

알도 로시(Aldo Rossi)    1991

건축물은 알도 로시의 디자인적 특성답게 순수한 기하학적인 형태인 원과 삼각형, 정사각형이란 형태 요소로 구성된 탈근대적인 경향을 나타내고 있으며, 장방형의 단순한 형태를 한 건축물에 8각형의 천창을 통하여 지하 공간까지 빛이 유입되도록 디자인되었다. 외관은 독립적이면서 상징적인 형태로 박공 구조를 기둥이 지지하고 있는 백색의 대리석의 구조물이 푸른색을 띄는 벽을 배경으로 서 있다. 전체 구성은 1층과 지하층이 쇼룸, 2층과 3층이 업무 공간과 게스트하우스의 기능으로 구성하여 쇼룸이라는 상업 공간의 성격상 1층은 중이층 높이의 공간을 확보하고 지하층은 층고를 높이면서 천창을 통한 빛이 원형의 계단실을 통해서 들어오도록 디자인하였다. 실내 공간은 주황색이 도는 핑크색으로 도색한 밝은 분위기로 알도 로시의 디자인답게 공간을 비교적 크지 않으나 디자인에 있어 공간적인 접근을 한 것을 알 수 있다. 알도 로시가 디자인한 아사바 디자인 스튜디오(1991)도 멀지 않은 곳에 위치하고 있으니 지도를 보고 한번 방문해보기 바란다.

# 프랑프랑 아오야마

FRANCFRANC 青山

하라주쿠·오모테산도·아오야마 | 原宿·表参道·青山

2010　모리타 야스미치(森田 恭通)

미국에 크레이트 & 배럴, 유럽에 해비타트나 이케아가 있다면, 일본에는 프랑프랑이 있다는 말처럼, 프랑프랑은 120여 개의 오프라인 매장을 가진 일본을 대표하는 디자인 생활용품 브랜드로 최근 홍콩, 대만에 이어 한국의 이대 앞에도 단독 매장을 오픈하였다. 프랑프랑 아오야마은 도쿄 아오야마 거리에 위치한 2층 규모의 단독 매장으로 모리타 야스미치가 디자인하였다. 1990년에 처음 오픈한 프랑프랑의 콘셉트는 캐주얼 스타일리시로 핑크나 연두, 밝은 보라색 같은 가벼운 색채를 사용하여 무미건조하고 단조로운 일상에 활기와 경쾌함을 더하여 즐겁고 풍요로운 일상을 만든다는 것이 목표다. 단조롭고 무미건조한 일상을 탈피하기 위한 방법으로 필립 스탁이 돈키호테 콘셉트에 의한 탈일상성을 추구했듯이 모리타 야스미치가 디자인한 매장은 2층의 오픈된 공간에 들어서면, 작은

하라주쿠·오모테산도·아오야마 | 原宿·表参道·青山　　　　　　FRANCFRANC 青山

## 프랑프랑 아오야마

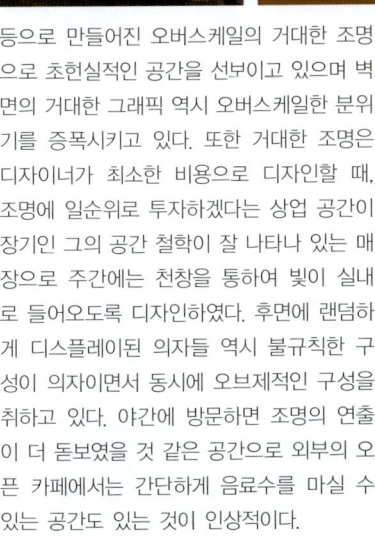

등으로 만들어진 오버스케일의 거대한 조명으로 초현실적인 공간을 선보이고 있으며 벽면의 거대한 그래픽 역시 오버스케일한 분위기를 증폭시키고 있다. 또한 거대한 조명은 디자이너가 최소한 비용으로 디자인할 때, 조명에 일순위로 투자하겠다는 상업 공간이 장기인 그의 공간 철학이 잘 나타나 있는 매장으로 주간에는 천창을 통하여 빛이 실내로 들어오도록 디자인하였다. 후면에 랜덤하게 디스플레이된 의자들 역시 불규칙한 구성이 의자이면서 동시에 오브제적인 구성을 취하고 있다. 야간에 방문하면 조명의 연출이 더 돋보였을 것 같은 공간으로 외부의 오픈 카페에서는 간단하게 음료수를 마실 수 있는 공간도 있는 것이 인상적이다.

## 도릭

**DORIC** | 하라주쿠·오모테산도·아오야마 | 原宿·表參道·青山

1991 쿠마 켄고(隈 硏吾)

건축가의 전반기 작품으로 삼각형의 입지에 세워진 건축물은 모서리에 엘리베이터 샤프트를 도릭 기둥을 형상화하여 디자인하였다. 아돌프 로스의 시카고 트리뷴 현상 공모안이나 리카르도 보필의 건축을 연상시키는 고전적인 형상을 한 7층의 건축물이 바로 인접한 곳에 위치한 NTT 아오야마 빌딩이나 바이소우인 같은 추상적인 건축을 전개하는 쿠마 켄고의 작품이라는 것을 믿기지 않을지 모른다. 고전적인 외관을 한 건축물은 저층부는 패션 매장, 상층부는 임대용 업무 공간으로 구성하고 있으며 옥상부는 가벽만을 세워서 3부 구성을 마무리하고 있다. 건축가는 이 작품 외에 M2 빌딩(1991)에서도 거대한 고전적인 기둥을 모티프로 한 건축을 전개하였기에 최근 작품과 비교해보는 것도 흥미가 있을 것이다.

이 건축물을 보면서 마이클 그레이브스가 르 코르뷔지에의 영향을 받은 뉴욕 화이브에서 포스트모더니스트로 변신한 것이 생각나는 것은 왜 일까?

하라주쿠 · 오모테산도 · 아오야마 | 原宿 · 表参道 · 青山

# NTT 아오야마 빌딩 · 에스코르테 아오야마

쿠마 켄고(隈 硏吾)　　2004

기계 소형화로 생긴 여유 공간을 위한 전화국 저층부의 리모델링 프로젝트로서 도시에 대해 개방적으로 대응하는 건축적인 해법을 추구하였다. 일반적인 도시형 건축물이 도시에 대해 폐쇄적인데 비해, 이 프로젝트에서는 아오야마 거리에 면한 전화국의 1층 부분을 카페나 인테리어 숍, 꽃집이라는 새로운 기능을 삽입하여 건축물과 거리 사이를 유연한 인터페이스로 접합시켜 건축을 도시에 대해 개방적으로 대응하고 있다. 에스코르테 아오야마란 명칭도 사내 제안에 의해 결정된 것처럼, NTT 내부의 젊은 스태프들이 계획안을 제안한 것만이 아니라 카페의 운영에도 직접 참가하고 있다. 이 공간의 디자인은 건축가 쿠마 켄고만 참가한 것이 아니고 실내 디자이너인 도쿠진 요시오카도 참가하고 있다. 또한 이곳에는 hhstyle.com의 매장도 있으니 한번 둘러보는 것이 좋을 것 같다.

## 포럼 빌딩

하라주쿠·오모테산도·아오야마 | 原宿·表参道·青山

2009  다니구치 요시오(谷口 吉生)

포럼 빌딩은 지하 2층, 지상 12층에 연면적 2,993㎡ 규모의 업무용 건축물로 미니멀한 격자 구성의 외관이 인상적이다. 명쾌한 격자 구성의 오브제와 같은 건축물은 모서리에 위치한 입지의 특성을 고려하여 3방향으로 개방된 구성을 취하고 있으며, 1층은 코어를 제외한 부분은 필로티로 처리하여 외부 공간과 연결되도록 하였다. 건축가는 빌딩과 바로 인접하여 좌측에는 요시무라 준조(吉村 順三)가 1969년에 완공한 아오야마 타워 빌딩, 우측에는 쿠마 켄고가 완성한 바이소우인이 있는 입지이기에 오랜 세월이 지나도 생명력을 갖는 단순한 구성이면서도 미묘한 변화를 느낄 수 있는 건축물로 디자인하였다. 평면과 입면이 모두 3.6m 격자로 구성된 건축물의 외부에 노출된 기둥과 보는 브러스트 처리된 스테인리스로 마감하여 기후와 시간의 변화에 따라 미묘하게 변하도록 하였다. 지하층에는 미술관이 위치하고 있다.

하라주쿠·오모테산도·아오야마 | 原宿·表参道·青山

梅窓院

# 바이소우인

쿠마 켄고(隈 研吾)　　2003

도쿄에서 가장 오래된 사찰 중의 하나인 창립 360년의 바이소우인을 도시형으로 재생하는 것으로 '사찰을 도시에 연다'는 콘셉트로 디자인하였다. 지하철역 가이엔마에(外苑前) 역전과 아오야마 지구가 만나는 지점에 위치한, 아오야마 묘지를 포함한 부지 4,400평을 오픈 존으로 전환하는 것이 프로젝트의 골격이다. 사찰은 도시에 있어 귀중한 커뮤니케이션 공간이면서 그린 스페이스이기에 커뮤니티 센터와 지역 주민의 교류와 휴식의 장으로서 디자인한 것이다. 이를 실현하기 위하여 커뮤니티 광장의 창조, 지역을 위한 이벤트 홀과 커뮤니티 스쿨의 병설, 업무동(MI IS 설계사무소)과 주거동의 신설에 의한 건설 자금 조달과 도시적 복합성의 확보가 기본적인 골격이 되었다. 건축 설계는 건축을 볼륨으로 취급하지 않고 루버로 구성된 필터의 집합체로 디자인, 도시에 개방한다는 아이디어를 구체화하여 도시 복합체의 디자인에 있어 모노톤에 의한 색채계획으로 사찰의 이미지를 주위 환경에 흡수되도록 디자인하였다. 도심 속이나 대나무가 우거진 진입로에서 느껴지는 분위기이나 5층의 손님용 공간에서 옥상부를 수공간으로 연출, 마치 물 위에서 도심으로 바라보는 것 같은 연출은 일본 건축가들의 작품에서나 볼 수 있는 연출로 생각된다.

## 카시나 인터데코 아오야마 본점

1997 구와야마 히데야스(桑山 秀康)(1층)·곤도 야스오(近藤 康夫)(2층)

카시나 인터데코 본점은 1층은 구와야마 히데야스, 2층은 곤도 야스오 사무실에서 디자인한 가구 및 실내디자인 관련 제품 매장으로 특이하게 1층 입구 홀은 두 사무실이 공동으로 디자인하였다. 원래 카시나 아오야마의 매장은 안도 다다오가 설계한 꼴레지오네 내에 마리오 벨리니가 디자인한 매장이 있었으나 현재의 장소로 이전하였다. 1층은 테이블웨어, 조명 등의 액세서리를 갖춘 매장이고 2층은 종래의 카시나와 인터데코의 가구류를 갖추고 있다. 2층을 에스컬레이터를 타고 올라가면, 곡면 갓 유리 후면에 조명이 내장된 튜브 구조 아래 미니멀한 카운터가 인상적인 공간이 나타난다. 2층 공간에 대한 디자인 작업 당시의 문제에 대하여 디자이너는 기존의 업무 공간을 매장으로 전용하는 문제, 가구라는 본래 공간과 밀접한 관계를 지닌 소재를 공간과 균형감을 맞추는 것, 1층 공간과 디자인을 연동시키면서 전체 공간의 아이덴티티를 확보하는 것에 대하여 고민하였다. 디자이너는 낮은 천장에 대한 문제를 수평 방향으로의 확장감을 통하여 해결하면서 전시 공간의 기능을 명확히 하고자 주접근로인 1층의 계단과 에스컬레이터를 길이 37m의 유리 튜브로 구성된 통로를 중심으로 4개의 갤러리 공간을 배치하였다. 중앙의 전시 공간은 유리로 된 가동 칸막이에 의한 가변적인 공간으로 다양한 전시에 대응하도록 디자인하였다. 공간과 가구의 관계는 그림과 바탕, 주와 객이라는 관계를 역전시켜 해결하고 공간의 아이덴티티는 나무, 돌, 유리를 주로 하여 전체를 구축, 백색을 기조로 한 통일감 부여로 해결하였다. '뮤지엄숍'이라는 콘셉트로 매장을 제품과 공간의 관계를 표현하는 동시에 단순 매장으로서 기능에 멈추지 않고 매장을 활성화시키는 판매 전시 공간으로 디자인하였다.

하라주쿠·오모테산도·아오야마 | 原宿·表參道·青山

Cassina INTER-DECOR 青山

카시나 인터데코 아오야마 본점

D-3
p.119
㉟

## GSH

**2006** aat+요코미조 마코토 건축설계사무소

하라주쿠·오모테산도·아오야마 | 原宿·表參道·青山

GSH는 외관이 랜덤하게 배치된 원형의 개구부들로 구성된 5층 규모의 철골조 건축물로 기타아오야마(北青山) 거리에 면해 위치하고 있다. 숍과 주거가 들어서 있는 소형 건축물의 건축가는 이토 토요 건축설계사무소에 근무하던 요코미조 마코토로, 그는 최근 원형 공간으로만 구성된 소규모 미술관인 도미히로(富弘) 미술관을 2005년 완성하였다. 마치 1층의 주출입구가 세 잎의 클로버를 겹친 듯한 구성을 하고 있는 주거와 숍이 있는 5층 규모의 건축물은 외벽이 철판의 통구조로 구성되어 있다. 철판을 가공하여 조립한 건축물의 원형 창이 랜덤하게 나 있는 개구부의 구성이나 모서리를 곡선으로 처리한 외관은 선박의 이미지처럼 보여주는 것 이상을 보여주지 못하고 있으나 새로운 신예 건축가로서 요코미조 마코토의 도쿄 입성을 알리는 신호탄으로서 의미가 있다고 할 수 있다.

하라주쿠·오모테산도·아오야마 | 原宿·表參道·青山

TEPIA

# 테피아

마키 후미히코(槇 文彦)　1989

테피아는 기계산업기념재단이란 단체를 위한 건축물로서 건축가는 수직과 수평이 대비를 이루는 데 스틸의 미학을 하이테크하게 변모시킨 모습의 건축물로 디자인하였다. 금속재와 유리라는 첨단 느낌의 재료를 사용한 형태 구성을 취하면서 상자형 구성을 절삭시키고 우측부에는 외부에서 2층으로 진입할 수 있는 조형적인 옥외 계단을 설치하여 변화를 부여하였다. 지상 4층, 지하 2층의 건축물은 1층이 테피아 플라자라는 전시 및 다목적 공간과 사무실, 입구 홀, 2층이 도서관과 강의실 및 카페, 3층이 전시실, 4층이 테피아 홀과 회의실, 테피아 클럽, 지하 1층이 레스토랑과 주차장, 지하 2층이 헬스클럽과 기계실로 구성되어 있다. 대부분의 건축물이 주출입구가 도로에 면한 것이 일반적이나 도로측 외부 공간이 협소하여 측면에서 진입하도록 디자인하였다. 1층의 홀은 2개 층을 오픈하면서 원형 기둥을 노출시켜 2층으로의 진입 계단으로 방향성을 암시하고 있다. 1층의 테피아 플라자에서는 첨단 매체인 컴퓨터를 배치하여 전시 공간을 방문하는 사람이 마음대로 조작할 수 있도록 하였다. 1층에 입구 홀에 있는 강화유리로 된 안내데스크는 오브제적인 가구로 유명한 후지에 가즈코(藤江和子)의 작품이다.

# 다 드리아데 아오야마 · 야마기와 아오야마점

하라주쿠 · 오모테산도 · 아오야마 | 原宿 · 表參道 · 靑山

1997　안토니아 아스토리(Antonia Astori)(실내디자인) · 잉고 마우러(Ingo Maurer)(조명)

아오야마 거리의 남측인 미나미 아오야마는 프라다 도쿄나 콤데가르송으로 알려진 패션의 거리로 프라다 도쿄와 아오야마 거리 반대편 블록의 골목길을 따라 걸으면, 다 드리아데와 야마기와의 아오야마 매장이 나타난다. 건축물의 1층에는 인테리어와 관련된 가구 등의 제품을 판매하는 세계적인 이탈리아 가구 메이커인 다 드리아데 아오야마, 2층에는 조명 관련 제품을 판매하는 야마기와 아오야마점이 들어서 있다. 다 드리아데는 세계 주요 도시를 대상으로 전개하는 점포 전략의 일환으로 밀라노, 베를린에 이어 도쿄에 3번째의 본격적인 매장을 만들기로 결정, 실내디자인은 이 회사에서 가구도 디자인한 안토니아 아스토리가 하였다. 1층의 경우, 4미터의 천장고를 활용하여 레벨차가 있는 공간을 만들어 공간이 다양하게 느껴지도록 디자인하였다. 천장의 일부를 원형으로 판 인상적인 연출을 한 잉고 마우러의 조명 계획과 함께 공간은 리빙 존, 키친 존, 베드룸 존, 다이닝 존으로 구분하였다. 조명은 독일의 세계적인 조명디자이너인 잉고 마우러, 사인은 회사의 아트디렉터이기도 한 아델라이데 이췔비가 맡았다. 2층의 실내 공간의 콘셉트는 중성적인 성격의 공간이라는 뉴트럴로 설정, 디자인이 다른 상품이 혼재하는 공간적 특성 때문에 자연스러운 목재와 백색이 조화를 이루는 공간으로 제품의 배경이 되도록 디자인하였다.

# 와타리움

마리오 보타(Mario Botta)  1990

삼각형의 대지에 위치한 미술관 겸 주거 공간과 업무 공간으로 구성된 복합 기능의 건축물은 주변의 혼합된 건축 양식에 대한 반기이기도 하다. 미술관은 대지에 대항한 듯 서 있는데 정돈된 기하학적인 형태, 노출콘크리트와 흑색 화강석의 스트라이프에 의한 패턴화된 입면이 인상적인 모습을 하면서 건축적인 의지를 반영하고 있다. 저층부인 1층은 카페와 서점 등이 있고 2층과 3층에는 갤러리, 4층에는 건축주의 주거, 5층과 6층은 업무 공간으로 사용하고 있는 복합된 건축물이다. 전시 공간은 자연광이 들어오는 건축물 구조를 통하여 층별로 시간에 따라 빛에 따른 공간의 변화를 감상할 수 있는 것이 특징이다. 옥상부에 위치한 원통형의 매스와 수직의 슬리트한 구성의 개구부는 건축물에 중심성을 부여하고 있으며 모서리부에 위치한 외부 계단을 곡선으로 처리, 본체와 분리시키면서 엄격한 기하학에 변화를 부여하였다. 와타리움이란 미술관의 명칭은 와타리라는 성을 가진 소유주의 이름에서 유래된 것으로 바로 인접해서 큰 건물이 세워지면서 당당한 모습이 사라진 것이 아쉬웠으며 방문 시 서점 중간 중간에 건축가의 모형 작품을 전시해놓은 것이 인상적이었다.

# 일본 기독교단 하라주쿠 교회

2005 앙리 게이단(Henri Gueydan)+가네코 후미코(金子 文子)+CRC

앙리 게이단 팀은 인접한 하라주쿠 유치원을 1998년 건축한 후 7년 만에 지상 3층, 826㎡ 규모의 일본 기독교단 하라주쿠 교회를 완성하였다. 건축가는 기독교라는 종교의 상징성을 교회의 형태 및 공간에 투영하고자 파사드의 3개 개구부는 성부, 성자, 성령이라는 삼위일체, 천지창조 첫날 만든 빛과 어두움은 슬리트한 천창에 의한 연출, 곡선적인 지붕 형태는 축복하는 하나님 손의 상징 등을 통하여 표현하였다. 건축물의 핵심인 6개의 아치로 구성된 슬리트와 종탑은 창세기의 7이란 숫자를 상징적으로 표현하였으며 공간에 빛과 형태에 의한 역동감과 변화와 동시에 질서 부여를 곡선적인 지붕과 모듈화로 해결하였다. 교회의 정면에서 유리창을 통하여 보면, 2, 3층에 심어져 있는 한 그루의 나무는 성경의 원풍경인 올리브의 언덕을 상징하고 있다. 교회는 1층은 예배 공간과 소규모 홀, 주방, 사무실, 준비실, 2층은 소규모 방들과 부목사실, 도서실, 파이프 오르간, 옥상정원, 3층은 소예배실, 목사실 등으로 구성하였으며, 물리적인 공간보다는 상징성을 추상화시켜 표현한 공간을 내용을 알고서 보면 더욱 흥미롭다.

하라주쿠·오모테산도·아오야마 | 原宿·表参道·青山　　　　　　　　　　　　塔の家　169

# 탑의 집

D-3
p.119
㊶

아즈마 다카미츠(東 孝光)　　1966

와타리움의 길 건너편에 위치한 탑의 집이라고 불리는 건축물은 건축가가 설계한 처녀작인 동시에 60년대 이후 일본 주택의 역사에서 항상 거론되는 기념비적인 주택이다. 아오야마의 맨션과 상업시설이 늘어선 도로에 면한 6평 규모의 대지에 건축면적 3.6평에 6층으로 구성된 탑상형의 건축물이다. 도쿄라는 절박한 도시적인 상황이 표현된 주택은 수직적으로 연결하는 계단과 함께 실내 공간에 마감이나 가구도 없는 원룸과 같은 공간이 층층이 쌓여 있는 구성으로 주택공간과 생활이 일체화되어 있다. 연면적 20평에 1층에는 계단과 함께 주차장, 2층에는 주방 및 식당, 3층에는 화장실과 욕실, 4층에는 침실, 5층에는 자녀방, 지하 1층에 작업실을 노출콘크리트로 마감하여 직재하게 표현하고 있다. 지금은 노출콘크리트의 외관에 시간의 흔적이 묻어나 허름한 건물처럼 보이지만, 안도 다다오의 스미요시(住吉)의 공동주택과 더불어 도시형 주택의 기념비적인 작품이라고 할 수 있다.

## TERRAZZA
## 테라짜

1991　다케야마 세이 기요시(竹山 聖)+아몰프(Amorphe)

하라주쿠·오모테산도·아오야마 | 原宿·表參道·青山

가이엔니시(外苑西) 거리, 속칭 킬러 거리에 면한 테라짜는 약간 높은 언덕을 모티프로 하여 디자인되었다. 이름 그대로 건축물의 옥상부인 옥외 공간에 야외 극장이 있는 상업용 건축물의 전체적인 구성은 입지 형태를 고려하여 1/4 원에 장방형의 매스가 부가된 형식을 취하고 있으며, 옥상에 위치한 야외 극장과 극장으로 오르는 계단은 언덕의 이미지를 환기시키고 있다. 건축가는 야외 극장이 고대 그리스에서 사람들이 만나는 장이었던 것처럼, 거리와 거리의 접점, 사람과 사람과의 접점으로 근린의 거주자들에게 공헌하는 장소로서의 상징성을 건축물에 부여하였다. 장방형 매스에 위치한 3개의 탑과 경사진 벽의 광장, 옥상의 옥외 극장도 결정적인 기능과 용도를 지닌 것이 아니라 도시의 미래의 기억으로 남는 것으로 디자인하였다. 이 상업 건축의 특징 중의 하나는 입주한 개개의 임대 공간이 독자적인 접근로와 입구를 갖고 있으며, 각각 독립하여 도시로 향하고 있다. 다케야마 세이 기요시와 아몰프는 탑의 집 바로 옆에 호리우치(堀內) 컬러를 1997년 완성하였으니 과거 디자인과 어떻게 달라졌는지를 살펴보기 바란다.

하라주쿠·오모테산도·아오야마 | 原宿·表参道·青山

## 유나이티드 애로즈 하라주쿠 본점

리카르도 보필(Ricardo Bofill)+가지마(鹿島) 디자인   1992

5층 높이의 패션을 위한 상업용도의 건축물은 일조와 사선 제한, 60% 건폐율이라는 제약 조건 속에서 디자인이 시작되었다. 해결책은 입지 내부에 쇼핑 스트리트를 설치하면서 양측에 법적으로 가능한 윤곽 내에서 2동의 건축물을 건축하는 것이었다. 건축물의 디자인 콘셉트가 분열인 것처럼, 주랑으로 구성된 고전적인 형식과 현대라는 시대를 생각하여 정면과 거리측 입면에 하이테크한 커튼월의 외관으로 마감하여 대비시키는 수법을 취하였다. 단지 내 스트리트측에 배치된 계단은 건축물의 프레임에서 의도적으로 돌출시켜 긴장감과 방향성을 부여하였다. 포스트모던 경향의 건축을 전개하는 리카르도 보필은 건축 공간을 활성화하는 장치가 광장과 주랑이라고 믿고 있기에 입지 내에서 2동으로 분할하여 주랑으로 형성된 스트리트를 조성, 상부에서 연결시키는 방식을 취하였다. 이 건축물에 갈 때마다, 스트리트의 기둥 사이의 벤치에 앉아서 쉬었던 기억이 있어 도심 속의 상업 공간에서 손님들에게 휴식 공간을 할애하는 것이 나름대로 의미 있는 배려라는 생각이 든다.

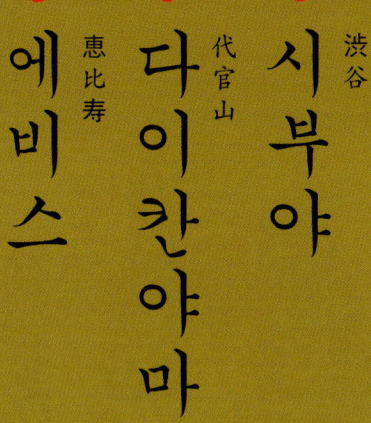

# 시부야 渋谷
# 다이칸야마 代官山
# 에비스 恵比寿

- 11 아오야마 제도 전문학교 1호관(p.187)
- 힐사이드 웨스트(p.192)
- 카라트 77(p.193)
- 유나이티드 뱀브(p.196)
- 19
- 힐사이트 테라스(p.190)
- 다이칸야마 어드레스
- 14
- 다이칸야마역
- 14  18 18
- 17
- 온워드 다이칸야마 패션 빌딩(p.194)
- 에비스역
- 에비스역
- 스피크 포 빌딩 암비덱스 다이칸야마(p.195)
- 콘체 에비스(p.197) 20
- 에비스 가든 플레이스(p.201) 23
- 선버스트 빌딩(p.200) 22

## 시부야, 다이칸야마, 에비스 지역

시부야는 하라주쿠와 마찬가지로 젊은이들의 거리로 신주쿠, 긴자와 함께 도쿄의 소식을 알리는 TV 프로그램에서 자주 등장하는 장소다. 이 젊은이들의 거리는 정책적으로 기성 세대의 문화를 이식하려고 했으나 실패하였으며 일본의 하이틴 문화를 느낄 수 있는 핵심 코스라 해도 과언이 아니다. 이 지역은 젊은이들이 선호하는 스타일의 의상이 있다는 쇼핑 지역인 진난 지구와 파르코, 109, 마루이시티 등으로 대표되는 백화점의 천국이면서 세계 각지의 요리를 맛볼 수 있는 음식점이 많은 구루메의 메카이고 도쿄 젊은이들의 클럽 문화의 본거지로도 유명한 곳이다. 다이칸야마는 시부야와도 그 경계가 연결된 곳으로 도쿄 여성들이 가장 살고 싶어하는 고급 주거지이자 아름다운 카페의 거리다. 건축적으로는 마키 후미히코의 다이칸야마 힐사이드 테라스로도 유명한 곳으로 힐사이드 테라스를 중심으로 패션 부티크나 카페들이 골목 골목에 위치하고 있다. 이 지역은 다이칸야마 어드레스를 제외하고는 대부분 3층 정도에 불과한 품위 있는 거리의 분위기가 느껴지는 곳이다. 사이고에서 힐사이드 테라스에 이르는 큐야마테도리, 지하철역에 인접해있는 다이칸야마 어드레스가 있는 하치만도리, 젊은이의 거리인 캐슬 스트리트로 대표되고 있는 곳으로 일본의 TV 드라마의 촬영지로도 자주 사용되는 곳이다. 에비스 지역은 1900년대 초 삿포로 맥주의 전신인 에비스 맥주 공장이 들어서면서 에비스라는 지명이 붙여진 곳이다. 1994년 에비스 맥주 공장이 있던 지역을 재개발하여 에비스 가든 플레이스라는 광장을 중심으로 삿포로 맥주 본사, 웨스틴 도쿄 호텔, 미쓰코시 백화점과 에비스 가든 플레이스 타워로 구성된 복합 타운을 만들었다. 이 신개념의 테마 타운은 이후 오다이바, 시오도메, 롯폰기 힐즈 등의 재개발에도 영향을 미쳤다. 복합 타운의 테마는 전체적으로 유럽의 거리를 재현한 것 같은 분위기로 오다이바, 롯폰기 힐즈와 함께 도쿄의 3대 야경으로 손꼽힌다. 일본 도깨비 여행의 숙박지로도 자주 제공되는 프린세스 가든 호텔과도 멀지 않아 호텔에 도착 한 후 야간에 방문하면 조명과 어우러진 건축물이 상당히 인상적인 기억을 남기는 곳이다.

에비스 가든 플레이스

휴맥스 파빌리온

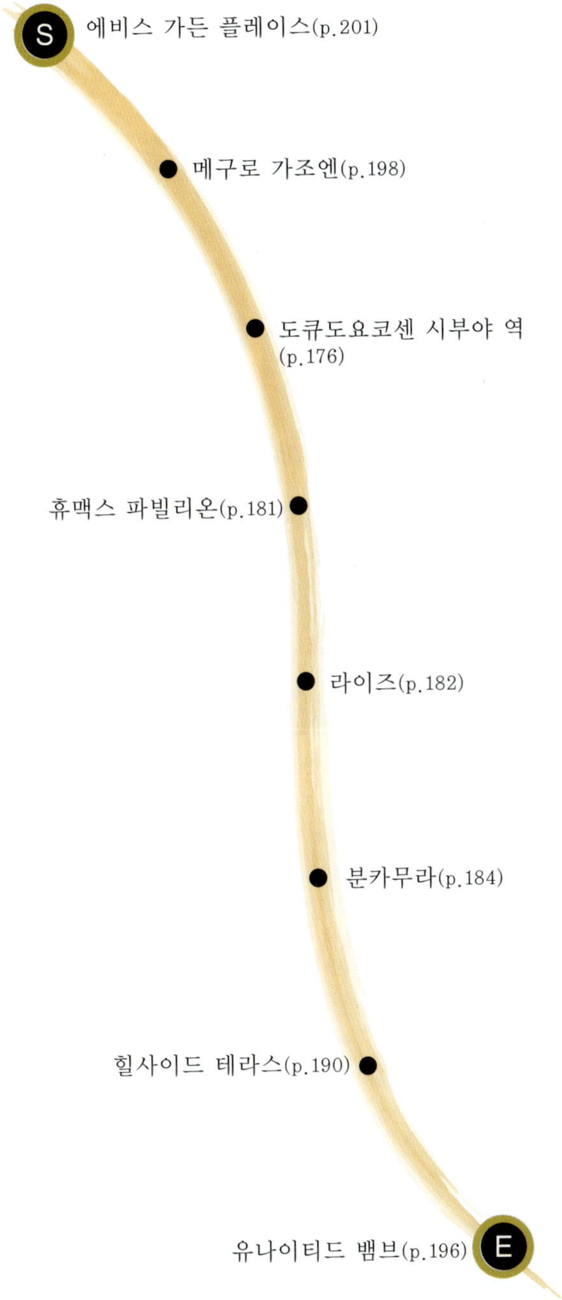

- S 에비스 가든 플레이스(p.201)
- 메구로 가조엔(p.198)
- 도큐도요코센 시부야 역 (p.176)
- 휴맥스 파빌리온(p.181)
- 라이즈(p.182)
- 분카무라(p.184)
- 힐사이드 테라스(p.190)
- 유나이티드 뱀브(p.196) E

# 도큐도요코센 시부야 역

東急東横線 渋谷驛

시부야·다이칸야마·에비스 | 渋谷·代官山·惠比須

2008  안도 다다오, 니켄세케이, 도큐 코오퍼레이션, 도큐 아키텍츠 & 엔지니어스

도큐도요코센 시부야 역은 도쿄 지하철 부도심선의 상호 직통 운전화 사업의 일환으로 시행된 프로젝트로 새로운 시부야의 지하역 계획이다. 대부분의 지하역은 이미 만들어진 토목 구조물과 긴밀하게 연결되어 있으나, 새로운 지하역은 토목 구조물을 만드는 과정에서 프로젝트를 시작으로 '시부야의 지하 우주선'이라는 이미지를 지닌 거대한 알 형태의 구조물을 삽입하여 지하역을 활성화하는 프로젝트다. 디자인의 중심인 알 형태를 한 쉘 형상의 벽으로 구성된 구조물은 지하 2층 콩코스에서 지하 5층의 홈까지 연결되어 있으며, 그 구조물은 도시의 결절점인 시부야다운 공간의 역동성에 초점을 맞춘 디자인이면서도 기능적인 면에서도 중요한 역할을 담당하고 있다. 그 역할은 알 형상의 구조가 길 찾기의 어려움이 있는 지하 공간에서 일종의 랜드마크로서 방향성 인지에 도움을 주는 동시에 알 형상의 구성이 근처 도큐 문화회관 유적지에 설치된 드라이에리어를 이용한 자연 환기 시스템을 제공한다는 점이다. 또한 알 형상을 만드는 재료로 경량화 재료인 GRC(Glassfiber Reinforced Concrete)를 사용하여 재료 내의 공동(空洞)이 자연 환기와 모순이 없는 복사난방을 가능하게 한 점이 디자인의 상승 작용을 하였다. 건축이나 실내디자인을 전공한 여행자라면, 시부야 역에도 외곽으로 나가는 여러 선이 있기에 혹시 지나치지 말고 한번 들려보기 바란다. 이 시기에 안도 다다오의 건축물인 도쿄 대학 정보학동인 후쿠타케(福武) 홀도 완성되었으니 방문해보기 바란다. 위치는 마루노우치선이나 오오도에 선을 타고 혼고산초메(本郷三丁目) 역에서 내리면 도쿄 대학 아카몬(赤門) 근처에 위치하고 있다.

시부야·다이칸야마·에비스 | 渋谷·代官山·恵比須   　　東急東横線 渋谷驛  177

도큐도요코센 시부야 역   D-2 p.172 ①

## 미야시타 코엔

시부야·다이칸야마·에비스 | 渋谷·代官山·惠比須

2011 아틀리에 원+도쿄 공업대학 쓰카모토(塚本) 연구실

미야시타 공원은 시부야 구와 나이키 재팬이 2007년 공원의 개수와 자금을 지원한다는 계약에 의해 이루어진 2층에 10,808㎡ 규모의 프로젝트다. 자치단체가 민간 기업의 자금과 창조력을 이용하여 공공 공간을 만든다는 취지하에 조성된 공원은 지하철 선로와 인접한 긴 공간을 스케이트보드와 월 클라이밍 전용 시설, 5인제 축구를 위한 풋살 경기장, 관리실, 화장실과 녹음 속에서 휴식을 하며 도시락을 먹는 사람들을 위한 휴식 공간으로 디자인하는 것이다. 두 개의 주차장 상부에 디자인된 긴 마름모형의 공간은 분리되어 브리지로 연결시켰으며, 긴 수평적인 공간에 월 클라이밍을 하는 시설이 오브제처럼 서 있다. 도심지에 버려지기 쉬운 공간을 기업과 자치단체가 청소년의 체육 활동을 통하여 공간을 활성화하는 장으로 디자인한 것은 의미가 있다고 할 수 있다.

시부야·다이칸야마·에비스 | 渋谷·代官山·惠比須   SHIBUYA MARK CITY

# 시부야 마크 시티

니혼세케이(日本設計)+도큐세케이(東急設計) 컨설턴트   2000

JR 시부야 역과 2, 3층이 연결된 시부야 마크 시티는 시부야를 중심으로 한 새로운 정보와 문화의 발신지로서 계획되었다. 업무 공간, 호텔, 상업 공간 및 주차장과 지하 냉난방시설 등 도시 기능을 철도시설 상부에 입체적으로 적층, 이들 주요 시설의 접근로로서 보행자 회유 동선을 관통하는 구성을 취하였다. 또한 시부야 중심부의 환경을 고려하여 상업시설을 배치하면서도 광장과 필로티, 보이드 공간으로 새로운 도시 광장을 구축하였다. 지하 1층에서 3층은 상업시설과 역시설의 접근로, 4층은 400m에 이르는 보행자 회유 동선의 도입부로서 시부야 역 주변 지구의 중요한 보행자 전용 공간으로 기능하고 있다. 이런 공공적 성격의 공간 콘셉트는 자연을 주제로 하늘, 물, 빛이라는 모티프로 스토리를 전개하였다. 하늘의 모티프는 이스트 동의 도입부에 상승감과 부유감의 표현, 물의 모티프는 이스트동과 웨스트동의 연결 공간, 빛의 모티프는 광장에 빛의 반사와 투과 효과로 표현하였다. 도켄자카(道玄坂)에 접하는 서측 입구의 조형물은 비토 아콘치가, 마크 시티와 연결된 JR 시부야 역의 하늘 풍경을 프린팅한 외관 리모델링은 쿠마 켄고가 디자인하였다.

## Q 프런트

시부야·다이칸야마·에비스 | 渋谷·代官山·惠比須

1999　R·I·A

시부야 역전의 교차점에 면해 있는 지하 2층, 지상 8층으로 구성된 상업용 건축물로 외관을 더블스킨의 유리벽 사이에 발광 다이오드 패널을 삽입, 유리면에 영상을 투영하여 거대한 광고판으로 이용한 것이 특징이다. 외관을 광고미디어로 사용하고 있는 철저하게 상업적인 건축물은 외관 이미지처럼 1, 2층에는 스타벅스 커피숍, 지하 2층에서 지상 7층까지는 서적, CD, DVD를 판매 및 임대하는 시부야 츠다야, 8층에는 다이닝바가 입점해 있다. 큐즈 아이(Q's Eye)라는 건축물 전면의 대형 영상으로 이루어진 전광판은 각 기업의 캠페인 광고를 상영하고 있으며, 큐즈 윌(Q's Wall)이라는 측면의 광고용 전광판도 있다. 건축물 전면의 큐즈 아이가 대부분 면적을 차지하나 상부는 배너 비전, 하부는 뉴스 비전이라고 불리는 공간으로 구분되어 있다. 과거 큐즈 아이에는 메시지 에이 55(Message a 55)라는 특별 프로그램으로 개인도 영상과 메시지를 올리는 것이 가능하기도 하였다. 이런 거대한 화면을 광고업계에서는 거리미디어로 부르고 있으며, Q 프런트는 건축물의 입면이 단순한 파사드 기능에서 미디어 기능을 병행하는 대표적인 건축물이라는 것에 의미를 부여할 수 있다. Q 프런트의 스타벅스 커피숍은 도쿄에서 가장 큰 매장이면서 세계 매출 1위라는 곳이니 창가에서 커피를 한 잔 마시면서 시부야 거리를 지나가는 사람들과 도시 풍경을 한번 구경해보는 것도 괜찮을 것 같다.

시부야·다이칸야마·에비스 | 渋谷·代官山·惠比須

# 휴맥스 파빌리온

와카바야시 히로유키(若林 廣幸)  1992

Humax Pavilion

휴맥스는 관동지방을 중심으로 오락형의 상업시설을 경영하는 기업으로, 휴맥스 파빌리온은 영화관, 음식점, 판매점, 디스코텍 등으로 구성된 복합 상업 건축물이다. 기계미학적인 우주선과 고딕적인 어휘가 절충적으로 혼합된 특이한 외관을 한 건축물은 주변의 박스형 구성의 건축물과 확연하게 구별되는 랜드마크적인 건축물이다. 실내 공간에는 하나의 도시나 여객선으로 불릴 만큼 다양한 시설들이 들어서 있으며 다양한 공간으로 구성되어 있다. 건축가는 이 건축물에서 과거와 미래, 기능과 장식, 합리와 비합리, 하이테크와 수공예적인 요소 등 상반되는 요소들을 융합, 표현하여 다원화된 시대에 대응하고 있다. 교토를 중심으로 활동하는 와카바야시 히로유키는 같은 교토 출신인 다카마쓰 신(高松 伸)처럼 기계미학적 미학을 선호하나 동시에 동서양의 고전적인 어휘도 믹스한 포스트모던적인 건축을 전개하고 있다. 동서양의 요소를 다 같이 디자인에 적용하는 건축가의 아르데코적 분위기의 실내 공간이 외관처럼 인상적이다.

시부야·다이칸야마·에비스 | 渋谷·代官山·惠比須

# 라이즈

1986　　기타카와라 아츠시(北川 原溫)

시부야 스페인 자카의 레벨이 있는 입지를 따라 세워진 영화관과 레스토랑 등으로 구성된 복합적인 용도의 건축물은 외관에서 도시의 단편과 기억이 꼴라쥬된 것 같은 초현실적인 분위기를 표출하고 있다. 마치 레이어드 룩의 패션처럼 속옷이 드러나 있는 것 같은 외관을 한 건축물은 분명 기능보다는 형태를 통한 예술지상주의적인 접근을 취하고 있다. 한편으로는 기둥과 건축적인 구성을 노출하여 마치 속옷과 겉옷을 전도시킨 해체주의적인 입장을 취하고 있는 건축물이다. 파도치면서 불안정한, 그리고 몸부림치는 듯한 형태를 통한 다의적인 오브제로서의 건축은 통상적인 공간의 지각과 인식을 혼란시켜, 이 거리를 걷는 사람들에게 의도적으로 건축이나 공간을 강조시켜 또 다른 의미의 랜드마크로 부각시키고 있다. 초현실주의적인 장치인 흘러내리는 천과 같은 금속판은 건축물의 내외부에서 그 상징성을 표현하는 요소다. 이 건축물은 해체주의적인 경향의 건축가인 기타카와라 아츠시의 출세작이기도 하다.

시부야·다이칸야마·에비스 | 渋谷·代官山·惠比須

# 빔

BEAM 183
D-2
p.172
⑦

워크숍(WORKSHOP)　1992

빔은 시부야 우다가와초 거리에 면해 세워진 지하 3층, 지상 7층 규모의 복합 상업용 건축물로 하이테크 스타일을 연상시키는 외관이 인상적이다. 건축가는 상층부에 판매 공간과 식음 공간 등이 있는 건축물이 상업적인 목적을 수행하면서 저층부의 다목적 홀, 전시장으로 사람들을 유인하면서 도시를 활성화시킨다는 의도로 디자인하였다. 상업적인 성격의 건축물이나 도시의 랜드마크이면서 도시민들에게 개방된 다목적 홀을 제공한다는 의도로 디자인된 공간은 모서리의 펀칭메탈로 마감된 원형 계단 구조물이나 백색으로 마감된 개구부가 있는 원형 구조물로 표현하였다. 골조가 드러난 규칙적인 매달린 구조에 의해 부유하는 듯한 상부 구조물은 유리와 알루미늄의 피막으로 경쾌한 표정을 도시에서 만들게 하며 혼란한 시부야 거리에 질서를 부여하기 위한 형태적 장치다. 건축가는 건축물에서 스케일의 확대와 축소, 의미화된 기능, 형상의 물체화, 위계적 질서의 무화(無化) 등의 조작을 통하여 도시에 자극을 준다는 의도로 디자인하였다고 말한다. 시간이 흐르면서 도시에 개방되는 다목적 홀은 다른 상업적인 용도로도 전용되기도 하였지만, 아직도 생명력을 가지고 건재한 모습을 하고 있다. 바로 근처에 위치한 우다가와초 (宇田川) 파출소(1985)는 온워드 다이칸야마 패션 빌딩(p.194)을 디자인한 에드워드 스즈키의 작품이니 한번 보기 바란다.

## 분카무라

시부야 · 다이칸야마 · 에비스 | 渋谷 · 代官山 · 恵比須

1989 장 미쉘 빌모트(Jean-Michel Wilmotte)+이시모토(石本)건축사무소+도큐(東急)설계 컨설턴트 등

분카무라는 도큐백화점의 부속 문화시설로서 문화마을이란 의미의 대형 복합 문화시설이다. 기본 계획을 한 프랑스인 건축가 장 미쉘 빌모트는 문화를 전파하는 선박의 콘셉트로 설정, 외관도 주출입구부는 선박의 외형과 마스트를 유추하여 디자인하였다. 백화점과 연결된 문화시설은 공연장인 3층의 오처드 홀, 1층의 시어터 코쿤, 6층에 위치한 영화관인 르 시네마, 지하 1층에 위치한 전시 공간인 뮤지엄과 갤러리로 구성되어 있다. 1층의 실내 공간은 건축가의 디자인 특성인 모던 클래식답게 장식이 없는 모던한 공간이지만 고전적인 축을 설정, 공간디자인을 전개하였다. 중정도 고전적인 축을 설정한 공간으로 디자인하였으며, 중정에 놓인 의자도 찰스 레니 매킨토시의 영향을 받은 빌모트가 디자인한 것으로 매킨토시의 모티프를 엿볼 수 있다. 미술관 맞은편에 위치한 레스토랑 레 뒤 마고 파리는 랭보, 피카소 등 많은 예술가들이 사랑했던 카페 뒤 마고의 해외 첫 제휴점으로 빌모트의 디자인과 함께 케이크와 홍차를 즐길 수 있으며, 노천카페 바로 옆에 위치한 나디프 모던이란 아트숍에서 예술 및 디자인 관련 서적과 액세서리를 구매할 수 있다. 가나아트센터의 건축이나 인천공항의 실내디자인을 한 빌모트의 디자인 역량을 확인할 수 있는 작품이기에 눈여겨보기 바라나, 2011년 현재 실내 공간은 리모델링 중이다.

시부야·다이칸야마·에비스 | 渋谷·代官山·惠比須　　　　　　　　松濤美術館

# 쇼토 미술관

시라이 세이치(白井 晟一)　　1980

시부야 도큐백화점 본점 후면부는 도쿄에서 굴지의 고급 주택가로, 미술관은 그 일각에 한 채의 고급 주택처럼 고요한 정취를 지니며 위치하고 있다. 화강석 마감에 동판으로 지붕을 마감한 타원형 건축물은 중정 부분의 오픈과 하부 수공간, 북측 벽면의 곡선으로 이루어진 지하 2층, 지상 2층의 구성은 주택가의 한정된 입지 조건에서 얻어진 해법으로 도시 공간에서 폐쇄적인 구성을 취한 내향적인 구성의 미술관이다. 접근로는 현관에서 중앙에 위치한 중정의 외부에 노출된 다리를 거쳐 전시실에 이르는 구성으로 미술관의 전시물만이 아닌 수공간 같은 자연 요소를 하나의 체험 요소로 도입하고 있는 인상적인 미술관이다. 외벽 재료인 한국산 화강암인 홍운석은 건축가가 즐겨 사용하는 재료로, 건축가는 국내에는 잘 알려지지는 않았으나 독일에서 철학을 전공한 후 독학으로 건축을 한 이색적인 경력의 소유자로 일본 건축계에서는 고고한 존재로 유명하였다. 최근 작고한 재일 한국 건축가인 이타미 준이 세이치 건축의 흐름을 잇는 건축가 중의 하나로 알려져 있다.

## 갤러리 톰

Gallery TOM | 시부야·다이칸야마·에비스 | 渋谷·代官山·惠比須

1984　나이토 히로시(内藤 廣)

갤러리 톰은 시부야 야마테 거리 근처 주택가에 위치한 지하 1층, 지상 3층에 253㎡ 규모의 건축물로서 시각장애인을 위한 미술관이다. 장방형의 평면을 사선의 계단으로 절단한 것 같은 매스가 특징적인 미술관은 1층은 퍼포먼스 공간과 주거, 계단으로 외부에서 진입하는 2, 3층은 갤러리와 서비스 공간 및 테라스로 구성되어 있다. 육중한 노출 콘크리트 매스 위에 스트라이프형의 사선으로 구성된 천창이 인상적인 미술관은 시각장애인들을 위한 미술관이나 보이드된 갤러리 공간에 빛이 넘쳐나게 디자인하였다. 시각 장애자들은 완전 맹인인 경우도 있지만, 약시인 경우도 있으며 역설적으로 천창을 통해 들어오는 빛의 느낌을 체험할 수 있으면서 손이라는 촉감으로 조각들을 체험하도록 한 미술관은 오히려 정상인들에게 더 감동적인 공간을 느껴진다. 나이토 히로시의 초기작 중의 하나로서 그의 연금술사 같은 디자인적인 접근이 내외부에서 느껴지는 공간이다. 아동 극작가인 무라야마 아도(村山 亜土) 부부가 아들이 시각장애인인 것이 안타까워서 만들었다는 미술관은 손잡이부터 하나의 조각 작품으로 디자인한 것이 인상적이어서 한번 방문하기를 권한다.

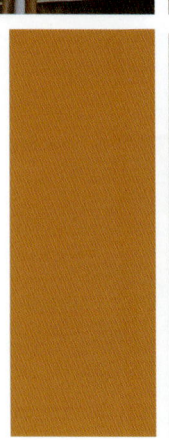  

# 아오야마 제도 전문학교 1호관

시부야·다이칸야마·에비스 | 渋谷·代官山·惠比須

青山製圖專門學校 1號管

와타나베 세이 마코토(渡邊 聖)　1990

일본제 로봇인 건담 빌딩이라는 별명을 가진 디자인 학교는 그로테스크한 기계미학적인 접근으로 디자인되었으며, 첨단 제도 전문학교로 레벨 업하기 위하여 실현된 건축물이다. 400명을 수용하는 8개의 교실 및 교육과 전시 공간이라는 현상설계의 요구보다 기능의 충족과 함께 충격성과 적합성이라는 상업적 이유에서 선정되었으며, 외관은 방문객들의 그런 기대를 저버리지 않는다. 레벨 차이가 있는 지형에 세워진 5층의 건축물은 4층까지가 교실, 5층이 라운지와 프레젠테이션 쇼룸으로 구성되어 있으며, 레벨에 따라 다른 진입로가 있다. 곤충의 머리처럼 생긴 타원형의 오브제는 고가수조로서, 실내 공간은 외형보다는 덜 과격하나 직교 체계의 공간에서 탈피를 시도한 해체적인 분위기를 감지할 수 있다. 후면 계단실의 거미발 같은 형상을 한 난간에서도 건축가의 디자인적인 노력을 느낄 수 있다. 건축가의 다른 작품에도 흥미가 있다면, 지하철 오오도에센 이이다바시 역을 방문해보기 바란다.

# 요요기 국립종합경기장

国立代々木競技場

1964  단게 겐조(丹下 健三)

단게 겐조의 최대 걸작인 국립 요요기 경기장은 그의 명성을 확립한 결정적인 건축물이다. 도쿄 올림픽의 수영 경기장으로 건설된 건축물은 구조적인 표현을 형태로 잘 치환시킨 것과 함께 기능, 구조, 표현을 명쾌하게 통합하였다. 주 체육관과 부속체육관으로 구성된 두 건축물 다 관객석은 철근 콘크리트 구조이나 주 체육관의 지붕은 고 장력 케이블과 강재에 의한 서스펜션 구조로 공간을 내포하면서도 동적인 힘을 잘 표현한 수작으로 부속 동은 철골로 구성하여 마치 피막과 같은 이미지로 디자인하였다. 2개의 완만한 곡면으로 구성된 거대한 지붕은 강한 구심성과 외부로 향해 열려진 원심성을 겸비한 공간을 보여주고 있다. 실내 공간에 들어가면, 거대한 지붕구조가 역동성을 고조시키면서 관객과 경기 참가자의 감격을 고양시키고 일체화시키는 박력감을 체험하게 된다.

시부야·다이칸야마·에비스 | 渋谷·代官山·恵比須　　　　　　　　　　　ワイアードカフェ

# 와이어드 카페(구 KH-2)

미캉구미　　2001

요요기 국립종합경기장 내에 설치된 가설건축인 와이어드 카페(구 KH-2)는 알루미늄제의 포터블 유닛들로 구성, 카페로 사용한다는 전제조건으로 주방 유닛 1개, 기계실 유닛 1개, 카페 객실용 유닛 4개로 이루어졌다. 원통형을 한 포터블 유닛은 개개 유닛들을 연결하여 확장시킬 수 있으며 각 유닛은 단독 매장은 물론 연주용 무대로도 사용 가능하다. 천창이 부착된 각각의 유닛은 이동시에 원통형으로 닫힌 구성이지만 영업 시에는 좌우의 날개와 바닥이 전동으로 열려 약 2배의 면적으로 확장이 가능하며, 유닛들을 연결할 때는 투명 폴리카보네이트가 끼어진 착탈식 새시로 연결하여 외부의 전원을 즐길 수 있도록 디자인하였다. 컨테이너 같은 가설건축은 우리 주위에서 볼 수 있으나, 디자인적인 배려는 전무한 경우가 많으나 KH-2

는 디자인된 가설건축 형 상업 공간이기에 시간이 남는다면, 한번 방문해서 커피 한 잔을 즐겨보기 바란다. 필자도 투어 도중에 대학원생들과 같이 방문해서 커피를 한 잔 마시면서 가설건축의 디테일이 어떻게 구성되었나를 살펴보았던 기억이 있으며, 바로 인접해서 같은 건축사무소에서 디자인한 클럽하우스인 시부야-AX(2000)도 있다.

# 힐사이드 테라스

Hillside Terrace

시부야·다이칸야마·에비스 | 渋谷·代官山·惠比須

1967~1998

마키 후미히코(槇 文彦)

다이칸야마 집합주택으로 불리는 프로젝트는 다이칸야마 지역에 카페, 레스토랑, 임대 갤러리, 점포, 업무 공간, 공동주택과 함께 덴마크 대사관도 있는 도시형 주상복합 건축이다. 1967년부터 1998년이라는 긴 세월에 걸쳐 건축된 건축물들은 1기에서 7기를 건축하기까지 시대를 반영, 도시 경관을 잘 살린 사례로 세월의 흐름에 따라 스타일의 변화까지 엿보이는 인상적인 프로젝트다. 어느 일족이 소유했던 녹지로 구성된 경사지에 30년이란 긴 세월에 걸쳐 건축가의 일관된 계획에 의해 도시의 풍경이 만들어 진 단지다. 건축가가 도시의 역사는 일종의 공공 장소를 만드는 것이라고 한 만큼, 이 프로젝트에서는 건축물과 건축물 사이, 도로 사이의 공공 공간을 세심하게 디자인하였다. 초기에

시부야·다이칸야마·에비스 | 渋谷·代官山·恵比須　　　　Hillside Terrace

## 힐사이드 테라스

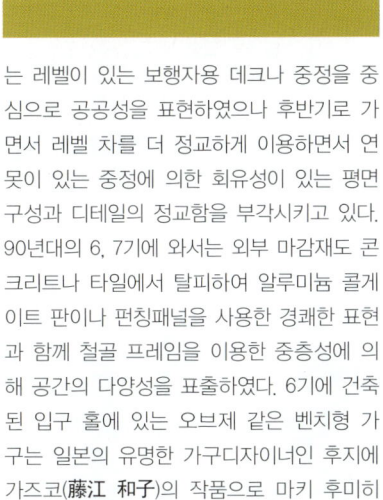

는 레벨이 있는 보행자용 데크나 중정을 중심으로 공공성을 표현하였으나 후반기로 가면서 레벨 차를 더 정교하게 이용하면서 연못이 있는 중정에 의한 회유성이 있는 평면구성과 디테일의 정교함을 부각시키고 있다. 90년대의 6, 7기에 와서는 외부 마감재도 콘크리트나 타일에서 탈피하여 알루미늄 콜게이트 판이나 펀칭패널을 사용한 경쾌한 표현과 함께 철골 프레임을 이용한 중층성에 의해 공간의 다양성을 표출하였다. 6기에 건축된 입구 홀에 있는 오브제 같은 벤치형 가구는 일본의 유명한 가구디자이너인 후지에 가즈코(藤江 和子)의 작품으로 마키 후미히코의 작품에는 항상 그녀가 디자인한 오브제형 가구가 놓여있다. 2011년 현재 단지 바로 옆에 일본 최대의 음반 및 서적 체인망을 가진 쓰타야가 운영하는 CCC(컬처 컴비니언스 클럽)가 새로운 생활 문화를 제안하는 복합단지를 클라인 다이삼과 RIA에게 의뢰, 완공되었으니 힐사이드 테라스의 보너스로 생각하고 방문하기 바란다.

## 힐사이드 웨스트

Hillside West | 시부야·다이칸야마·에비스 | 渋谷·代官山·恵比須

1998 | 마키 후미히코(槇 文彦)

힐사이드 테라스의 7기에 해당하는, 서북측의 야마테 거리에 면해 위치한 사무소, 점포, 주거 등으로 구성된 건축물이다. 2개의 서로 비껴서 배치된 대지는 전면도로와 후면도로 측과의 레벨 차이가 5.5m이면서 끝 부분에 3m만 연결되어 있는 특수한 입지적 상황이다. 입지적인 특징과 어번스케일에 대응하여 건축물은 각각 다른 스케일과 표층을 지닌 3개 동으로 배치되었으며, 건축물 사이에는 2개의 도로를 연결하는 세미퍼블릭한 오픈스페이스가 제안되었다. 큰 도로인 야마테 거리에 면한 A동은 알루미늄 루버와 유리를 이용한 경쾌한 입면, 입지의 중앙에 위치한 B동은 백색 타일의 입면, 주택지에 면한 저층의 C동은 실내의 가구와 단면 구성을 반영한 수평의 긴 창을 한 건축물은 각기 다른 주변의 상황에 대응하고 있다. 이 건축물에서 건축가의 도시 공간에서의 오픈스페이스에 대한 섬세한 배려를 엿볼 수 있다.

시부야·다이칸야마·에비스 | 渋谷·代官山·惠比須

# 카라트 77(미즈 레이코 도쿄)

쇼에이 요(葉 祥榮)  1997

초기 쇼에이 요의 건축은 미스 반 데어 로에 취향으로 조형의 유토피아를 추구하였으나. 다이칸야마에 위치한 개인 주택과 업무 공간으로 구성한 건축물에서는 건축가의 디자인적인 의도보다는 일조권, 사선 제한, 용도 지구에 의한 법적인 제한 조건을 해결하는 과정에서 형태를 도출한 결과다. 이런 조건에 맞추어 최대한의 볼륨을 만들면서 구조적, 음향적인 요구에 대응하여 판상의 유리로 피복된 수정체 같은 건축물이 만들어졌다. 고급 부인복으로 유명한 패션디자이너인 이케우에 레이코(池浦 鈴子)의 구 스튜디오를 새롭게 건축한 지하 2층, 지상 4층 규모의 카라트 77로 명명된 다목적 용도의 건축물로 건축가의 새로운 모색과 변신을 보여주고 있는 프로젝트다. 1/4 원의 평면을 한 건축물은 마치 유리를 절단해서 겹쳐놓은 것 같은 이미지의 외관이 인상적으로, 도로에 면한 곳에 위치한 미즈 레이코의 매장과 연결되어 있다.

# 온워드 다이칸야마 패션 빌딩

オンワード代官山ファッションビル

시부야·다이칸야마·에비스 | 渋谷·代官山·恵比須

1986  스즈키 에드워드(鈴木 Edward)

다이칸야마 역에서 내려서 힐사이드 테라스 쪽으로 가다보면, 패션 부티크 용도답게 외관이 레이어드 룩(layered look)의 의상처럼 겹겹의 금속이 겹쳐진 모습을 하고 있는 건축물이 나타난다. 피에르 가르뎅이 의상을 일회적인 건축이라고 정의했듯이 건축물은 다소 비정형적이고 해체적인 의상을 입고 있는 것 같은 모습을 하고 있다. 건축가의 디자인 철학인 무정부적인 건축, 풀 메탈 자켓(Full Metal Jacket)인 것처럼 금속성의 해체적인 건축은 기타카와라 아츠시의 라이즈를 연상시키기도 하며, 불협화음의 도시인 도쿄의 단면을 보여주는 건축물의 하나라고 할 수 있다. 스즈키 에드워드의 또 다른 작품은 시부야 우다가와초 거리에 위치한 우다가와초 파출소(1985)도 있으니, 한번 거리에서 보며 패션빌딩과 비교해 보기 바란다.

시부야 · 다이칸야마 · 에비스 | 渋谷 · 代官山 · 恵比須

## 스피크 포 빌딩·암비덱스 다이칸야마

데루이 신조(照井 信三)/

1999
2001

투명 석재로 마감한 파사드는 주간에는 빛이 투과되면서 경쾌하게 느껴지고, 야간에는 건축물 전체를 발광체로 만들어 하나의 부유하는 오브제로 디자인하였다. 특히 상층과 지하층으로 오르고 내리는 계단은 수직 동선인 동시에 하나의 오브제로 기능하고 있다. 암비덱스 다이칸야마(2001)는 스피크 퍼 빌딩 후면에 위치한 어패럴 회사가 운영하는 부티크와 카페가 있는 3층 규모의 상업용 복합 건축물이다. 건축가는 사람들의 움직임을 유희인 요소로 해석, 통로를 튜브화하는 것에 의해 보행자가 목적지로 이르는 과정 자체를 즐기도록 연출하였으며, 2층으로 오르는 좁은 폭의 계단 역시 튜브화한 통로로서 공간의 수축과 팽창을 통한 체험을 하는 장치인 것이다. 얼핏 보면, 다른 건축가의 작품처럼 보이는 두 건축물은 차가운 느낌의 현대건축에서 탈피한 따뜻한 존재감이 느껴지는 건축을 전개하는 60년대에 출생한 신세대 건축가의 감수성이 느껴지는 점에서 공통적인 지향점을 감지할 수 있다.

단정한 상자형의 작은 건축물을 저층은 커튼월, 상층은 대리석으로 마감했을 때의 느낌은 어떤 것일까? 일반적으로 저층부를 무게감 있게 상층부를 경쾌한 커튼월로 마감하는 것이 일상적이지만 다이칸야마의 거리에 면한 패션 매장이 있는 스피크 퍼 빌딩은 저층부는 스틸 바를 겹쳐서 만든 기둥의 열주랑으로 지지하고 상층부를 핑크색의 반투명 대리석으로 마감하여 불가사의한 공간 체험을 느끼게 한다. 상업용 건축물답게 얇은 반

## 유나이티드 뱀브

Boutique UNITED BAMBOO  시부야·다이칸야마·에비스 | 渋谷·代官山·惠比須

2003  비토 아콘치(Vitto Acconci)

1998년 미국 뉴욕에서 설립된 패션 브랜드 유나이티드 뱀브의 세계 1호점으로 20대 후반에서 30대에 이르는 여성을 주 타깃으로 한 매장이다. 매장 디자인은 세계적인 아티스트이면서 시부야 마크 시티의 조형물과 안양의 예술공원에 위치한 주차장과 야외 공연장을 연결한 건축 조형물인 웜홀 주차장을 디자인한 비토 아콘치가 맡았다. 그는 의상을 판매하는 매장이란 특성에 맞게 건물의 골조에 의상을 입히듯 디자인하였다. 외관은 기존 건물을 스테인리스 메시로 피복하고 실내의 벽과 천장이나 집기까지 스틸 프레임을 만든 후, 영화 스크린에 사용되는 신축성 있는 PVC 시트로 덮고 조명을 내장하여 마치 주위가 발광하는 동굴 같으면서 유기적인 자유로운 조형이 가능한 공간을 연출하였다. 이 소프트한 건축물의 실내에서는 의상을 거는 행거 구조물 단부에 아이포드와 헤드폰을 설치하여 점내에서 판매하는 CD의 리스닝 스테이션으로 이용하는 등 창의적인 공간을 체험할 수 있다. 의상은 일회적인 건축이라고 피에르 가르뎅이 말한 것처럼, 의상과 건축의 경계를 모호하게 하는 작품으로 흥미를 끈다.

시부야·다이칸야마·에비스 | 渋谷·代官山·惠比須　　　　　　　CONZE 惠比寿

# 콘체 에비스

야부 푸쉘버그(YABU & PUSHELBERG)　　2004

전 층이 식음 공간으로 구성된 레스토랑 복합 공간인 콘체 에비스가 JR 에비스 역 서측 로터리에서 보이는 장소에 오픈하였다. 도시형 다이닝 빌딩인 콘체 에비스는 지하 1층에서 지상 7층까지 모두 식음 공간으로 건축물 명이 협주곡이란 의미인 콘체르토(Concerto)를 생략하여 만든 말처럼 고품질과 진품의 음식과 공간을 목표로 하면서 상호 간에 협주하는 것 같은 관계성을 만들어낸다는 것을 의미하고 있다. 콘체 에비스에서 특히 주목할 공간은 1층에 위치한 프렌치 레스토랑 드 로안느(De ROANNE), 6층의 이탈리안 레스토랑 타라토리아 키오라 더 후코(TRATTORIA KIORA THE FUOCO), 최상층의 골든 통(GOLDEN TONGUE)이다. 1층의 프렌치 레스토랑은 프랑스 요리의 중진 이노우에 주방장이 운영하는 곳, 6층의 타라토리아 키오라 더 후코는 이탈리아 요리로 급부상하고 있는 주방장 우노 히데키가 프로듀스한 곳으로 유명하다. 7층은 최근 전 세계적으로 부각하면서 뉴욕의 W 호텔, 국내의 명동 아모레 스타나 아모레 스파를 디자인한 캐나다 팀인 야부 푸쉘버그가 일본 최초로 프로듀스하여 디자인한 레스토랑으로 천장고 6m의 공간을 이용한 거대한 와인셀러와 VIP용 메자닌 층 등이 이색적인 공간 체험을 유도하고 있다.

目黒 雅叙園 　　　　　　　　　　　　　시부야・다이칸야마・에비스 | 渋谷・代官山・恵比須

# 메구로 가조엔

1991　　니켄세케이(日建設計)

메구로 천에 면하여 위치한 메구로 가조엔은 30m의 고저차가 있는 절벽 밑에 조성된 일본 전통 정원을 따라 전통적 분위기의 실내 공간으로 만들어진 호텔과 곡면형 평면을 한 원호형의 업무동, 미술관 등이 있는 복합 공간이다. 전통 정원은 도쿠가와 시대로부터 에도 명소의 하나인 곳으로, 정원에 맞추어 호텔의 공간을 연결시킨 것이다. 도쿄에서 거의 유일하게 전통적인 분위기를 체험할 수 있는 호텔의 특징은 기와지붕을 한 입구, 전통 정원을 따라서 회유하는 방식으로 아트리움 가든에 이르는 200m 길이의 통로, 전통적인 장식의 실내 공간으로 디자인한 것이다. 19층 높이의 업무동은 원호형 평면으로 전파의 반사 장애를 줄이면서 건축물의 볼륨을 완화하고 부드러우면서 상징적인 이미지를 부여하도록 하였다.

시부야 · 다이칸야마 · 에비스 | 渋谷 · 代官山 · 惠比須          目黒 雅叙園

## 메구로 가조엔

호텔은 여러 개 층의 연회장을 확보하기 위해 18m의 스팬을 채용하였으며, 1층은 메인 로비와 식음 공간, 2-4층은 연회장들, 5층은 예식 공간, 6-8층은 숙박 공간으로 구성되어 있다. 호텔 본 건축물에서 곡면의 유리 지붕으로 연결한 아트리움 가든은 자연광이 들어오는 개방 공간으로 실내외 공간이 자연과 융화되도록 하였다. 유리 지붕은 2중 새시의 공기 순환 방식을 채용하여 열부하가 경감되도록 하였으며 여름철에는 직사광에 의한 열복사를 해결하기 위하여 전동 롤 스크린을 설치하였다. 전통적인 분위기와 현대를 융합시키는 것을 디자인 콘셉트로 한 공간은 우리나라의 전용복이라는 옷칠 장인이 디자인에 참여하여 유명해진 곳이기도 한다. 도쿄에서 전통적인 공간의 호텔 분위기를 체험하고자 하는 여행객이라면, 필히 가보아야 할 명소다.

| 200 | サンバーストビル | 시부야·다이칸야마·에비스 | 渋谷·代官山·恵比須 |

# 선버스트 빌딩

**1996**  아시하라 다로(原 太郎)

에비스와 메구로 사이에 위치한 선버스트 빌딩은 지하 2층, 지상 7층에 연면적 5,914㎡ 규모의 자동차 교습 학원의 본사 빌딩이다. 외관에 있는 돌출된 적색의 구체 구조물이 인상적인 건축물은 직경 23m의 구체 내부 공간은 예술가들을 위한 예술 표현의 장으로 제공하고자 하였다. 외관은 태양을 주제로 한 상징적인 형태로서 건축주가 떠오르는 아침 해와 구름 사이에 빛나는 빛의 이미지를 구현한 것이다. 주위 환경과의 관계를 고려하여 구체의 구조물, 삼각형의 평면, 사각형의 입면이 만들어내는 강렬한 형태와 적색의 구체와 녹색의 수목과의 보색 대비에 의한 관계가 모노톤의 거리에서 부각되도록 한 것이다. 구름을 표현하는 입면에 랜덤하게 난 창은 태양 빛과 조명에 의하여 풍부한 표정을 만들어내고 있으며, 야간에는 태양을 상징하는 구체는 사라지고 9개의 조명이 성좌처럼 빛나게 디자인하였다.

시부야·다이칸야마·에비스 | 渋谷·代官山·恵比須

# 에비스 가든 플레이스

구메(久米)건설　1994

에비스 가든 플레이스는 과거 삿포로 맥주의 전신인 에비스 맥주 공장이 위치했던 지역을 테마형의 복합 타운으로 재개발한 프로젝트다. 옥외의 볼트 구조를 한 유리 지붕이 인상적인 광장을 중심으로 에비스 가든 플레이스 타워, 미쓰코시 백화점, 삿포로 맥주 본사, 웨스틴 도쿄 호텔 등이 모여 있는 복합 타운이다. 상업 공간과 함께 극장, 미술관, 박물관, 레스토랑과 업무 공간이 한 곳에 모여 있는 새로운 개념의 테마 타운의 효시라고 할 수 있는 가든 플레이스의 큰 주제는 유럽으로 전체적인 공간에서 유럽풍의 분위기를 느낄 수 있도록 디자인하였다. 38, 39층의 가든 플레이스 타워의 전망 레스토랑에서 시내를 바라보며 식사를 할 수도 있으며 도쿄도 사진미술관에서 관람을 하거나 에비스 맥주 기념관에서 맥주의 역사를 살펴보면서 데이트도 할 수 있는 장소다. 도쿄도 사진미술관은 지하 1층, 지상 3층 규모로 영상 표현을 전문으로 하는 미술관으로는 가장 큰 규모이며, 에비스 맥주 기념관은 에비스 갤러리와 뮤지엄숍이 있으며 관람 후에는 맥주를 직접 마셔볼 수 있는 테이스팅 살롱도 있다. 도쿄의 새로운 명소 중의 하나인 가든 플레이스는 일본판 '꽃보다 남자'에서도 나온 광장의 조형물이 방송을 타면서 유명해졌다.

도쿄 문화회관
국제어린이도서관
서양 근대미술관
도쿄 국립박물관 호류지 보물관

도쿄 예술대학 공연장(p.213)
도쿄 예술대학 대학미술관(p.213) — ❺
도다이마에역
네즈역
도쿄 대학 공학부
소피텔 도쿄

上野
# 우에노

국제 어린이도서관(p.210)

도쿄 국립박물관
호류지 보물관
(p.208)

서양 근대미술관(p.206)

국립 과학박물관

우구이스다니역

① 
④ 도쿄 문화회관(p.212)

우에노역

이나리초역

## 우에노 지역

우에노라고 하면, 우선 생각나는 곳이 벚꽃으로 유명한 우에노 공원이다. 지금은 우에노 공원으로 많이 알려져 있지만 에도 시대에는 상업지구로 번성했던 곳으로 제2차 세계대전 때 공습으로 피해를 입었고, 재개발 과정에서 다른 지역에 밀려 비교적 옛 모습 그대로의 서민적인 분위기가 남아있는 곳이다. 즉, 우에노가 이렇게 우에노 공원 안에 도쿄 문화회관이나 서양 근대미술관, 도쿄 국립박물관 같은 문화시설이 들어서게 된 것은 메이지 유신 때 시가지로 이 지역의 대부분이 소실되었기 때문이라고 한다. 정식 명칭이 우에노온시코엔(上野恩賜公園)인 우에노 공원이 생기게 된 것은 한 네덜란드인에 때문이었다. 1900년대 초에 도쿄에는 박람회가 자주 열려서 우에노가 전시회장으로 이용되었었으나, 그 후 문부성에서는 이곳에 의학교, 육군에서는 육군병원을 만들려고 당시 도쿄 대학에서 자문역을 하던 네덜란드인 의사 보두엥(Bauduin)에게 의견을 구하였다. 그러나 그는 예상과는 달리 의학교를 다른 곳으로 추천하고 우에노를 공원 용지로 적합하다고 추천, 그의 의견이 받아들여져 1873년 도쿄의 최초 다섯 개의 공원 가운데 하나가 되었으며 1924년 황태자의 결혼을 기념하여 도쿄 시로 이관되면서 정식 명칭인 우에노온시코엔이 되었다. 우에노 공원 안에는 도쿄 국립박물관, 도쿄도 미술관, 도쿄 문화회관, 서양 근대미술관, 과학박물관, 동물원, 예술대학, 민속자료관 등 답게 문화 및 볼거리들이 많이 있으며 벚꽃이나 모란 축제 등 축제도 많이 열리는 서민들을 위한 공간이다. 이렇게 외국인과 인연이 있는 우에노 공원은 건축 투어에 있어서도 일본 근, 현대건축에 다대한 영향을 준 르 코르뷔지에와 그의 건축이 영향을 준 흐름을 한눈에 알 수 있는 곳이기도 하다. 그 이유는 우에노 역에서 내리면, 바로 르 코르뷔지에가 직접 설계한 서양 근대미술관과 바로 건너편과 후면에 그의 제자 중의 한 사람인 마에카와 구니오(前川 國男)의 도쿄 문화회관과 도쿄도 미술관, 그리고 그 후면의 도쿄 국립박물관 단지 내에 다니구치 요시오(谷口 吉生)의 호류지 보물관, 호류지 보물관 후면에 위치한 안도 다다오의 국제 어린이도서관을 개수한 프로젝트가 모여 있는 장소이기 때문이다. 마치 르 코르뷔지에의 건축이 일본에 세워진 이후에 근현대기 일본의 건축가들은 그의 작품을 어떻게 수용하고 해석하였나를 단계적으로 보여주는 장소가 우에노가 아닌가 하는 생각이 드는 곳이다. 이외에도 보너스와 같은 작품들이 국제 어린이도서관 후면부에 위치한 도쿄 예술대학 내에 있는 롯카쿠 기조(六角 鬼丈)의 대학미술관, 오카다 신이치(岡田 新一)의 대학 연주홀, 그리고 우에노 공원 안에 위치한 구로카와 데츠로(黑川 哲郎)의 우에노 동물원 파출소가 있다. 이곳은 또 일요일에는 퍼포먼스를 하는 거리의 예인들이나 노숙자들의 텐트 등 도쿄의 삶의 현장을 발견할 수 있어 건축물을 보는 즐거움과 함께 도쿄의 정취를 몸으로 체험할 수 있다. 또 우에노 공원 후면의 길을 따라 닛포리 역으로 이르는 거리인, 일본의 전통 가옥이나 신사, 묘지 등을 볼 수 있는 야나카 지역도 한번 방문해 볼 만하다. 도쿄 서민들의 정취를 느낄 수 있는 거리인 시타마치(下町)를 체험할 수 있어 도쿄의 속살을 체험하고 싶은 여행자는 한번 가보기를 권한다.

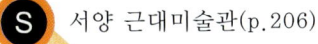 서양 근대미술관(p.206)

● 도쿄 국립박물관
   호류지 보물관(p.208)

● 도쿄 문화회관(p.212)

국제 어린이도서관(p.210) ●

도쿄 예술대학 대학미술관과 공연장(p.213)

西洋近代美術館　　　　　　　　　　　　　　　　　　　　우에노 | 上野

# 서양 근대미술관

1959　르 코르뷔지에(Le Corbusier)

르 코르뷔지에는 일생 동안 많은 미술관 건물을 설계하였으나 실제 건축된 것은 아메다바드, 샹디갈, 그리고 도쿄의 서양 근대미술관이라는 3개의 건축물뿐이다. 르 코르뷔지에가 도쿄에 서양 근대미술관을 설계하게 된 것은 그 연원이 깊다고 하겠다. 프랑스에 살고 있던 일본인 부호 마츠가타는 19~20세기 초 많은 프랑스 예술 작품들을 소유하고 있었으나 2차대전 중 프랑스 정부에 의해 작품들을 압류당하였으며 프랑스측은 전쟁이 끝난 후 작품들은 반환하는 조건으로 미술관을 지어 그 작품들이 일반인들에게 공개될 수 있도록 요구하였다. 그러나 당시 그림의 원소유주였던 마츠가타의 사망으로 일본 정부가 이 업무를 대신 맡았으며, 1955년 일본 정부는 대지를 우에노 공원 내의 절터로 결정하고 르 코르뷔지에에게 설계를 위촉하

였다. 르 코르뷔지에는 그와 함께 파리의 사무실에서 일하고 있던 일본인 제자인 사카쿠라 준조, 마에카와 구니오, 요시자카 다카마츠와 함께 작업을 진행하였다. 최초의 기본 설계 도면은 1956년 완성하여 일본에 전달하였으며, 초기 설계안은 종합적인 마스터플랜으로서 미술관을 비롯하여 극장, 야외 공연장, 임시 전시장 등을 함께 계획하였다. 그러나 마스터플랜은 일본 정부의 무관심으로 미래에 대한 계획안에 그치고 말았으며 미술관의 계획안만이 채택되었다. 당시 일본에서는 비계획적으로 공원을 계획하는 경향이 있었기 때문에 르 코르뷔지에가 작성한 마스터플랜을 적용하는 데는 인식상의 어려움이 있었다. 미술관은 일본측의 요구 조건인 1,000평의 범위를 넘었기 때문에 동측에 계획된 강당과 도서실, 서측의 귀빈실, 그리고

## 서양 근대미술관

북측의 필로티 증축 계획이 별도의 보완 장치가 없이 삭제되었으나 후에 강당은 건설되었다. 사각형 평면을 벗어나는 건물의 부분이 모두 삭제되어 주변 건물과 이어주는 횡적인 확산감이 상실되었다. 건축물 앞의 전면 광장은 미술관과 함께 유지되었으며 건축물과 조화를 이루도록 설치된 〈칼레의 시민〉이나 〈지옥의 문〉 등 3개의 조각상의 위치는 고수되었다. 1957년 변경된 안에 따라 수정된 설계도가 일본에 보내졌으며 실시 설계는 일본에서 진행되었다. 1958년 2월 착공에 들어가 1년여의 공사 끝에 1959년 4월 준공되어 6월 10일 개관하였다. 녹색 타일로 마감된 증축 부분은 1979년 마에카와 구니오에 의한 것으로 전시 공간의 채광도 신기술이 채용되었다.

208 東京國立博物館 法隆寺 寶物館　　　우에노 | 上野

# 도쿄 국립박물관 호류지 보물관

2001　다니구치 요시오(谷口 吉生)

# 도쿄 국립박물관 호류지 보물관

호류지 보물관은 메이지 11년(1878) 나라의 호류지에서 황실에 헌납되었다가 국가로 이관된 7-8세기의 보물 300건을 보존 위주에서 공개하기로 방향을 선회하면서 그것을 전시 및 수장하는 공간으로 1999년 7월에 개관하였다. 건축가는 설계에 있어 영구 보존이라는 폐쇄성과 공개 전시라는 개방성의 상반된 요구를 양립시키는 것, 소규모 박물관에 있어 기능성, 내구성과 함께 디자인적인 고려에 대한 문제, 그리고 주변의 자연환경을 고려한 품격과 질서가 있는 공간의 창조를 위하여 시대를 초월한 추상적 표현과 소재의 선택, 빛의 연출과 비례의 조작을 이용하여 목적을 달성하고 있다. 숲길을 따라가다가 수공간이 나타나고 건축가가 수반(水盤)이라고 부르는 수공간을 통해 진입하면, 액자 같은 프레임으로 처리된 건축에 의하여 내외부의 공간은 상호 침투하면서 자연과 건축이 일체화되는 것을 경험하게 된다. 휴먼스케일적인 장치인 낮은 느낌의 주출입구를 통해 진입하면, 마리오 벨리니가 디자인한 갈색 의자가 있는 넓고 높은 공간이 나타나면서 공간은 수축과 팽창을 거듭하고 다시 전시장과 통로에 있어 명암의 교차를 반복한다. 실내 공간에서 벽체와 기둥, 그리고 유리면과 대리석면의 대비, 공간의 팽창과 수축, 상호 침투된 내외부의 공간의 경험은 새로운 공간감을 느끼게 만드는 장치들로 건축가는 탁월한 연출력을 공간에서 보여주고 있다. 전시실 설계는 관람자와 전시 작품 간에 특별하게 존재하는 공간을 의도하여 투명감이 극도로 높은 전시 케이스의 설계와 미묘한 빛의 효과로 건축과 주변은 사라지게 하고 관람자와 작품만이 남는 듯한 기분을 체험시킨다. 그는 뉴욕의 MOMA의 증축 동도 설계하였기에 미니멀한 공간을 만들기 위한 디테일의 처리도 눈여겨 볼 만하다. 도쿄에서 건축이나 실내디자인 프로젝트를 투어한 사람들이 대부분 가장 인상적인 건축물로 선정하였기에 도쿄에 현대건축물을 보기 위해 방문하는 사람들이라면 꼭 방문하기를 권한다. 도쿄 국립박물관 내에 있는 보물관은 그의 아버지인 다니구치 요시오(谷口吉郎)의 동양관도 있어 부자의 작품을 한 곳에서 보는 것도 색다른 느낌일 것이며, 그가 아버지가 설계한 동양관 정면의 격자를 보고, 경의를 표하는 마음에서 보물관에도 사용했다는 인터뷰 기사가 기억에 남는다. 이 외에도 와타나베 진(渡辺 仁)의 도쿄 국립박물관 본관(1937), 가타야마 도쿠마(片山 東熊)의 효케이칸(孝慶館:1908)도 있으니 시간이 되면 보기 바란다.

國際子ども図書館　　　　우에노 | 上野

# 국제 어린이도서관

2000　　안도 다다오(安藤 忠雄)

일본은 2000년을 어린이 독서의 해로 정하였으며 어린이들의 독서에 대한 보다 좋은 환경과 관심을 만들기 위한 일환으로 어른들이 선물한 프로젝트가 국제 어린이도서관이다. 이 도서관은 국립국회도서관의 부설로 아동 도서에 관한 서비스를 전문으로 하는 어린이 전문 도서관으로서 일본의 국립국회도서관 우에노 지부를 증축하여 2000년 1월 1일 설립 후, 2002년 5월 5일 전면 개관하였다. 원래 도서관은 르네상스 양식으로 철골연와조의 지상 3층, 지하 1층 구조로 당초 ㅁ자형으로 계획되었으나 그 구성의 1/4인 지금의 형태로 존속하게 된 건축물이다. 이것은 1906년 메이지 시대에 제국도서관으로 건축한 후 1929년에 부분적으로 증축, 1990년에는 역사적인 건축물로 지정되었다. 따라서 건축물의 역사적인 가치를 배려하여 메이지 시대의 건축 양식과 구조를 최대한 보존하면서 지진에 대비한 안전성을 확보하는 건축 공법으로 개축되었다. 즉 메이지, 쇼와,

헤이세이라는 3개의 시대와 관동대지진과 2차 세계대전이라는 역사적인 상흔을 거치면서 오늘에 이르러 새롭게 개축되었다는 점에서 건축가는 노인으로 상징되는 과거의 건축물이 어린이처럼 새롭게 개축된다는 의미와 결합시켜 신구의 구조가 충돌하는 디자인을 전개하였다. 새롭게 리모델링한 도서관의 구조를 살펴보면, 시간의 흔적이 각인된 ㄴ자형의 구관에 도서관으로의 접근 방향을 암시하는 15도 각도의 사선과 ㄴ자형 기존 구조에 부가된 커튼월이라는 2개의 구조로 조성된 현대성을 충돌시켜 관통한 형상으로 디자인하였다. 이런 과거와 현대의 대비를 통하여 조성된 에너지가 어린이들의 장소라는 미래적인 공간의 가능성을 상징하고 있다. 전체 공간은 1층은 입구 홀, 어린이를 위한 열람실, 외부 정원과 연결된 카페테리어, 관장실, 공조기계실 등, 2층은 자료실과 연수실, 서고, 3층은 책을 위한 박물관과 라운지, 서고 및 홀로 구성되어 있다. 실내 공간의 특

# 국제 어린이도서관

징은 기본적으로 준공 당시의 상태를 유지시키는 것을 원칙으로 하였으나 열람실로 사용되던 천장고가 약 10m인 3층 창고의 대공간을 세계 각국의 아동도서를 위한 박물관으로 디자인한 것이다. 어린이를 위한 책의 박물관은 층고가 높은 공간에 반경 3.75m, 높이 4.5m의 두 개의 상징적인 형태의 원통형 구조를 합판을 적층, 마감한 자립하는 구조다. 자립하는 구조물은 기존의 구조를 훼손하지 않는 전시와 함께 설비를 내장시킨 구조로서 실내 공간 역시 기존의 고전적인 실내 구조물과 대비되는 기하학적이고 현대적인 분위기의 원통형 구조물을 대비시킨 구성을 취하고 있다. 또한 1층에 위치한 어린이들을 위한 열람 공간인 어린이들의 방은 사용자의 신체적 특성을 고려하여 천장고를 낮게 처리하였다. 그러나 공간적으로 낮은 느낌의 폐쇄인 분위기를 순화시키기 위하여 천장은 조명이 내장된 실리콘 코팅 유리로 마감하였다. 실제 열람실에 들어가면, 어린이들의 휴먼스케일에 맞게 디자인된 가구들을 볼 수 있으며 어린이와 부모들이 같이 책을 보는 광경이 정겹게 느껴진다. 실내 공간을 구경한 후, 1층의 엘리베이터 홀 옆에 위치한 외부로 나가는 문을 통해 외부 정원에서 정원 구조물이나 후면의 커튼월의 입면을 감상하는 것도 필히 놓치지 말아야 할 것이다. 안도 다다오의 건축물은 실내를 돌아본 후, 외부 카페테리어에서 커피를 한 잔 마시면서 공간에 대한 분위기를 반추하는 것이 의미가 있다고 생각한다.

# 도쿄 문화회관

**1961**  마에카와 구니오(前川 國男)

도쿄 개도 500주년을 기념하는 사업으로 건축된 문화회관은 르 코르뷔지에의 일본인 제자 중의 한 사람인 마에카와 구니오의 대표작 중의 하나로 그의 스승의 서양 근대미술관과 마주 한 장소에 위치하고 있다. 르 코르뷔지에의 찬디갈의 주회의사당의 지붕을 연상시키는 외관과 브리즈 소레이유, 색채의 사용 등에서 스승과 안토닌 레이몬드의 영향을 엿볼 수 있는 건축물은 오페라 상연이 가능한 극장과 소 홀, 음악 자료실과 회의실, 리허설 룸 등으로 구성된 대규모 복합 문화시설이다. 지붕 위에 음악 자료실과 회의실을 위치하게 하고 지하에 리허설 룸을 위치시켜 지상층에 극장과 동적인 분위기의 로비 공간을 만드는 등 세심하게 디자인되어 있음을 알 수 있다. 극장 실내 공간의 벽에 부착된 유기적인 형태의 음향판이 조형적으로도 아름답게 디자인된 것을 볼 수 있으며 1984년에 새로운 리허설동을 증축하였다.

우에노 | 上野　　　　　　　　　　　　　　　　　　東京 藝術大學 大學美術館·公演場

# 도쿄 예술대학 대학미술관과 공연장

롯카쿠 기조(六角 鬼丈), 오카다 신이치(岡田 新一)　　1999 / 1998

도쿄 미술학교와 음악학교가 1887년 각각 설립되어 1949년 도쿄 예술대학으로 통합하였다. 도쿄 예술대학의 대학미술관은 28,000점의 수장품의 관리와 전시를 위해서 졸업생이면서 교수인 건축가 롯카쿠 기조의 설계에 의해 지상 4층, 지하 4층으로 1999년 건축하였다. 100m에 이르는 긴 선형의 미술관은 외관을 붉은 사암으로 마감된 기단 위에 상부를 징크 패널로 마감하여 압도적인 존재감을 보여주는 건축물로 우에노 공원을 고려한 고도제한 때문에 건축물의 60%를 지하로 할애하였다. 전시 공간 외에 뮤지엄숍과 학생 식당을 겸한 카페테리아로 구성된 미술관의 전시 공간은 지하 상설전시장과 3층의 천창이 있는 전시실로 이루어져 있다. 길 건너편 근처에 위치한 오카다 신이치에 의해 설계된 공연장은 벽돌과 콘크리트로 외관을 마감하여 외부의 소음과 열에 대해 내부 공간으로 보호하도록 디자인하였으며, 음악 홀은 프로세니움 형식으로 천장의 가변 구조로 잔향 시간을 조절 가능하도록 하면서 다양한 음악 연주에 대응이 가능하도록 하였다. 도쿄 예술대학은 국제 어린이도서관 바로 후면에 위치하고 있어 일본의 디자인, 예술, 건축 관련한 대학의 분위기를 느끼고 싶다면, 캠퍼스에 들려 저렴한 가격의 학생 식당에서 식사와 함께 커피를 한 잔 마시면서 분위기를 음미해보기 바란다.

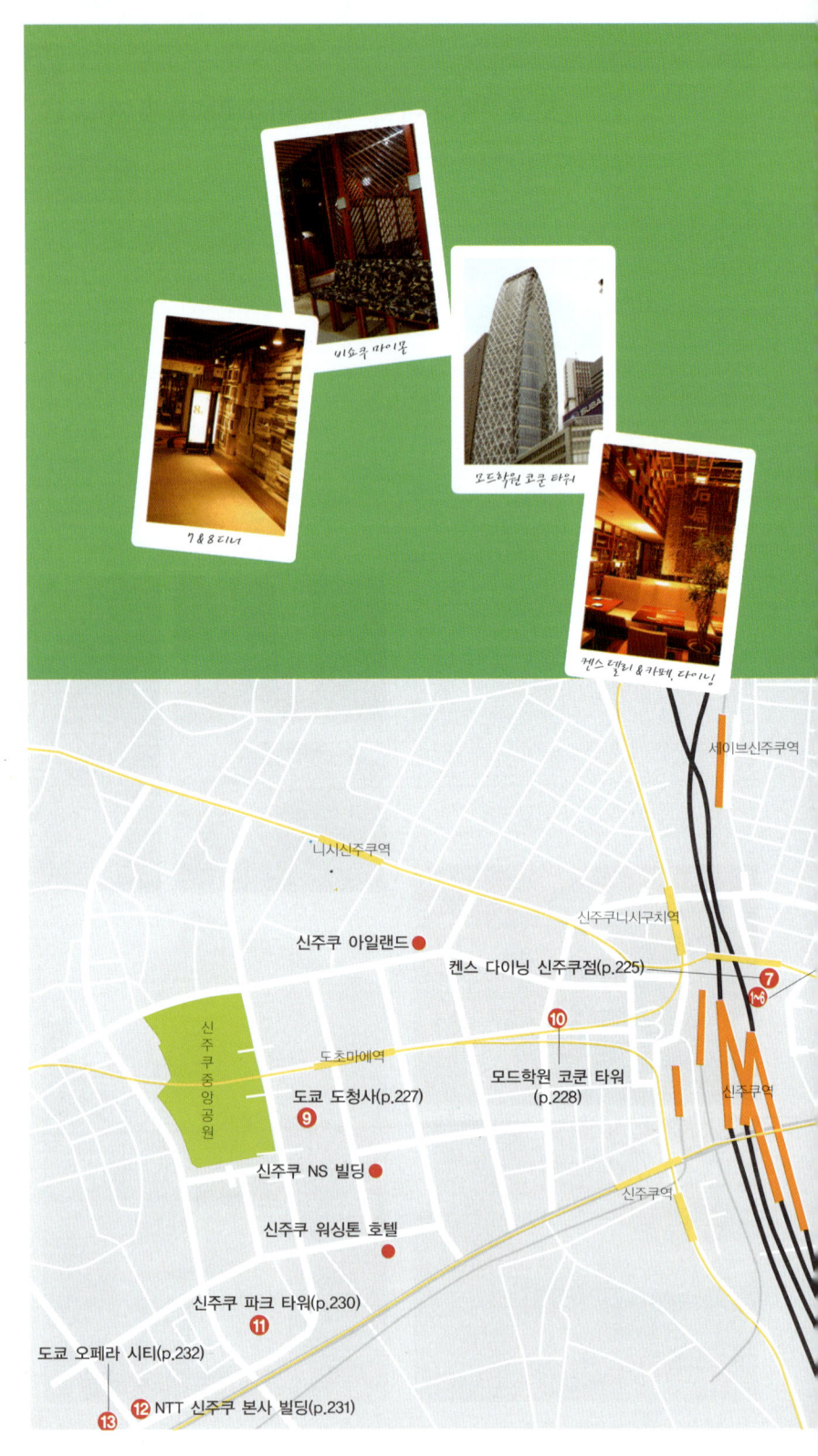

新宿
신주쿠

이치반칸(p.226)
니반칸(p.226)

7 & 8 디너(p.218)
바카리 디 나투라(p.220)
퀄롱 텐신(p.221)
덕키 덕 신주쿠 7 & 8 디너점(p.222)
비쇼쿠 마이몬(p.223)
엘 블랑 서비스(p.224)

신주쿠산초메역

## 신주쿠 지역

도쿄하면 맨 먼저 떠오르는 것이 신주쿠라고 할 만큼 우리들에게 현대 일본의 다양한 생활상을 보여주는 곳이라는 이미지가 있다. 이 지역은 일본 최고의 환락가, 극장가, 쇼핑타운이기도 한 동시에 행정이나 업무의 중심으로서 말 그대로 도쿄 최고의 타운으로 신주쿠 역은 하루 340만여 명이 이용하는 교통의 요충지다. 따라서 다양한 음식점과 분위기 있는 술집, 인기 브랜드 숍, 전자제품 할인매장이 넘쳐나는 곳이다. 지역을 크게 JR신주쿠 역을 중심으로 동측에 위치한 히가시신주쿠(東新宿)와 서측에 위치한 니시신주쿠(西新宿)로 구분할 수 있다. 히가시신주쿠는 수퍼포테이토가 디자인을 총괄하고 일본의 유명 실내디자이너들이 참여한 과거 마이시티였던 루미네 이스트 백화점 내의 7 & 8 디너 같은 식당가와 함께 쇼핑가, 유흥가들이 모여 있는 놀이문화의 중심지다. 특히 동측의 중심 지역인 가부키초는 향락 서비스를 제공하는 성인업소가 즐비하다. 히가시신주쿠 지역에 위치한 기노쿠니야(紀伊國屋)는 무라카미 하루키의 소설 《상실의 시대》에서 주인공이 책을 주로 사던 서점으로 건축가 마에카와 구니오가 디자인한 건축물도 볼 겸, 무라카미 하루키의 소설의 분위기도 느끼면서 책도 살 겸해서 방문하기를 권한다. 서측에 위치한 니시신주쿠(西新宿)는 1960년대 이케부쿠로와 함께 부도심으로 재개발된 지역으로 단게 겐조의 도쿄 도청사와 신주쿠 파크타워, 니혼세케이의 신주쿠 아일랜드, 그리고 NS 빌딩 등 관공서와 대기업의 사무실들이 몰려 있는 오피스 타운이다. 이 지역에서 상기한 단게 겐조의 건축물들과 함께 야나기사와 다카히코의 오페라 시티, 바로 인접한 시자 펠리와 야마시타 설계의 NTT 신주쿠 본사 빌딩을 방문할 것을 추천한다. 특히 신주쿠 파크타워 내의 호텔 파크 하얏트 도쿄와 실내용품 자재 백화점 기능의 오존(OZONE)을 방문하기를 권한다. 전망을 고려하여 최상층에 프런트 데스크와 라운지를 위치시킨 파크 하얏트 도쿄는 남산의 하얏트 호텔을 디자인한 존 모포드가 실내를 디자인하였다. 오존은 실내디자인 관련 전시회도 개최하고 테렌스 콘란이 운영하는 콘란숍도 있으니 디자인을 하는 사람이라면, 방문해보기 바란다.

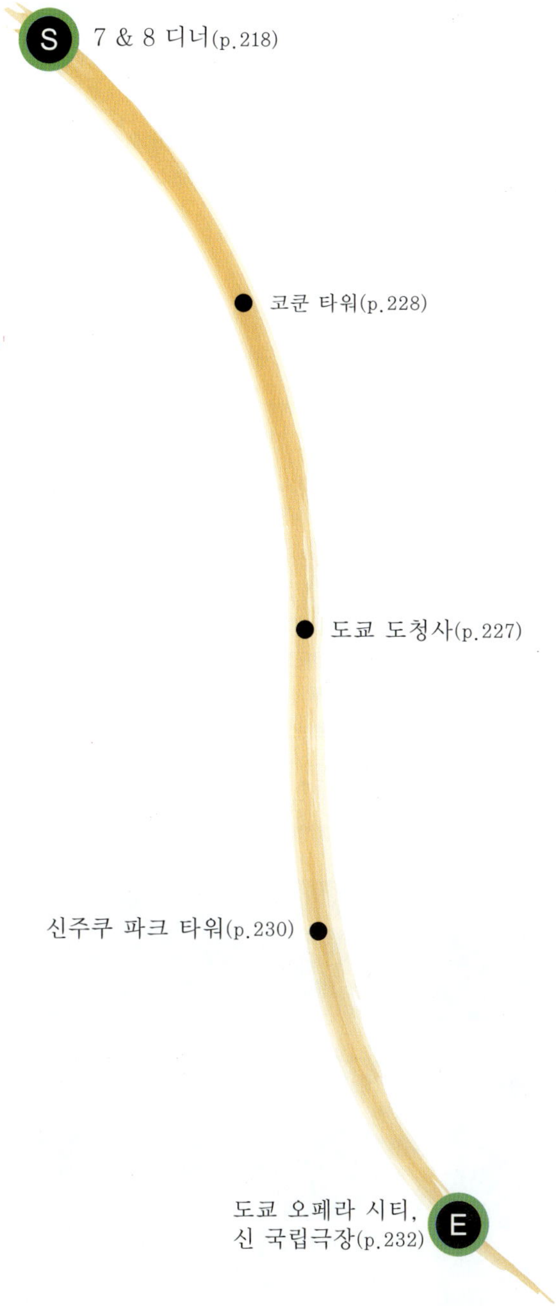

**S** 7 & 8 디너(p.218)

● 코쿤 타워(p.228)

● 도쿄 도청사(p.227)

신주쿠 파크 타워(p.230) ●

도쿄 오페라 시티,
신 국립극장(p.232) **E**

# 7 & 8 디너(구 슌칸(瞬間))

2002　수퍼포테이토(마스터플랜 디자인), 이이지마 나오키, 구로카와 추도무, 곤도 야스오, 모리타 야스미치, 미즈타니 소우이치

7 & 8 디너(구 슌칸)은 신주쿠 역 빌딩의 루미네 이스트 백화점 7, 8층에 위치한 식당가로 국내에도 잘 알려진 수퍼포테이토의 스기모토 다카시(杉本 貴志)가 디자인하여 도쿄의 명소로 부각되었다. 일반적으로 도쿄나 서울도 마찬가지이지만 당시 백화점 내의 식당가는 일반적으로 유명 디자이너가 하는 프로젝트는 아니었다. 그러나 이 백화점을 방문하면, 왜 이 식당가를 수퍼포테이토의 스기모토 다카시를 마스터디자이너로 기용하고 이이지마 나오키, 구로카와 추도무, 곤도 야스오, 모리타 야스미치, 미즈타니 소우이치 같은 유명한 디자이너들에게 디자인을 맡겼는지 이해된다. 백화점 자체로 볼 때는 식당가는 경쟁력이 없는 장소였지만, 클라이언트는 과감하게 수퍼포테이토를 기용, 디자인으로 승부수를 던졌다. 그 승부가 성공적이었기에 일본이나 국내에서 레스토랑을 디자인하는 디자이너들이라면 한번쯤은 꼭 방문하는 디자이너들의 순례지가 되었으며 동시에 국내의 백화점 식당가의 디자인 레벨을 한 단계 올려놓은 계기를 마련한 프로젝트다. 마스터디자인을 한 스기모토 다카시는 우선 시설 전체의 장소적인 아이덴티티를 만들기 위하여 거리를 만드는 것으로 시작하였다. 7층의 주제는 '골목길'로서 우선 각 식당이 통로에서 실내가 보이는 것을 원칙으로 하여 통로와 점포의 경계 벽을 최대한 억제한 내외의 경계가 없는 공동체적인 장치가 있는 식당가를 만들었다. 고객이 점포에서 음식을 만들면서 일하는 사람들과 시각적으로 연결, 커뮤니케이션을 하도록 하는 것이다. 또한 각 점포는 대부분 오픈을 한 구성으로 엔터테인먼트 성격이 짙은 음식 만들기라는 쇼를 보여주는 오픈 키친을 통하여 현장감의 고양과 함께 청결한 주방에 대한 신뢰감을 부여하도록 하였다. '도시의 기억'으로 디자인 한 7층의 공용 통로는 신주쿠의 거리 혹은 도심에서 수집한 목재, 아크릴, 금속, 병, 가전제품, 전선, 기계 등의 폐자재와 폐품을 쌓은 설치미술과 같은 장식이 점포의 외벽을 구성하고 있다. 거리를 산책하는 것

은 각 사람의 기억 속에 자리 잡고 있는 사물과 만나는 것으로 골목길을 돌 때마다 무언가 친근한 것과 새로운 것에 대한 기대감을 갖게 하는 것이다. 8층은 각 점포의 아이덴티티를 존중하면서 석재와 흙, 벽돌, 빛 등의 자연 재료를 강하게 살려내는 '현대의 일본'을 표현하고 있다. 북측의 엘리베이터 홀과 중앙 부분에는 투명 유리에 다양한 형광 분체를 도포해 빛을 받아 발광하는 설치미술적인 벽과 유리 블록에 의한 빛의 정원을 만들면서 성격이 다른 점포들과 통로를 연결하여 '저택'을 표현하고 있다. 8층의 통로에서 보이는 모래를 소규모의 오브제처럼 만든 교토풍의 정원이나 자연스럽게 절단한 석재를 통로의 부분 부분에 설치, 오브제로 연출한 감각을 통해서 일본의 전통을 현대적인 시각으로 해석할 수 있는 디자이너의 예리한 감성을 느낄 수 있다. 공간을 살리면서 자연적인 소재를 창의적으로 활용하는 스기모토 다카시 답게 7 & 8 디너의 각 공간은 자연적인 소재인 돌과 모래, 흙과 빛이 자연스럽게 어우러진 동양적이면서 동시에 현대적인 분위기의 공간으로 디자인하였다. 각 층 모두 공용부의 조명은 런치타임, 티타임, 디너와 바 타임의 3단계로 조정할 수 있도록 프로그래밍 화하여 시간대 별로 공간의 느낌이 빛에 의해 변화하도록 디자인하였다. 아쉽게도 현재는 8층은 새롭게 디자인하여 디자이너들의 식음 공간을 볼 수가 없는 것이 안타깝다. 이런 수퍼포테이토의 디자인을 국내에서 보고 싶다면, 전 층을 수퍼포테이토가 실내디자인을 한 삼성동 사거리에 위치한 파크 하얏트 서울이나 인천 영종도의 하얏트 리젠시 호텔의 레스토랑 8, 노보텔의 **슌**미 등을 방문해보기 바란다.

# 바카리 디 나투라

2002    이이지마 나오키(飯島 直樹)

이이지마 나오키는 이탈리안 레스토랑인 바카리 디 나투라를 디자인하면서, 이 작업을 '제약이 있는 게임의 즐거움'이라고 말하였다. 슌칸의 공용부나 전체적인 디자인의 콘셉트를 맡은 수퍼포테이토의 디자인 가이드라인은 마치 도시 계획의 규제처럼 도시에서 건축물 설계에 부여되는 가이드라인인 제약이라고 할 수 있다. 따라서 실내디자이너는 그런 가이드라인이라는 제약 속에 자신의 디자인적 정체성을 도출하는 게임과 같은 작업을 프로젝트를 통하여 실현하고 있는 것이다. 그는 잭슨 폴록처럼 올 오버하는 개념인 전체를 하나로 표현하면서 그 안에서 세심하게 디자인을 도출하는 작업을 하였다고 말하고 있다. 그는 제약된 상황의 프로젝트에서 '최소한의 방법'과 '내부와 외부의 융합'이라는 원칙을 이용하였다. 최종적인 디자인의 결과물로서 보이는 것은 외부와 내부의 경계가 되는 유리면 일부를 3차원 곡면으로 변형시킨 시각적인 일루전이다. 쇼케이스 같이 유리로 둘러싸인 이탈리안 레스토랑은 실내를 외부에서 들여다 볼 수 있으나, 그것은 마치 물의 흐름이나 일그러진 유리병을 통하여 보이는 시각적인 변형에 의한 프란시스 베이컨의 회화 같은 현실이다. 디자이너는 7 & 8 디너에서 한식당인 '처가방'과 오키나와 식당과 이 레스토랑을 디자인하였지만, 그의 디자인적인 의도가 가장 잘 나타나있는 공간으로 바카리 디 나투라를 거론하고 있다.

신주쿠 | 新宿

## 쿼룽 텐신

九龍 點心

구로카와 추도무(黑川 勉)　2002

실내디자이너인 구로카와 추도무는 수퍼포테이토 출신이지만, 사무실을 떠난 후 레스토랑 프로젝트보다는 주로 패션 매장 같은 프로젝트에 전념하였다. 그는 중식당의 디자인에 있어 나름대로 자신만의 규제 조건을 설정하였으며, 모던한 디자인 중에서 자신이 느끼는 중국의 에센스를 디자인에 도입하기 위하여 붉은색의 사용이나 식재의 나열 등을 하지 않겠다는 전략을 세웠다. 그래서 오히려 이탈리안 레스토랑 같은 분위기를 연출하기로 하여, 패턴에서 해결책을 찾았다. 따라서 빛의 프레임을 한 오픈 키친과 유리면에 다양한 패턴을 한 시트지를 붙여서 중국적인 분위기를 연출하였다. 그는 서로 마주 보고 있는 태국 음식점인 르쿠찬에서는 자신이 느꼈던 색을 실내 공간에 집약시키기로 하여 스크린 개구부 내측에 오렌지와 로터스 핑크, 녹색을 사용하여 디자인하였다. 그는 이 음식점에서는 반 옥외 공간에서 식사를 하면서 격자창을 통하여 녹지와 꽃, 그리고 통행하는 사람들을 보는 것 같은 이미지를 느끼도록 디자인하였다고 한다. 이후 요절한 실내디자이너 구로카와 추도무가 서로 마주 보이는 각기 다른 음식점에서 어떻게 디자인을 차별화하였나를 비교해보기를 바란다.

# 덕키 덕 신주쿠 7 & 8 디너점

2002    곤도 야스오(近藤 康夫)

덕키 덕은 신주쿠 점을 1호점으로 시작하는 캐주얼 레스토랑으로 리뉴얼 전에도 매상이 가장 좋은 음식점이었다. 디자인을 한 곤도 야스오는 CI 컬러가 선명한 녹색인 점을 고려하여 전면에 녹색 케이크용 오픈 주방의 부스를 설치, 테이크아웃이 가능하도록 하였다. 또한 통로와 길게 연결된 벤치형 의자에 보색인 적색을 사용하여 보색대비에 의한 강한 임팩트를 공간에 부여하였다. 즉, 색채만 보아도 캐주얼 레스토랑인지를 느끼도록 하였다. 벤치석 후면의 브라켓 조명이 마치 나열된 미니멀한 조형물처럼 느껴지도록 디자인한 실내 공간은 그가 장기로 하는 패션 매장에서 터득한 디자인적인 어휘처럼 생각되었으며 천장의 슬림한 라인 조명과 다운라이트의 대비가 캐주얼하면서도 세련된 분위기를 연출한 공간을 만들고 있다.

# 비쇼쿠 마이몬

모리타 야스미치(森田 恭通)　2002

비쇼쿠 마이몬은 맛있는 음식(美食)이란 음식점의 명칭처럼 고기와 생선, 채소, 쌀 그리고 물이라는 일본 각지의 식재를 사용한 미식의 향연을 실현하는 사교 극장이란 캐치프레이즈로 운영하는 식당이다. 맛있는 음식을 즐기면서 사교를 하는 극장과 같은 식당 공간을 표현하기 위하여 입구로 들어서면, 원형의 스테이지 같은 오픈 키친을 중심으로 공간이 전개된다. 원형의 오픈 키친 상부에는 모리타 야스미치의 장기인 컵 같은 모양의 조명을 이용한 연출, 그리고 좌석 후면에는 각 산지를 대표하는 식재를 담았던 박스들을 마치 미니멀한 조형물처럼 배치하였다. 또한 다른 테이블석 상부의 펜던트에는 채소의 생산자들의 사진으로 장식하고 카운터석의 벽면에는 일본 술병을 절단하여 디스플레이하였다. 모리타 야스미치의 오리엔탈 미니멀리즘으로 접근한 실내 공간을 즐길 수 있는 식당이기는 하나 오히려 그의 디자인인 본령을 즐기려면, 밖으로 나가서 루미네 이스트 동측 입구 건너편 지하에 위치한 켄스다이닝 신주쿠점을 방문하는 것이 나을 것 같다.

# 엘 블랑 서비스

2002  미즈타니 쇼이치(水谷 壯市) 디자인사무소

미즈타니 쇼이치가 맡은 엘 블랑 서비스라는 식당은 진입하는 통로가 3m밖에 되지 않은 모서리 부에 위치한 곳이다. 위치적인 핸디캡을 극복하면서 손님을 끌기 위해서 입구부를 겸하고 있는 카운터에는 미니멀하게 연출한 공간에 백색으로 마감된 완만한 곡선형의 천장, 그리고 몇 개의 유기적 형태의 스툴로 연출하여 마치 비행기 내부로 들어가는 듯한 분위기로 디자인하였다. 공항의 라운지 서비스를 이미지로 연출한 입구를 통해 실내 공간으로 들어가면, 전망이 보이는 내부의 테이블석 벽면에는 반사하는 모자이크 타일을 붙여 미니멀한 분위기에서 탈피하였으며, 야간에는 외부 네온사인의 조명에 의해 공간의 분위기가 변하도록 연출하였다.

신주쿠 | 新宿     KEN'S DINING

# 켄스 델리 & 카페, 다이닝 신주쿠점

모리타 야스미치(森田 恭通)　1999

찬토 푸드 서비스에서 운영하는 켄스 다이닝은 디자이너 모리타 야스미치의 이름을 일본 내에 알린 식음 공간으로, 과거 오사카, 도쿄, 후쿠오카 등에 체인 형태로 있었다. 켄스 다이닝 신주쿠점은 거의 마지막으로 남은 찬토 푸드 서비스에서 운영하는 식음 공간으로 신주쿠 역 동측에 위치한 지상 1층, 지하 1층 428㎡ 규모의 공간으로 초기의 모리타 야스미치의 디자인을 엿볼 수 있다. 좁은 계단을 통하여 지하 공간으로 내려가면, 전개되는 공간은 과거에는 격자와 오버스케일의 거대한 조명, 소파석 후면의 빛의 기둥, 그리고 부분적인 거울 기둥을 통한 일루전이 초현실적인 분위기를 연출하여 일상에서 탈피한 느낌을 부여한다. 지금은 거대한 조명은 없어지고 천정고가 높은 공간에 중국 한(漢) 시대의 탁본을 뜬 벽면의 장식, 격자의 목재를 이용한 공간적인 일루전, 소파석 후면에 있는 빛의 기둥만이 남아 있지만, 모리타 야스미치의 과거와 현재의 디자인이 어떻게 달라졌는지를 알 수 있다는 점에서 의미가 있는 공간이다.

# 이치반칸 · 니반칸

1970　다케야마 미노루(竹山 実)

포스트모던의 건축에 대하여 저술한 찰스 젠크스의 《포스트모던의 건축언어》의 표지를 장식하여 알려진 다케야마 미노루의 상업용 건축물들이다. 탑상형 구조로 강렬한 그래픽이 인상적인 건축물들인 8층 규모의 이치반칸과 7층 규모의 니반칸은 길을 사이에 두고 마주보고 있으며, 상업용 건축물들이 난립한 가부키초의 풍경 속에서 키치적인 요소가 건축화된 산물처럼 보인다. 상업적인 기호체로서의 건축은 건축물 전체가 하나의 광고판 같은 역할을 하고 있는 동시에 당시 근대건축의 사망 선고를 상징하는 것 같은 징표처럼 보이기도 하였다. 지금은 퇴락한 모습을 보이고 있으나 포스트모던의 시기에 있어 일본의 상징적인 건축물 중 하나였기에 한번 방문해 보는 것도 의미는 있다고 생각한다. 필자 역시 학생들과 같이 간 졸업여행에서 혼자 아침에 방문하였던 두 개의 건축물은 그래픽적인 외피만이 아닌 공간적인 측면에 대한 시도도 있어 역시 건축물은 선입관으로만 보는 것은 위험하다는 생각이 들었다. 건축가는 이후 시부야 109(1977)나 도쿄 국제항 터미널(1991) 같은 건축물을 선보이기도 하였다.

신주쿠 | 新宿　　　　　　　　　　　　　　　　　東京都庁舎

# 도쿄 도청사

단게 겐조(丹下 健三)　　1991

지상 48층 트윈 타워의 형태가 인상적인 도쿄 도의 청사는 건축가의 트레이드마크인 근대적인 건축 스타일과는 달리 탈근대적인 건축물로 디자인하였다. 지하 3층과 지상 48층의 트윈 타워로 구성된 제1 본청사, 지하 3층과 지상 34층의 제2 본청사와 지하 1층과 지상 7층의 지방의회동으로 구성된 매머드형의 건축물군은 신주쿠 지역의 새로운 랜드마크로 부각되고 있다. 이 청사의 디자인에 있어 청사라는 상징성 및 공공성과 함께 부지의 서측에 위치한 신주쿠 중앙의 존재도 디자인 해결의 중요한 열쇠가 되고 있다. 공공성을 고려하여 1청사와 지방의회동 사이에 시민들의 행사를 위한 공적인 성격의 반타원형 광장을 설치하고 상부는 오버브리지로 연결, 업무 공간의 기능을 해결하면서 광장의 구심적인 성격을 강화하였다. 1청사의 측면에서 브리지로 연결된 2청사는 3개 동이 3단의 계단식 형으로 겹쳐지면서 연결된 형식을 취하고 있다. 입면의 외장디자인은 일본의 전통과 도쿄의 선진성을 구현하기 위해 전통적인 패턴과 집적회로의 패턴을 혼합시킨 패턴디자인을 통하여 전통의 현대화를 시도하였다. 청사에는 지상 202m 높이에 위치한 무료 전망대가 있으며, 전망이 좋은 북쪽 타워는 11시까지 운영하니 올라가 보기를 권한다.

# 모드학원 코쿤 타워

2008 단게(丹下) 도시건축설계

으로 격자형의 기둥에 맞춘 알루미늄 패널과 3각형의 유리면에 부착된 특수 필름으로 구성되어 있다. 이 프로젝트는 도시재생특별조치법에 의해 지정된 지역에 젊은이들이 모이는 교육시설을 삽입하여 신주쿠 서측 고층 빌딩가의 관문으로서, 인접한 홀을 활용한 문화교류 시설로서 거리를 활성화할 목적으로 디자인되었다. 입지 내 3개의 학교에서는 1만 명의 학생들을 수용하기에 저층부에 오픈스페이스를 확보하여 거리를 활성화하도록 하였다.

신주쿠 역 서쪽 입구 측에 거대한 누에고치 형태의 랜드마크형 건축물이 보이는데, 이것은 모드학원을 위한 지하 4층, 지상 50층 규모의 교육시설이다. 단게 겐조의 아들인 단게 노리타카(丹下 憲孝)가 이끌고 있는 단게 도시건축설계가 디자인한 고층 건축물인 모드학원 코쿤타워의 명칭은 누에고치 형태에서 유래하였으며, 교육시설로 구성된 타워와 구형의 홀로 이루어졌다. 신선한 감동을 부여하는 교사라는 요구조건에 따른 현상공모에서 당선, 실현된 학원은 IT, 의료복지, 패션 분야의 전수학교로 구성되었으며, 강의실들을 2, 3개 층마다 보이드시켜 공간에서의 커뮤니케이션이 원활하게 이루어지도록 디자인하였다. 누에고치 모습을 한 외형은 디자인 콘셉트인 코쿤(Cocoon: 누에고치)이 창조성을 잉태하고 있는 차세대 젊은이들을 위한 인큐베이터란 의미로 디자인된 것이다. 외피는 사선으로 구성된 프레임들이 인상적

신주쿠 | 新宿　　　　　　　　　　　　モード学園 コクーンタワー
# 모드학원 코쿤 타워

新宿パークタワー　　　　　　　　　　　　　　　　　　　　신주쿠 | 新宿

# 신주쿠 파크 타워

1994　　단게 겐조(丹下 健三)

파크 하얏트 도쿄는 세계에서 10번째, 아시아에서는 최초로 지어진 파크 하얏트 호텔로서 1994년 오픈하였다. 세계 각지에서 170군데 이상의 호텔을 운영하고 있는 하얏트는 파크 하얏트, 그랜드 하얏트, 하얏트 리젠시 등 3가지 브랜드명으로 운영되고 있다. 호텔은 신주쿠 파크타워의 39층에서 52층까지 사용하고 있으며 다른 호텔과 차별화된 점은 프론트데스크가 1층이 아닌 전망을 고려하여 최상층에 위치하고 있다. 그것은 도쿄의 전망과 함께 근처의 신주쿠 중앙을 위한 전망을 확보하기 위해서이며, 이 방식을 서울 삼성동에 위치한 파크 하얏트에서도 채택하였다. 실내디자인은 국내의 하얏트 호텔도 디자인한 존 모포드(John Morford)가 하였으며 저층부의 엘리베이터 홀 등 한번 방문할 가치가 있는 공간이다. 이 건축물 저층부에 위치한 리빙 디자인센터 오존은 실내디자인 자재에 대한 자재박물관 기능과 실내디자인과 관련된 기획 전시를 행하고 있으며, 콘란 숍은 영국의 디자이너인 테렌스 콘란의 디자인 용품을 판매하는 공간으로 기억에 남는 디자인 소품을 살 수 있다. 지하층의 서점에는 다른 서점에 비해 건축과 관련된 서적이 비교적 많이 있어 시간이 남으면 방문해보기 바란다.

## NTT 신주쿠 본사 빌딩

시자 펠리(Cesar Pelli)+야마시타(山下)설계　1995

NTT 신주쿠 본사 빌딩은 말레이시아의 페트로나스 타워나 서울의 교보빌딩을 설계한 시자 펠리가 설계한 건축물로서 NTT라는 최첨단 하이테크 기업을 위한 본사다. 입지의 법적인 규제 등을 고려하여 배치된 고층의 업무동은 지상 30층, 지하 5층의 규모로 신주쿠 중앙 측으로의 조망을 고려하여 평면을 부채꼴 형태로 디자인하였으며, 중정을 가운데 두고 배치된 지상 3층의 부속동은 직원들을 위한 후생복지시설로서 브리지로 연결되어 있다. 고층동은 기업의 이미지를 고려하여 알루미늄 커튼월의 하이테크한 외형으로 디자인하였으며, 저층동은 일본의 회색조 건물을 고려한 거리의 아이덴티티 확립을 위해 노란색의 미네소타 석재를 사용하여 대비를 이루고 있다. 중정과 건축물 주위의 조경은 미국의 유명한 여류 조경디자이너인 다이아나 발모리(Diana Balmori)의 작품이니 주의 깊게 보기 바란다.

東京オペラシティ+新國立劇場　　　　　　　　　　　신주쿠 | 新宿

# 도쿄 오페라 시티+신 국립극장

1997　야나기사와 다카히코(柳澤 孝彦)+TAK+NTT 퍼실리티즈

도쿄 오페라 시티는 1985년 제2국립극장인 신 국립극장의 국제현상설계를 통하여 228개의 작품 중에서 베르나르 츄미, 피터 아이젠만 등 국제적인 건축가들과 경쟁한 일본의 건축가 야나기사와 다카히코를 선정하였다. 그의 안은 인접한 도로로부터의 소음을 효과적으로 차단하기 위한 장치로서의 연못과 가벽을 설치, 문화 공간에 있어 도시적인 저해 요소를 순화하는 공간적 장치를 적극적으로 조성, 당선되었다. 도쿄 오페라 시티는 신 국립극장과 인접한 지역을 문화적 환경으로 정비하기 위한 것으로서 업무, 문화, 상업적인 활동을 개념으로 한 '21세기 극장 도시의 창설'을 목표로 디자인, 1996년 주요부의 오픈을 시작으로 1997년 4월 NTT 인터커뮤니케이션 센터와 리사이틀홀, 9월 콘서트홀, 10월에 신 국립극장이 개관하였다. 오페라 시티는 신 국립극장이 사용하지 않는 지역을 관민이 공동 개발하기 위한 일환으로 민간 자본에 의한 54층의 업무동을 건설하면서 저층부에는 신 국립극장의 기능을 보완, 정비하기 위하여 콘서트홀과 전시실 같은 문화시설과 레스토랑 등 상업시설을 계획하였다. 문화적인 성격의 건축물이기에 단지 내에 입체적인 공개 공지를 설치하여 저층부 일체를 일반에게 개방하고 있으며 지하 1층에서 지상 3층에 걸쳐 배치된 갤러리아, 프롬나드, 아트리움, 선큰가든은 도시의 가로와 광장이 되면서 그것 자체가 무대가 되는 '극장 도시'인 것이다. 오페라 시티는

## 도쿄 오페라 시티 + 신 국립극장

크게 업무 존, 예술 및 문화 존, 상업 및 어메니티 존이라는 3개의 존으로 구성되어 있다. 업무 존은 기준층의 바닥 면적이 약 2천 평방미터인 초고층의 업무용 타워를 중심으로 구성되었으며 타워의 중간에 스카이 로비 층의 설치로 사람들의 교감의 장을 만들고 있다. 예술 및 문화 존은 객석 약 1,632석의 콘서트홀과 280석 정도의 리사이틀홀, 크고 작은 음악 연습실, 전자 정보 미디어를 이용한 새로운 문화와 예술을 주제로 하는 NTT 인터커뮤니케이션 센터와 아트 뮤지엄 등, 상업 및 어메니티 존은 저층부의 다양한 공공 공간의 군들로서 길이 약 200m의 갤러리아, 1~4층까지 오픈된 공간에 에스컬레이터가 집중된 실내 광장인 아트리움, 내부 유효 공지로서 상업시설이 배치된 프롬나드, 아트 뮤지엄의 옥외 광장으로서 선큰가든으로 구성하였다. 오페라 시티에 있어 가장 특징적인 공간의 하나는 오페라 시티와 신 국립극장을 연결하는 대 계단으로 구성된 갤러리아로서 디자인적인 주제를 전통적인 분위기의 '비탈길의 거리'로 설정하였다. 갤러리아의 대계단은 전통적인 일본의 성벽을 모티프로 하였으며, 휴일이나 주말에 갤러리아나 옥외 공연장에서 연주나 서커스를 하는 거리의 예인 등이 공연하는 것을 자주 발견할 수 있어 공간이 '극장 도시'로 활성화되고 있음을 알 수 있다.

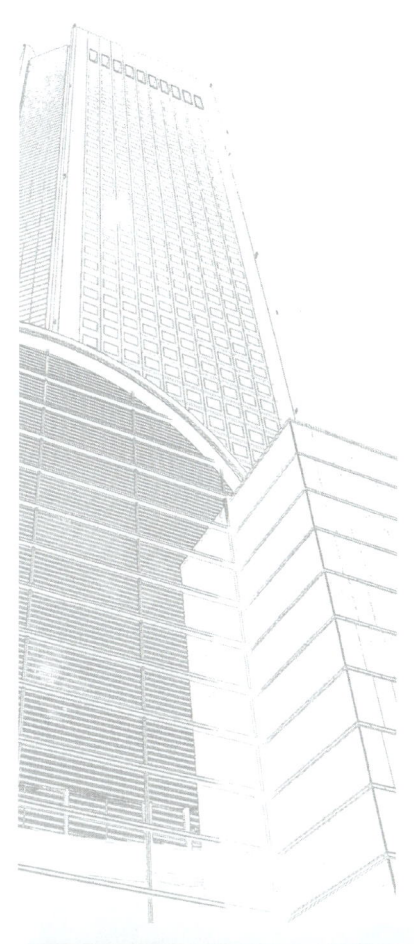

# 롯폰기
六本木

아카바네바시역

그랜드 하얏트 도쿄 호텔

롯폰기힐즈의 곳곳 예술품

주이비통 롯폰기힐즈점

롯폰기힐즈 모리 타워

/ 롯폰기 지역 /

과거 롯폰기 지역은 도쿄 최고의 유흥가였기에 밤 문화의 상징인 나이트클럽이나 바, 레스토랑 등이 밀집한 곳이었다. 그러나 이 지역에 2003년 4월 도시 재개발의 일환으로 개발된 롯폰기 힐즈는 '문화도심'을 콘셉트로 직, 주, 유, 문화가 집적하는 도쿄의 대표적인 복합 공간의 상징으로 부각되어 하루 평균 관람객 10만이라는 기록을 갱신하고 있다. '문화도심'이란 콘셉트는 프로젝트에 관여하는 많은 건축가들과 디자이너에 의해 실현될 수 있기에 콘 피더센 폭스(KPF), 저드 파트너십, 테렌스 콘란, 마키 후미히코 같은 개성이 풍부한 건축가들이 참여하였으며, 다양성 속의 통일감을 추구하는 '디자인의 복합화'가 이 프로젝트의 목표인 것이다. 이 프로젝트는 400명이 토지를 소유했던 11.6헥타르의 광대한 구역에 17년이라는 장기간에 시행된 것으로 그 구성은 업무 공간이 주를 이루는 모리 타워, 490객실 규모의 호텔, 주거 타워 4동, TV 방송국, 미술관 등으로 이루어진 대규모로서 민간주도형으로서는 도쿄에서는 유례가 없는 것이다. 과거에는 이 지구의 주변은 대사관들이 많아서 외국인들을 많이 볼 수 있는 국제적인 분위기의 거리였으나 롯폰기 힐즈가 들어서면서 근처의 방위청이었던 장소에는 도쿄 미드타운, 생산기술연구소였던 장소에는 리처드 로저스의 정책연구대학원 대학과 구로카와 기쇼의 국립 신미술관의 완공으로 주변 지역의 활성화가 가시화되고 있다. 전체적인 프로젝트의 구성은 건축적으로는 콘 피더센 폭스의 모리 타워를 중심으로 저층부의 쇼핑몰은 저드 파트너십, 주거동은 영국의 테렌스 콘란, TV 아사히는 마키 후미히코, 모리 아트 뮤지엄은 리차드 글룩맨, 아카데미 힐즈 도서관은 쿠마 켄고 등 다양한 건축가들을 참여시켜 디자인의 다양함 속에 통일감을 추구하고 있다. 최근 일본 내지는 도쿄에서 행해지고 있는 대규모 재개발 프로젝트들은 롯폰기 힐즈나 시오도메의 사례처럼 전체를 한 건축가에게 의뢰하는 것이 아닌 고층부의 업무동은 KPF나 시자 펠리, 저층부의 쇼핑몰은 저드 파트너십 등 각 분야에 전문적인 건축가를 기용하는 것이 하나의 흐름으로 자리 잡고 있으며 롯폰기 힐즈는 그 대표적인 사례라고 할 수 있다. 다양한 건축가들이 참여하여 이 프로젝트와 관련된 건축물을 설계하였지만, 도시적인 측면에서의 풍부하면서 다양한 이야기거리가 있는 상업적인 성격의 복합 공간을 만들기 위해 접근을 취하고 있다. 이것은 아마 탈근대적인 성향의 저드 파트너십에서 저층부의 쇼핑몰을 디자인하고 있는 것도 이유가 되겠지만, 광대한 지역이 마치 미로처럼 구성되었기 때문에 모리 타워를 메인 랜드마크로 설정하고 메트로햇이나 뮤지엄콘 같은 좀 더 작은 스케일의 랜드마크나 롯폰기 힐즈 애리너, 헐리웃 뷰티플라자, 66플라자 같은 광장과 웨스트워크, 힐사이드 같은 거리를 통한 장소성을 부여하고 있다. 게야키자카 거리를 따라 설치된 론 아라드, 우치다 시게루, 카림 라시드, 이토 토요, 에또레 솟싸스, 드록디자인의 설치미술형 벤치는 디자인적인 장치이면서 하나의 휴먼스케일적인 길찾기 장치로서 기능하여, 이곳을 방문하는 사람들이 자신의 위치를 알 수 있도록 디자인하였다. 롯폰기 힐즈에서는 롯폰기 힐즈 프로젝트 자체를 둘러 본 후, 루이뷔통 롯폰기 힐즈점이나 웨스트워크 5층에 위치한 록웰 그룹의 레스토랑 롯폰기 J에서 식사를 하는 것도 괜찮을 것이다. 그것은 저녁에도 분위기에 비해서 생각보다 식대가 저렴하기 때문이다. 이제 도쿄의 명소가 되어버린 롯폰기 힐즈는 영화 '도쿄 타워'에서도 영화의 여러 장면에 등장하는 것만으로도 일본에서 이 지역의 유명세를 가늠할 수 있다.

- S 그랜드 하얏트 도쿄 호텔(p.239)
- 모리 아트 뮤지엄(p.240)
- 롯폰기 힐즈의 공공 예술품과 디자인 프로젝트(p.244)
- 루이뷔통 롯폰기 힐즈점(p.246)
- 더 월(p.253)
- 국립 신미술관(p.250)
- 미드타운 타워 및 상가(p.256)
- E 미드타운 디자인 사이트(p.260)

# 롯폰기 힐즈 모리 타워

2003  콘 피더슨 폭스(KPF)+모리 빌딩(森ビル)

지상 54층, 지하 6층 규모에 379,500㎡의 연면적을 가진 모리 타워는 일본에서 가장 큰 업무용 건축물이다. 롯폰기 힐즈 프로젝트의 중심이 위치한 타워는 주로 업무 공간으로 구성되어 있으나 최상층 3개 층에는 모리 아트 뮤지엄이라는 미술관, 40층과 49층에는 아카데미 힐즈라는 도서관, 지하 4개 층에는 판매시설을 배치하고 있다. 건축가는 상징적인 업무 공간의 외형 디자인에 있어 거대한 단지의 볼륨에 대응하면서 일본의 전통적인 요소를 현대적으로 번안하기 위하여 일본의 무사가 입고 있었던 갑옷이 지닌 다층적인 구조를 모티프로 하여 디자인하였다. 단지가 정면성이 없기 때문에 주위의 전경을 이끌어 내면서 강화시키기 위하여 도시적인 프리 콜라주 기법을 사용하였다.

# 그랜드 하얏트 도쿄 호텔

콘 피더센 폭스(KPF)+이리에 미야케(건축)·돈 셈베다+토니 치+수퍼포테이토(실내)　　2003

그랜드 하얏트 도쿄 호텔은 지상 21층, 지하 2층의 건축물로서 건축은 콘 피더센 폭스과 이리에 미야케, 실내는 돈 셈베다, 토니 치, 수퍼포테이토가 협력하여 디자인하였다. 호텔 실내 공간에는 연회장으로 오르는 빛의 계단 등 흥미로운 곳이 많이 있으나 실내디자인이나 건축을 전공한 사람은 수퍼포테이토가 디자인한 신전과 교회라는 결혼식장을 꼭 방문하기를 권한다. 신전은 전통적인 결혼을 하는 사람들을 위한 공간으로 전실과 식장을 명암을 대비시키는 방식으로 디자인하였다. 낙수를 묵화로 표현한 어두운 분위기의 전실과 기하학적인 목재 프레임으로 전통적인 공간 구조를 현대화한 결혼식장, 그리고 프레임 후면의 간접 광에 의해 빛나는 공간은 공간의 수축과 팽창에 의한 연출이 돋보이는 공간이다. 교회라는 결혼식장은 리듬감 있게 배치한 목재 루버의 벽과 천장, 그리고 빛에 의한 명암으로 이루어진 작은 교회 같은 분위기의 공간으로 스기모토 다카시가 르 코르뷔지에가 디자인한 작은 교회에 대한 헌정이기도 한 작품이다. 소박하면서도 고풍스러운 아시아적 분위기로 연출한 공간은 디자이너의 일본 내지는 아시아적인 공간에 대한 예리한 통찰력이 돋보이는 공간으로 한번쯤은 필히 방문하기를 권하는 공간이다. 단 결혼식이 있을 때는 보여주지 않으며, 호텔 6층에는 수퍼포테이토가 디자인한 일식당인 슌보우(旬房)와 로쿠로쿠(六緑)가 있다.

## 모리 아트 뮤지엄

MORI Art Museum | 롯폰기 | 六本木

2003 리처드 글룩맨(Richard Gluckman)

미술관은 모리 타워의 최상층인 52-53층에 위치한 미술관으로 저층부의 뮤지엄콘을 통해 전용 엘리베이터로 진입하게 되어 있다. 스카이라운지 같은 홀에서 주위를 360도로 돌면서 바라보는 경치가 인상적인 미술관은 현대예술과 함께 디자인, 건축, 사진 등 동시대의 예술과 문화를 반영하는 전시와 함께 젊은 예술가와 디자이너들에게 창작 의뢰 등을 적극적으로 행하고 있다. 천국에서 가장 가까운 미술관이라는 아트 뮤지엄은 4개의 주요 전시실과 52층 전망대 위에 떠 있는 것 같은 2개의 전시관, 전망대, 갤러리 겸 산책로, 회의실, 업무 공간, 사설 클럽 및 레스토랑으로 구성되어 있다. 2개 층으로 구성된 실내 공간을 관통하는 아트리움을 조성, 다양한 프로그램을 연결하는 장으로 만드는 동시에 방문객이 공간에서 자신의 위치를 파악할 수 있도록 하였으며, 아트리움 로비를 만들어 구체적인 동선의 제시와 함께 상하층을 연결하는 에스컬레이터를 위한 로비 기능을 하도록 디자인하였다. 건축물의 형태가 곡면으로 이루어진 것과 달리 미술관 공간은 직사각형으로 디자인, 동선을 단순하게 처리하는 동시에 미술품의 전시를 위한 이상적인 공간이 되도록 하였다. 로비인 아트리움에서 에스컬레이터로 전시 공간으로의 진입과 조명으로 거친 석재로 마감된 아트리움 벽면의 질감을 잘 드러나게 한 연출이 인상적이다. 이 미술관은 도쿄의 야경 명소의 하나이기에 도쿄의 예술과 문화를 즐기면서 야경을 즐기기 바란다.

## 버진 시네마즈 롯폰기 힐즈

R&K 파트너즈  2003

버진 시네마즈의 플랙 숍인 복합 영화관은 전야제나 영화제 같은 이벤트의 무대이면서 영화관을 도쿄의 중심지로 만드는 것을 목표로 한 프로젝트다. 공간의 디자인 콘셉트는 영화를 볼 때 느끼는 장소와 시간의 일탈을 영화관만이 아닌 로비 등 공공 공간에서도 느낄 수 있게 하는 것이다. 영화 세계의 유사 체험을 위하여 3층 로비의 거대한 백색의 벽에 다양한 이미지의 영상을 투영하여 공간 자체가 항상 움직이는 것 같은 착각을 일으키게 하여 현실과 비현실 간의 경계를 애매모호하게 만들고 있다. 영화관이 시작되는 입구부에 유리와 조합된 수공간을 설치하여 주간에는 외부의 햇빛을 필터링하고 야간에는 영상을 투사하는 장치로 만들어 유사체험을 고조시키고 있다. 에스컬레이터를 타고 5층으로 올라가 아치가 열 주랑을 이루고 있는 광(光)바닥의 통로로 진입하면, 우주선의 내부 같은 타원형의 로비가 나타나 영화라는 비현실 세계로 진입하였음을 알리고 있다.

# 아사히 TV

**2003**  마키 후미히코((槇 文彦)

TV 아사히의 새로운 본사는 롯폰기 힐즈를 관통하는 완만한 곡선의 도로인 게야키자카 거리와 모리 정원에 면한 입지적인 맥락을 반영, 곡선형을 기조로 한 건축물로 디자인 하였다. 방송국은 정면을 정원을 향하여 배치하고 아트리움을 설치, 부드럽고 개방적인 이미지를 상징하는 동시에 일반인들에게 자유롭게 개방된 방송국을 암시하고 있다. 미디어의 변혁에 대응하기 위하여 저층의 넓은 평면에 스튜디오와 업무 공간을 일체화 시키고 가변적인 구성을 취하면서 스튜디오를 중심으로 완충 공간인 업무 공간을 주위에 배치, 외부와 차단된 형식으로 스튜디오의 성능을 확보하고 있다. 업무 공간은 스튜디오를 보조하는 가변적인 공간으로서 작은 스튜디오로 전용하기도 하며 오픈 스튜디오로서 아트리움이나 갤러리 등을 사용하기도 한다. 방송국의 외부는 커튼월과 루버로 구성, 실내 공간의 기능에 따라 커튼월로 개방하기도 하고 수직 혹은 수평의 루버로 일사를 차단하기도 한다. 옥상층에는 임원실, 회의실, 레스토랑 등을 배치하면서 잔디가 깔린 완만한 경사진 중정을 배치, 도시에서의 원경을 고려하여 디자인하였다.

# 롯폰기 J

록웰 그룹(Rockwell Group)    2003

과거 플래닛 할리우드라는 영화를 주제로 한 테마형 패밀리 레스토랑 체인으로 유명해진 록웰 그룹이 롯폰기 힐즈 웨스트워크 5층의 레스토랑가에 롯폰기 J라는 레스토랑을 디자인하였다. 이 그룹은 과거 서울에서 플래닛 할리우드를 디자인, 오픈하였으나 입지적인 문제로 1년여 후에 문을 닫는 바람에 국내에서 더는 그들의 작품을 볼 수 없게 되었다. 뉴욕을 거점으로 활동하고 있는 록웰 그룹은 공간을 '여행'을 주제로 하여 3개의 업태인 뱀부 바, 젠(XEN), 올리브스 도쿄가 하나의 점포가 되도록 디자인하였다. 이곳을 방문하는 사람들은 플라스틱 대나무가 조명에 의해 오브제처럼 빛나는 진입부인 뱀부 바, 스시 주방과 어우러진 다리에 작은 연못과 폭포가 있는 젠, 젠을 지나 또 다른 공간인 올리브스 도쿄로 연결된 곡선형 공간을 하나의 여행이란 주제로 디자인하였다. 록웰 그룹의 디자이너인 디에고 그론다는 자연과 기술의 융합을 또 하나의 디자인의 주제로 하였으며 '테크놀로지에 의한 시정(詩情)'은 수지제의 빛 대나무와 폭포에 투영되는 홀로그램의 물고기, 나뭇결을 모방한 의자의 패턴, 올리브 잎 형태를 매달아 만든 파티션 등으로 표현하였다. 또한 스시카운터 주변에는 옻칠을 도장한 일본 선술집의 박스석을 만들어 '전통적인 기술과 모던스타일'에서 디자인의 요소를 취하였다. 볶음밥 등은 디자인에 비해 비교적 저렴한 가격에 즐길 수 있기에 실내디자인을 감상하면서 식사도 하기를 추천하며, 현재는 뱀부 바와 젠이 하나의 레스토랑, 올리브스 도쿄가 별도의 공간으로 영업하고 있다.

# 롯폰기 힐즈의 공공 예술품과 디자인 프로젝트

2003    론 아라드(Ron Arad), 에또레 솟싸스(Ettore Sottssas) 등

롯폰기 힐즈는 도쿄에 있어 문화의 중심지라는 아이디어의 일환으로 디자인되었기 때문에 부지 내 곳곳에 다양한 예술품과 디자인 프로젝트가 설치되어 있다. 롯폰기 지하철역에서 지하상가를 통해 메트로 햇의 에스컬레이터를 통해 모리 타워가 있는 광장에 도착하면, 루이즈 부르조아의 마망이라는 높이 10m, 무게 9톤이나 나가는 거대한 거미 모양의 조각이 나타난다. 이 조각이 정보와 네트워크를 상징하는 것처럼, 롯폰기 힐즈 주거동의 어린이 놀이터에는 국내 설치미술가 최정화의 로보로보로보, 아사히 TV 앞에 위치한 마틴 브리에의 수호석, 유백색 유리면에 숫자가 나타나는 미야지마 다츠오(宮

롯폰기 | 六本木　　　　　　　　　　　　　　　　　　　　　　六本木ヒルズ

## 롯폰기 힐즈의 공공 예술품과 디자인 프로젝트

島 達男)의 디지털 조형물인 어번 보이드 등을 보는 것도 큰 즐거움이다. 그러나 무엇보다도 건축이나 실내디자인을 전공한 사람이라면, 롯폰기 힐즈를 관통하는 게야키자카 거리를 따라 설치된 건축가나 디자이너들의 설치미술 같은 벤치에 앉아서 사진을 찍는 것도 큰 즐거움이다. 론 아라드, 에또레 솟싸스, 토마스 산델, 이토 토요, 우치다 시게루, 도쿠진 요시오카, 히비노 가쓰히코, 드록디자인, 카림 라시드, 안드레아 브란찌, 자스퍼 모리슨의 의자나 벤치형 조형물에 앉아서 사진을 찍을 수 있다.

## 루이뷔통 롯폰기 힐즈점

2003　아오키 준(青木 淳)+아우레리오 클레멘티(Aurelio Clementi)+에릭 칼슨(Eric Calson)

## 루이뷔통 롯폰기 힐즈점

루이뷔통의 최근 디자인 전략은 각 매장이 브랜드 아이덴티티라는 큰 흐름 속에서 보완, 발전시키는 형태를 취하고 있다. 도쿄의 긴자, 오모테산도, 롯폰기 힐즈 매장으로 이어지는 디자인의 흐름을 보면, 초기에는 공간 구성이나 전시에 있어 루이뷔통의 제품인 트렁크를 쌓아놓는 방식에서 시작, 모노그램의 패턴을 겹쳐 모아레 현상을 유발하는 방향으로 발전시키고 있다. 롯폰기 힐즈 매장은 루이뷔통 매장의 완결편으로 공간을 스케일, 비례, 빛의 상태 등의 연속과 조합으로 디자인하였으며, 적극적인 의미의 패턴이라는 장식으로 만들어진 공간이라고 할 수 있다. 롯폰기 힐즈의 이미지에 상응하는 매장을 만들기 위해 디자이너들은 지역 특성인 밤의 거리라는 이미지에 맞게 빛에 반응하는 루이뷔통의 모노그램인 직경 10cm 원의 유리나 금속 튜브를 기본 모듈로 한 매장 내외부의 벽체를 비물질적인 공간으로 만들어 색다른 공간을 연출하고 있다. 매장은 모듈화 된 단위 요소의 집적으로 대단위 요소를 만드는 실험하면서 존재하지 않는 것 같이 느껴지는 비물질적인 단위요소로 구성한 필터로 공간을 분할하여 그것을 디테일, 공간, 건축으로 연결시키고 있다. 실내 공간에 들어가면, 진입부의 계단에서 바닥판에 매입된 광섬유에 의한 영상 시스템과 영상을 반사하는 스테인리스 밀러 마감의 수직판을 통한 공간적인 일루전으로 인상적인 풍경을 만들고 있다. 또한 부유하는 것 같이 보이는 상품용 전시대와 2층 라운지에 놓여있는 라운지 소파 겸 전시대가 세심하게 신경을 써서 디자인하였음을 보여주고 있다.

# 국제문화회관

**1955** 마에카와 구니오(前川 國男), 사카쿠라 준조(坂倉 準三), 요시무라 준조(吉村 順三)

근대기 일본의 대표적인 건축가 3인의 공동 설계에 의해 완성된 기념비적인 건축물로서 국제문화의 교류를 위해 록펠러 재단이 거액을 기부하여 세워졌다. 강당과 회의실, 연회장, 숙박 시설로 구성된 공간을 철근콘크리트의 얇은 지붕, 프리캐스트 콘크리트의 기둥과 보, 오야(大谷)석과 목제 새시, 창호지문 등을 조합시켜 일본적이면서 근대적인 분위기의 투명하면서 단정한 공간으로 연출하는 데 성공한 건축물이다. 전체적인 평면 구성은 미스 반 데어 로에의 전원조 벽돌 주택처럼 사방으로 퍼져나가는 원심적인 구성을 취하고 있으며 실내 공간은 투명한 유리를 통하여 외부 자연 공간과의 연계성을 추구하는 근대적 특성에 충실한 건축물이라고 할 수 있다. 1976년 마에카와 구니오가 대규모의 증축을 하였으며 2006년에 미쓰비시지쇼 세케이(三麥地所 設計)에 의해 다시 개축되었다. 50년대의 근대건축을 보존, 재생하여 사용하고 있는 좋은 사례이기에 롯폰기 힐즈 근처에 위치하고 있으니 시간이 나면, 한번 방문하기를 권한다.

롯폰기 | 六本木                                                    政策研究大學院 大學

# 정책연구대학원 대학

리처드 로저스(Richard Rogers)+야마시타(山下) 설계                    2005

정책연구대학원 대학은 1997년 정책 연구의 고도화 추진과 정책에 대한 준비된 전문 지도자의 양성을 목적으로 한 새로운 대학원 대학으로 창설, 구 도쿄대학 물성연구소 부지에 건축되었다. 건축의 프로그램은 부지 북측에 국립 신미술관, 서측에 도립 아오야마 공원이 위치하고 있는 장소에 제안하는 형식의 현상설계를 한 결과, 영국의 리처드 로저스가 건축가로 결정되었다. 문부과학성에 의해 행해진 PFI사업의 1호 프로젝트인 대학은 설계 단계에서 명쾌한 공간 구성, 주변 환경의 배려, 자유도가 높은 공간, 상징성의 창출이라는 측면으로 접근하였다. 부지 내 장래 증축 공간의 확보와 국립 신미술관에서의 시선을 의식하여 아트리움을 중심으로 서측에 14층의 고층동과 동측에 대공간이 필요한 5층의 저층동을 배치하였다. 주변의 자연환경과 스카이라인의 연속성을 고려하여 각 동은 수직 동선의 코어를 중심으로 3개의 블록으로 분절, 시설 내의 각 실은 남북축 8.1m, 동서축 7.2m로 하는 모듈의 기본 유닛을 설정하면서 가동 칸막이로 공간이 자유롭게 변경할 수 있도록 하였다. 투명감이 있는 아트리움을 통하여 명쾌한 시설 구성과 함께 개방성을 부여하며 고층동은 수직 루버에 의한 조망 확보와 태양광의 조절이 가능하게 하고 저층동의 최상층은 하이 사이드 라이트와 수평 루버로 태양광이 효율적으로 실내에 들어오게 하는 하이테크하면서 친환경적인 디자인을 하였다. 색채계획에 있어서도 동선부의 프레임과 홀을 적색과 연녹색으로 도색하여 자연 소재인 바닥과 조화가 되도록 하였다.

# 국립 신미술관

國立新美術館 | 롯폰기 | 六本木

**2006** 구로카와 기쇼(黒川 紀章)+니혼세케이(日本設計)

롯폰기 도심에 숲 속의 미술관이란 콘셉트로 건축된 국립 신미술관은 파도치는 듯한 곡선의 커튼월이 인상적인 지하 1층, 지상 4층 규모의 건축물이다. 아트리움에 유입되는 직사광선을 차단하기 위한 루버가 부착된 곡선의 커튼월로 처리된 공간은 장방형의 전시 공간과 대비를 이루는 구성으로 건축가의 트레이드마크인 콘 형태와 원반형 캐노피가 있는 우산 수납 공간이 주 출입구를 알리고 있다. 실내에 들어서면, 노출콘크리트로 마감된 아이스크림 콘 같은 거대한 두 개의 구조물이 인상적인 풍경을 연출하고 있으며 콘 구조물의 상부는 레스토랑과 카페가 위치하고 있다. 미술관은 전시 공간 외에도 강당, 도서관, 레스토랑, 카페, 뮤지엄숍, 옥상정원이 있으며 야외 전시 공간은 건축물의 후면에 위치하고 있다. 전시 공간은 1-3층까지 사용하고 있으며 각 전시실은 전시 성격에 따라 공간 연출을 할 수 있도록 가변적인 시스템을 갖추고 있다. 전시는 국내외의 유명 예술가들을 중심으로 한 기획전이 연 4-5회 정도 계획되어 있으며 매년 3-5월경에 개최하는 현대 작가들의 그룹전인 아티스트 파일이 유명하다. 지하 1층에 위치한 뮤지엄숍은 다른 미술관과는 달리 아트 상품 판매 외에도 별도로 기획, 운영하고 있는 작은 갤러리를 통해 일본 전통의 것을 현대적으로 재해석한 작품도 판매하고 있다. 건축가의 마지막 유작인 미술관은 그의 공생의 건축이나 길의 건축이란 건축 철학을 나름대로 결산한 작품이라고 할 수 있다.

롯폰기 | 六本木　　　　　　　　　　　國立新美術館　**251**
　　　　　　　　　　　　　　　　　　D-3
　　　　　　　　　　　　　**국립 신미술관**　p.234
　　　　　　　　　　　　　　　　　　⑪

# 르 베인

롯폰기 | 六本木

2004　우치다 시게루(内田 繁)+스튜디오 80

르 베인은 기업의 쇼룸, 숍, 갤러리 등의 정보 공간과 업무 공간, 그리고 주거 공간이라는 3개의 다른 성격의 공간 복합체로 디자인되었다. 지하 1층, 지상 4층으로 구성된 공간은 디자이너 자신과 그가 디자인컨설팅을 하는 기업의 기업주가 작업과 거주를 같이 하는 공간이면서 쇼룸과 숍 등이 같이 있기에 항상 신선한 정보와 함께 디자이너, 기업주와 스태프가 많은 시간과 커뮤니케이션을 통한 새로운 기업의 미래상을 만들기 위한 공간적인 시도라고 할 수 있다. 중정을 사이에 두고 2-4층까지 오픈하여 프라이버시를 확보하면서 동시에 주거와 작업 공간이 연결된 공간에는 1층에 프로덕트와 실내디자인 전문 갤러리도 병설, 국제적인 디자이너, 젊은 디자이너, 지방 산업 등을 주목, 전시회를 기획하는 장으로 만들었다. 또한 이 공간은 전시만 목적으로 하는 것이 아닌 강연, 워크숍, 공연과 음악회, 출판 등도 하는 다목적 공간으로 디자인하였다. 디자이너인 우치다 시게루의 작업 공간이면서 주거와 갤러리가 복합된 건축물인 소규모 도시형 공간의 사례로서 방문해보는 것도 의미가 있다고 생각한다.

# 더 월

나이젤 코츠(Nigel Coates) — 1990

더 월은 이름처럼 벽을 매개로 한 서술적인 디자인의 상업용 건축물로 지하 2층에서 지상 2층까지 2개의 클럽, 3층은 바, 4-5층이 레스토랑으로 구성되어 있다. 니시아자부의 거리에 면하여 위치한 더 월은 고대 로마에서 미래에 이르는 과거, 근대, 미래의 벽이 건축물에 중첩시켜 벽이라는 이미지를 서술적인 공간 속의 키워드로 삼고 있으며, 나이젤 코츠가 베르나르 츄미를 통하여 배운 몽타주 기법과 포스트모던한 특성인 서술성으로 디자인한 건축이다. 도로에 면한 벽은 주철의 기둥과 보에 의한 빅토리아 시대의 모티프와 로마 시대 벽의 중합, 실내는 찰스 레니 맥킨토시와 데 스틸 이미지를 중합시킨 것 같은 근대의 이미지의 벽, 후면의 벽은 주철과 유리로 마감된 미래의 벽에 의한 스토리로 서술성을 표현하였다. 실내디자인은 건축 당시에는 이이지마 나오키가 전 층을 하였다. 1993년 펜로즈 인스티튜트 어브 컨템퍼러리 아트라는 원통형을 한 갤러리 용도의 건축물을 모서리 부에 증축하였으나, 후에는 사무실 용도로 기능이 전환되었다.

## 피라미데

Pyramide | 롯폰기 | 六本木

1990　야마시타 가즈마사(山下 和正)

롯폰기 지하철역에서 롯폰기 힐즈로 가는 큰 도로 뒷길에 위치한 입지에 여러 개의 피라미드형 지붕을 얹은 집들로 구성된 것 같은 상업용도의 건축물 콘셉트는 건축물 안에 거리를 만든다는 것이다. 롯폰기 지역의 부족한 오픈 스페이스를 건축물 안에 삽입하기 위해서는 하나의 단일 매스로 만드는 것이 아니라 단위 유닛들에 의한 군집된 마을과 같은 건축물을 만드는 것으로 콘셉트를 현실화하였다. 중정형으로 구성하여 도시 공간에서의 아늑한 느낌을 부여하면서 전면도로에 2층의 피라미드형의 단위 유닛들을 배치하여 방문객들에게 휴먼스케일적인 친근함을 부여하고 있다. 1~2층은 점포, 3층은 레스토랑과 바, 4층은 쇼룸, 지하층은 회원제 스포츠 스파로 구성되었으며, 중정 한 가운데 위치한 피라미드형 구조는 스파 시설의 풀장 천창이다. 아오야마의 안도 다다오의 꼴레지오네 바로 옆에 위치한 프롬 퍼스트를 설계한 건축가의 작품이니 세월이 흐른 후, 어떻게 디자인적으로 변화하였나를 비교해 볼 수 있을 것 같다.

# 아자브 에지(EDGE)—물질시행20

스즈키 료지(鈴木 了二)　　1987

레스토랑과 임대용 업무 공간, 상부 2개 층이 소유자의 주거로 구성된 상업용 건축물은 롯폰기와 니시아자부 경계의 도시고속도로와 막다른 계획도로가 만나는 지역에 위치하고 있다. 폭 33m의 미완의 계획도로와 6m가 되지 않은 일방통행의 골목길 사이 부등변 오각형의 입지에 세워진 상업용 건축물은 주변의 불협화음적인 입지 상황을 반영하고 있으며, 전체 건축의 형상은 도시 공간에서의 부지 형상, 법규, 일조권에 의해 결정되었다. 주변 상황에 따른 법규의 제한적 요소를 피하면서 최대한의 면적을 취하기 위한 해법으로 건축물의 외주를 에워싸는 나선상으로 감긴 피난 계단과 외부화된 계단, 통로라는 공유 부분이 도출되었다. 그리고 건축물을 구성하는 계단들과 노출콘크리트, 철판, 스테인리스, 코르텐 강, 유리들과 같은 무기적인 재료의 조합과 오브제 같은 난간들은 공간, 시간적으로 절단되고 단편화된 입지적 상황을 반영한 결과다.

ミッドタウンタワ  롯폰기 | 六本木

## 미드타운 타워

2007　SOM

미드타운 프로젝트는 업무용 타워 3동, 주거용 3동으로 구성되어 있으며 메인 타워의 고층동은 별 5개의 호텔과 곳곳에 다양한 기능의 점포나 정원 등이 배치되어 있다. 마스터 플랜을 맡은 SOM은 업무용도의 메인 타워를 입지의 중앙에 위치시키고 있으나, 실제 목표로 한 것은 메인 타워와 가로를 연결시키는 것이다. 메인 타워와 함께 주도로 측으로 미드타운 프런트와 미드타운 이스트라는 2개 동을 배치하고, 그 사이에 광장과 오픈 스페이스를 조성하여 주도로와 연결된 거리의 흐름을 메인 타워를 비롯한 3개의 업무동 타워들과 연결시키고 있다. 단순히 건축물만을 설계하는 것이 아니라 도시 공간을 활성화하기 위한 장치로서 광장 같은 공공 공간을 적절하게 배치, 거리의 활성화를 배려해 디자인한 것이다. 3동의 업무용 타워는 54층의 메인 타워를 비롯하여 25층의 이스트 동, 13층의 프런트 동으로 구성되어 있다. 주도로와 면한 중층의 2개동은 거리의 수평적인 흐름과 리듬을 반영하고 메인 타워 동은 수직적인 디자인을 강조하여 수평과 수직적인

## ミッドタウンタワー
## 미드타운 타워

D-3
p.234
⑯

요소를 대비시키는 방식으로 긴장감을 부여하고 있다. 3개 동의 입면은 각기 접한 거리와 정원의 특성에 따라 입면에서 수직적 요소와 수평적인 요소에 변화를 주면서 대비시켜 맥락은 유지하나 성격이 다른 입면으로 표현하고 있다. 갤러리아 지하 1층에는 나이토 히로시가 디자인한 도라야 도쿄 미드타운 점이나 2층의 쿠마 켄고가 입자화된 패널들을 이용하여 디자인한 루시앙 페라피네 매장도 있으니 구경하기 바란다.

# 산토리 미술관과 미드타운 웨스트 레스토랑동

2007 쿠마 켄고(隈 研吾)+커뮤니케이션 아츠(Communication Arts Inc)

미술관과 레스토랑이라는 복합적인 성격을 가진 프로젝트이면서 거대한 개발의 일부라는 성격을 부분적인 독립성을 표현하는 방식으로 디자인하였다. 생활 속의 아름다움이란 주제로 수집한 회화, 도자기, 칠기 등의 작품 3천여 점을 소장, 전시하고 있는 미술관은 롯폰기 힐즈의 모리 아트센터처럼 전체와 무관한 단편으로 취급하는 방법으로 원통형의 레스토랑과 직방체의 미술관 동을 하나의 독립된 얼굴을 가진 파사드로 디자인하였다. 그러나 구조적으로는 2개의 공간도 전체 격자 시스템의 일부이면서 프로그램에 있어서도 하나의 연속체로 연결되어 있다. 도시 공간에서도 다른 성격의 건물들이 필요에 따라 연결되기도 하는 것처럼, 건축가는 상업적인 성격이 강한 원통형의 레스토랑과 문화적 성격의 직방체인 미술관이라는 인접한 2개의 동을 2개의 파사드로 차별화시키면서 동시에 전체의 흐름과 연계시킨다는 전략을 채용하고 있다. 식사하면서 테라스에서 전망을 즐기도록 셋백된 원통형으로 디자인된 레스토랑 동, 전시장과 다목적 공간으로 구성된 미술관 동은 파사드를 구성하는 선의 디테일과 피치를 이용하여 차이가 느껴지도록 하면서 동시에 선이라는 동질성으로 용해시킨다는 디자인 전략이 미술관과 레스토랑에 적용하였다.

# 미드타운 웨스트 주거동 · 미드타운 파크사이드

사카쿠라(坂倉) 건축연구소(웨스트 주거동) · 아오키 준(青木 淳)(파크사이드 외관디자인 감수)   2007

미드타운 단지의 주거동은 서측의 웨스트동과 동측의 파크사이드로 구성되어 있다. 웨스트 주거동은 쿠마 켄고의 미술관과 레스토랑동과 바로 인접하여 인접한 다른 성격의 동과 조화의 문제, 거주 공간의 생활감이 표현되지 않는 외관 디자인 등이 문제가 되고 있어, 종횡의 직선의 구성, 음영의 강조로 수평선을 강조하면서 음영의 깊이가 느껴지는 건축물로 디자인하였다. 또 다른 주거동인 미드타운의 동측에 위치한 주거 동인 파크사이드는 메인 타워와 이스트동에 면하는 곳에 위치하면서 나머지 2면은 공원과 입지의 경계에 접하고 있다. 이런 특성을 고려하여 외장 디자인을 감수한 아오키 준은 거대한 외벽 면을 지닌 건축물을 섬세하게 인지시키기 위해 테라코타 타일을 이용하여 세로 방향을 강조한 디자인을 하였다.

# 미드타운 디자인 사이트

**2007** 안도 다다오(安藤 忠雄)+니켄세케이(日建設計)

미드타운 북서측에 위치한 녹지 공간에 창설되는 21/21 DESIGN SIGHT는 기획과 운영을 미야케 이세이(三宅 一生) 디자인문화재단이 담당하여 탄생하였다. 도쿄에 어떠한 거리를 만들까 생각할 때, 디자인 박물관에 대한 생각이 떠올랐다고 한 미야케의 제창에 의해 만들어 진 박물관은 박물관 기능만이 아닌 SIGHT=시점이라고 이름이 붙여진 디자인 활동의 거점이 되는 것이다. 그는 먼저 디자인을 발신하는 거점을 만들고 형식을 초월하는 재능을 결집, 일반인들도 즐길 수 있는 재미있는 기획 이벤트를 전개하는 선으로 만들고 싶다고 건립 의도를 말하고 있다. 이 프로젝트에는 미야케와 함께 건축가 안도 다다오, 그래픽디자이너 사토 다쿠(佐藤 卓), 프로덕트디자이너 후쿠사와 나오토(深澤 直人), 프로듀서 기타야마 다카오(北山 孝雄)가 참가하였다. 박물관은 지하 1층, 지상 1층으로 구

롯폰기 | 六本木

ミッドタウン DESIGN SIGHT

# 미드타운 디자인 사이트

성된 1,930㎡ 면적의 자유로운 공간으로 전시회와 워크숍 등의 프로그램을 시행하고 있다. 서구에서 우수한 시력을 20/20이라 한다면, 이것을 초월하는 통찰력을 지닌 힘을 의미하는 문화 공간으로 21/21 DESIGN SIGHT 라는 명칭을 부여한 박물관은 더 앞선 것을 꿰뚫어 보는 디자인의 발신지를 목표로 하였다. 디자인 박물관은 미야케의 한 장의 천으로 만들어진 옷이란 개념에서 출발하여 한 장의 종이를 접어서 만든 비상하는 비행체 같은 공간으로, 지정된 공공 공지의 건축적인 제한 때문에 대부분 볼륨은 지하에 매장된 형태로 건축가는 도시에 매몰된 창조 거점이라는 개념으로 디자인하였다. 박물관에서는 뼈, 자연, 사람, 물 등 다양한 주변의 소재를 가지고 사회와 미래를 생각할 수 있는 전시를 기획, 전개하였다.

## 아카사카 사카스

赤坂サカス

2007 구메세케이(久米設計)(건축) · 노무라(乃村)공예사(실내) · 온사이트 계획설계(조경)

## 아카사카 사카스

아카사카 사카스(SACAS)는 아카사카 역과 연결된 TBS 방송센터 앞의 복합개발 프로젝트의 일환으로 세워진 아카사카 비즈(Biz) 타워 저층부의 상업 공간이다. 거리와 상업 공간을 구성하는 건축물 군들을 연결한다는 콘셉트로 디자인된 공간은, 모서리가 원통형 외관을 한 별관으로 보행자들에게 인지성과 친밀한 느낌을 부여하면서 본동의 상업 공간으로 유도, 어번스케일의 타워 하부 상업 공간과 자연스럽게 연결시키고 있다. 아트리움이 있는 2층 규모의 타워 하부 공간은 직선적인 구성의 타워와는 달리 유기적인 곡선 구성의 공간으로 역동감과 함께 릴랙스한 분위기를 연출하고 있다. 프로젝트는 39층의 업무와 상업시설 동인 타워, 문화시설 동인 아카사카 블리츠, 아카사카 ACT 시어터, 임대 주택 동인 아카사카 더 레지던스로 구성되어 있으며, 아카사카 사카스는 타워의 저층부와 2개의 별동으로 업무 공간 종사자들을 위한 식음 공간과 쇼핑 공간의 기능을 하도록 한 것이다. 아트리움의 실내디자인은 업무 공간과 별도의 느낌이 아닌 또 하나의 업무 공간 로비 같은 분위기로 디자인하였다.

식음 공간은 고사카 류(小坂 龍)가 디자인한 바 P·C·A, 오자키 다이키(尾崎 大樹)가 디자인한 비에유 비뉴 맥심 드 파리, 짐 톰슨즈 테이블 타이랜드 아카사카 등이 있으니 방문해 보기 바란다.

# 요코하마 橫浜

① 요코하마 항 오산바시
국제여객터미널(p.268)

⑧ 아카렌가 소고
1, 2호관(p.276)

요코하마
인형의 집
(p.274)

② 조우노하나 공원
테라스(p.270)

야마시타 공원
재정비(p.273) ⑤
⑥ ⑦
호텔 뉴 그랜드(p.275)

③ 뱅크아트 스튜디오 NYK
(p.271)

④

니혼오도리역

요코하마 시 개항기념관

가나카와 예술극장
NHK 요코하마 방송회관
(p.272)

요코하마
공원

간나이역

요코하마 시청사

간나이역

이세자키초자마치역

야마시타 공원

퀸즈스퀘어 요코하마

가나카와 예술극장

## 요코하마 지역

일본 근대문명의 관문으로도 잘 알려진 항구도시 요코하마는 1858년 미일수호통상조약으로 개항하면서 이름이 알려지게 된 도시다. 우리나라의 인천처럼 외국의 문물이 들어온 도시답게 요코하마는 과거 외국인들이 마차로 드라이브를 즐겼다는 데서 그 이름이 유래하고 있다. 근대기부터 다양한 이국적인 문화가 혼합되어 발전되어 온 도시는 베이브리지, 오산바시(大さん橋)나 야마시타(山下) 공원으로 대표되는 항구 도시다. 경관적인 매력에 더하여 개항 이래 이입된 서양 문화의 상징인 양풍의 근대건축물들과 외국인 묘지, 아시아 최대 규모의 차이나타운이라는 과거형의 건축과 미나토미라이(港未來: MM) 21로 대표되는 미래형 건축이 공존하는 도시이기도 하다. 요코하마에서는 단순히 건축물만 보는 것보다는 도시적인 맥락에서 요코하마를 보는 것이 중요하다. 물과 녹지가 우거진 미래형 도시공간 만들기를 목표로 한 MM 21지구의 미래적인 초고층 스카이라인과 신항구, 간나이 지구의 중층으로 구성된 석재와 벽돌로 마감된 중후한 분위기의 거리의 대비, MM 21지구와 신 항구를 연결하는 구 화물전용 철로를 활용한 프롬나드, 과거 부두의 적 벽돌로 마감된 창고를 쇼핑몰과 레스토랑으로 개조한 보존과 활용, 야마시타 공원의 개수 등이 그것이다. 최근에는 MM 21지구의 건축과 함께 화제가 되고 있는 FOA가 디자인한, 새로운 디자인 패러다임의 요코하마 항 오산바시 국제여객터미널을 보기 위해 방문하는 사람들을 발견할 수 있다. 건축이나 실내디자인을 전공하는 여행객이라면, 먼저 간나이(關内) 역에서 내려서 야마시타 공원, 요코하마 인형의 집을 거쳐 FOA의 오산바시 국제여객터미널을 방문한 후, 요코하마 아카렌가소코(赤倉庫) 1·2호관을 거쳐 과거 박람회 단지였던 MM 21지구의 요코하마 미술관, 요코하마 랜드마크 타워, 퀸즈 스퀘어 요코하마, 요코하마 그랜드 인터콘티넨탈 호텔, 패시피코 요코하마를 둘러보는 코스가 바람직할 것이다. 퀸즈 스퀘어 역시 영화 '춤추는 대수사선'이나 '메종 드 히미코'의 무대가 된 곳으로 근대건축을 보고 싶다면, 사쿠라기초(木町) 역에서 미나토미라이 반대 방향 지역에 위치한 마에카와 구니오(前川 國男)의 가나카와 현립도서관과 음악당, 인접한 청소년센터를 방문할 수 있다. 르 꼬르뷔지에의 제자였던 마에카와의 건축이 국내에서 르 꼬르뷔지에의 영향을 받은 김중업, 김수근과는 어떻게 건축적으로 차별화되는지 알 수 있는 작품이다. 이 외에도 간나이 역과 국제여객터미널 사이에는 많은 근대기의 건축물들인 우라베 시주타로(浦辺 鎭太朗)의 요코하마 개항자료관 신관, 무라노·모리(村野·森) 건축사무소의 요코하마 시청사, 사카쿠라 준조(倉 準三)의 가나카와 현 신청사와 실크센터, 라이트의 제자였던 안토닌 레이몬드의 후지야(不二家) 빌딩, 와타나베 진(渡辺 仁)의 호텔 뉴잉글랜드 등이 있다. 혹시 요코하마 거류지의 이진칸들을 보고 싶다면, 이시카와초(石川町) 역에서 내려 그 지역에 있는 윌리엄 메릴 보리즈의 요코하마 공립학원, J.H. 모건의 야마테(山手) 성공회나 외교관들의 주택, 얀 요제프 스와거의 가톨릭 야마테(山手) 교회 등을 볼 수 있다. 그리고 마지막으로 요코하마 역의 서측 광장에 위치한, 21m의 환기탑을 타원형 펀칭메탈로 마감하여 새로운 미디어 랜드마크로 디자인한 이토 토요의 요코하마 바람의 탑은 저녁이나 밤에 보아야 제 격일 것이다. 아침 일찍 요코하마를 방문한다면, 요코하마 역에 도착하여 요코하마 바람의 탑을 본 후에 2004년 개통한 MM 선을 타고 MM 21지구를 돌아본 다음, 10시부터 개방하는 국제터미널로 가는 것이 바람직할 것이다. 과거 MM 지역으로 가려면 일반 여행객들은 걸어서 가는 불편함 때문에 2004년 MM 선이 개통하였다. 미나토미라이 선은 유명 건축가들이 디자인하여 요코하마 다음 역인 신다카시마(新高島) 역은 야마시타 마사히코(山下 昌彦), 미나토미라이 역은 하야카와 구니히코(早川 邦彦), 바사미치(馬車道) 역은 나이토 히로시(内藤 廣), 모토마치·추코가이(元町·中華街) 역은 이토 토요(伊東 豊雄)가 디자인하였기에 한번 둘러보기 바란다.

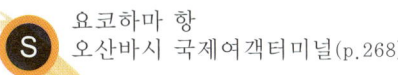
요코하마 항
오산바시 국제여객터미널(p.268)

● 뱅크아트 스튜디오 NYK(p.271)

아카렌가 소고 1, 2호관(p.276)●

● 요코하마 랜드마크 타워
  (p.277)

퀸즈스퀘어 요코하마(p.278)●

● 미나토미라이 선(p.288)

닛산 자동차 그로벌 본사(p.286)●

● 요코하마 베이쿼터
  (p.284)

요코하마 바람의 탑(p.283)

# 요코하마 항 오사바시 국제여객터미널

2002　FOA(Foreign Office Achitects)

1995년 페리터미널 국제현상설계를 통하여 전 세계 41개국 660명의 참가자들 가운데서 30대 초의 젊은 스페인 출신 알레한드로 자에라 포로(Alejandro Zaera-Polo)와 이란 출신 파시드 무사비(Farshid Moussavi)라는 OMA 출신의 부부 건축가 팀인 FOA를 당선자로 선정하였다. 이 프로젝트는 요코하마의 상징인 오사바시 부두의 재개발사업의 일환으로 국제 대형 여객선 4척이 들어올 수 있는 터미널을 기반으로 한 크루즈 터미널과 시민들을 위한 시설에 대하여 제안하는 현상설계였다. FOA는 인접하여 위치한 야마시타 공원과의 조화를 고려하여 여객은 물론 일반시민들도 이용하기 쉬운 공간을 만드는 것을 설계의 기본 콘셉트로 도시와 연속된 구릉으로 이루어진 오픈스페이스가 있는 터미널을 제안하였다. 대부분의 터미널들처럼 사람들의 움직임이 터미널에서 끝나는 것이 아니라 경사로를 이용, 각 층에서 변화가 풍

## 요코하마 항 오산바시 국제여객터미널

부한 공간이 끊임없이 연장한 듯한 뫼비우스 띠 같은 공간으로 디자인하였다. 구조적으로는 곡선의 디자인을 만들기 위해 배의 내부 구조와 같은 허니콤 구조를 채용하여 선박의 이미지를 강조하였다. 개념적으로 디자인에 접근한 작품이나 여객터미널의 기능과 시민들을 위한 시설로서의 쾌적성, 공간 구성의 지형적인 조작과 공법을 충분히 고려하였다. 건축 전체의 구성이 동일한 시스템으로 구성하는 것에 의해 공간의 연속성과 함께 국제선과 국내선의 입항에 대한 가변성 등이 우수한 것으로 평가되었다. 경사진 옥상은 75%의 평평한 바닥면을 확보하여 고령자나 신체장애자들이 사용하기에도 편리한 공간으로 디자인한 점 등이 강점으로 부각되었고, 구조 역시 강판을 사용한 허니콤 구조로 분절시켜 제작, 선박으로 운반하여 일체화시킨다는 유니크한 공법을 제안한 것이 계획에서 시공에 이르는 과정이 현실적이라는 점에서 당선되었다고 할 수 있다. 실내의 대기 공간에 가면, 강판을 절판 구조로 만든 대기공간이 좀 썰렁한 느낌이지만 벌집처럼 대기용 의자도 단위 유닛을 연결하여 사용할 수 있는 디자인이 터미널의 디자인적인 접근과 일관된다는 점에서 인상적이다. 처음 이 터미널을 방문하였을 때, 월드컵 경기의 한 일전이 있어 바로 옆에서 전야제 행사가 벌어졌던 기억과 함께 대학원생들을 데리고 간 투어의 마지막 코스에서 학생들이 새로운 패러다임의 건축물에 깊은 인상을 받았던 것으로 기억하고 있다.

# 조우노하나 공원 · 테라스

**2009** 고이즈미 마사오(小泉 雅生)+고이즈미 아틀리에

요코하마 아카렌가 소고 1, 2호관과 오산바시 국제여객터미널을 연결하는 매개 공간 같은 곳에 위치한 조우노하나, 코끼리의 코라는 명칭을 한 공원과 테라스가 개항 150주년을 기념하는 프로젝트로 완성되었다. 1859년 개항한 요코하마는 최초 2개의 직선형 부두가 있었으며, 그 하나를 연장하여 코끼리의 코처럼 만곡된 형태이었기에 코끼리의 코라고 명칭을 붙였으나 관동대지진 시기에 파괴되었다. 70년대 초 해변의 보행자 공간을 정비하는 과정에서 창고 지역이었던 곳을 코끼리의 코라는 역사성을 회복시키면서 광장으로 조성, 개항의 심벌 존으로 만들기로 하여 탄생한 것이 공원과 테라스다. 공원과 테라스의 공간은 바다로 향한 직선 축을 개항 부두라는 광장을 조성하고 코끼리의 코 부두를 중심으로 스크린 패널을 등간격으로 배치, 영역성을 만들면서 개항의 언덕이라는 잔디가 덮인 테라스와 무대, 수상버스를 위한 티켓 판매와 카페 기능을 가진 코끼리의 코 테라스 건물로 구성되어 있다. 스크린 패널은 양면을 각각 주철제의 타공 판과 FRP 그레이팅 패널로 만들어 중후함과 경쾌함, 근대와 현대의 이미지를 표현하면서 영역성의 조성과 함께 야간에는 조명으로 빛의 광장을 만들어내고 있다.

요코하마 | 橫浜　　　　　　　　　　　　　　BANKART STUDIO NYK

# 뱅크아트 스튜디오 NYK

p.265
③

미캉구미　2005

뱅크아트는 요코하마 시가 역사적인 건축물을 활용, 문화 예술 창조를 위한 프로그램을 위한 공간이다. 뱅크아트 프로젝트를 위한 공간은 시의 무상 대여로 1929년에 건축되었던 구 다이이치(第一) 은행을 활용한 뱅크아트 1929와 선박을 이용하여 우편물 배달을 위한 창고였던 유센(郵船) 창고를 활용한 뱅크아트 스튜디오 NYK로 구성되었으나, 2005년부터 뱅크아트 스튜디오 NYK가 거점이 되었다. 2층 규모의 스튜디오 건축물은 갤러리, 홀, 스튜디오, 도서관, 카페, 퍼브로 구성되어 있으며 마을 만들기, 공설민영(公設民營)의 가능성, 자유로운 활동의 가능성, 다양한 장르를 포함하면서 연중무휴로 운영하는 시간과 공간의 가변성 등을 목표로 활동하고 있다. 건축, 인테리어에서 패션, 연극 등 다양한 장르를 지원하면서 활성화시키는 뱅크아트는 요코하마 트리엔날레도 프로젝트 중의 하나로 옥상 공간을 활용하여 만든 식자재를 이용, 요리로 만들어 판매하기도 하는 등 친환경적인 활동도 진행하고 있다. 최근 국내에서도 문래 창작예술공간 등 과거의 공장이나 창고를 예술 문화 공간으로 활용, 지역을 활성화하는 프로젝트를 진행하고 있기에 관심이 있는 사람은 방문해 볼만한 공간이다.

# 가나카와 예술극장·NHK 요코하마 방송회관

2010　도시재생기구 가나카와 지역 지사+고야마 히사오+APL 디자인설계공동체

가나카와 예술극장·NHK 요코하마 방송회관은 요코하마 혼마치 거리에 위치한 지하 1층, 지상 10층 규모의 방송 및 공연을 위한 건축물로서 역사적인 유적들의 보존과 도시디자인을 고려해야 하는 프로젝트다. 예술 극장과 방송 회관은 입지 특성상, 요코하마 시의 창조 거점이라는 캐치프레이즈에 맞게 창조 활동의 거점으로 도시적 확장과 밀도를 지닌 장으로 디자인하면서 동시에 1883년 건축된 구 48번관과 구 로아(露亞) 은행을 개수, 보존해야 했다. 구 48번관은 마치 설치작품처럼 보존하면서 열주랑이 있는 외부 공간과 좌석을 설치한 계단으로 자연스럽게 상부층의 극장으로 연결시키는 아트리움의 실내 공간을 통하여 내외부의 경계를 없애는 것으로 해결하였다. 설계팀은 NHK가 1층에 면하여야 한다는 요구 조건 때문에 극장은 NHK 상부로 배치하였으며 두 블록 떨어진 곳에 위치한 가나카와 현민 홀과의 차별화를 위하여 프로세니움 극장이면서도 무대와 객석을 연출상 최대한 가변성을 지닌 공간으로 디자인하였다. 1층에 들어서면, 마치 아트리움에 배가 공중에 떠있는 것 같은 극장의 매스가 빛에 의해 드러나는 것이 인상적으로 요코하마라는 지역적 특성을 암시하고 있다.

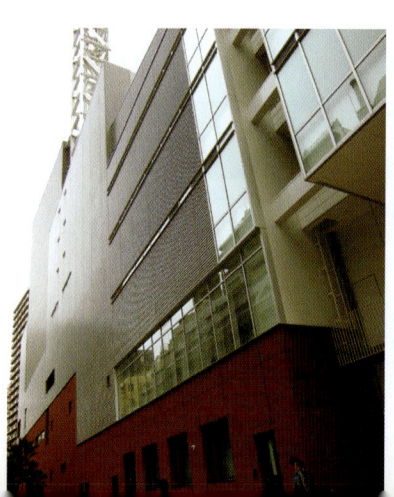

# 야마시타 공원 재정비

사카쿠라(坂倉) 건축연구소+소와(創和) 익스테리어   1989

야마시타 공원은 일본 최초의 서양식 임해공원으로 1923년 관동대지진 이후 바다를 매립하여 만든 것이다. 이 공원을 요코하마 항구 주변의 활용되지 않았던 장소에 주차장과 펌프장을 설치하고 그 상부를 새로운 야마시타 공원의 한 부분으로 재정비하였다. 해안을 따라 수림을 조성한 긴 장방형의 공원은 인도의 수탑(水塔), 빨간 구두의 소녀상, 물의 수호신 분수, 해시계, 물의 계단, 세계의 광장 등의 볼거리로 이루어졌다. 세계 광장의 대계단과 반원형의 광장은 이탈리아적인 분위기이나 광장 중앙의 분수에서는 세계 각지를 모티프로 하여 세계의 길로 펼쳐진다. 바로 옆의 바다에는 요코하마 개항 100주년을 기념하여 태평양의 여왕이란 애칭으로 불렸던 여객선 히가와마루(氷川丸) 호가 박물관 겸 레스토랑으로 사용하기 위하여 영구적으로 정박하고 있으니 시간이 있으면 둘러 보기 바란다.

# 요코하마 인형의 집

1986　사카쿠라(坂倉) 건축 도쿄사무소

세계 138개국에서 모은 약 9,800개의 인형을 소장하고 있는 인형 박물관은 야마시타 공원 끝에 있는 언덕에 위치하고 있다. 건축물이 위치해 있는 프랑스 산과 공원을 연결하는 보행자 도로를 일종의 거리로 표현, 박물관 지붕과 외벽, 홀, 계단 등에 박공지붕의 가형(家型) 모티프를 다양한 스케일로 반복, 표현하여 인형을 위한 집에서 인간을 위한 시설로 연속시키는 매개체로 만들고 있다. 설계의 콘셉트는 어뮤즈먼트풍의 디자인이 아닌 인형들이 사는 집이면서 동시에 도시 건축으로서 표현을 목표로 디자인하였다. 집의 조합이 마을과 거리, 도시로 발전하는 구성으로 디자인된 박물관은 1층은 뮤지엄숍과 카페, 2층은 상설전시장, 3층은 예술적 가치가 높은 인형 컬렉션과 인형 제작 아틀리에, 4층은 인형극을 하는 극장으로 구성하였다. 4층에 위치한 빨간 구두 극장에서는 인형극이나 애니메이션, 음악회를 열기도 하며, 3층에는 인형 가게가 있어 인형 등의 기념품을 구입할 수 있다. 현재는 1일 평균 2,700명이 방문하는 명소로 자리 잡고 있다.

# 호텔 뉴 그랜드

와타나베 진(渡辺 仁)　1927

1927년에 건축된 요코하마를 대표하는 호텔로서 맥아더와 채플린도 머물렀던 것으로도 유명한 요코하마 문화사의 주요한 현장 중의 하나다. 우에노의 국립박물관과 히비야의 제일생명관을 설계한 와타나베 진(1887-1973)의 작품으로 후에 19층의 고층 동은 1991년에 증축하였다. 전체적으로는 단순한 구성이나 외관은 2층의 아치로 된 개구부가 액센트로 프랑스인 실내디자이너인 이브 로숑(P. Yves Rochon)이 설계한 실내 공간은 본관이 건설되었던 시기에 유행했던 아르데코와 고전적인 양식으로 디자인한 화려하게 연출된 실내를 선보이고 있다. 외부보다는 실내에서 역사와 시간의 흔적들을 느낄 수 있는 계단을 통하여 2층에 올라가면, 기억이 적층된 공간에서 묘한 느낌을 받을 것이다. 특히 실내 공간에서 맥아더나 채플린이 이곳을 돌아다녔을 것을 생각하면서 한번 감상해보기를 권한다.

# 아카렌가 소고 1, 2호관

2002　츠마키 요리나카(妻木 賴黃)+리모델링: 아라이 치아키(新居 千秋)
(1호: 1913, 2호: 1911, 리모델링: 2002)

요코하마 시는 1980년대 초 MM 21지구를 개발하면서 랜드마크 타워라는 초고층 빌딩으로 대표되는 현대적인 거리와는 대조적인 신 항구지구를 기찻길, 구 요코하마 역이나 세관 유적으로 상징되는 역사적인 자산으로 조성하기로 결정하였다. 세관 유적이었던 적벽돌 창고 2호관을 1999년 민간업자에게 공모하여 기린이나 삿포로 맥주 같은 운영 기업에 위탁하여 공간을 활성화하기로 하였다. 프로젝트는 세관 유적이었던 츠마키 요리나카 설계의 적벽돌로 된 창고를 보존하면서 활용하는 것으로, 1호관은 요코하마 예술문화재단이 다목적 홀, 전시시설로 운영하고 2호관은 상업적인 공간으로 임대 운영하면서 1, 2호관의 사이에 광장을 배치하는 것이다. 2호관은 옷가게 같은 상가 외에 3층의 비어 넥스트 레스토랑(아라이 치아키), 같은 층의 카페 자노마(코도모 쇼), 빛의 터널로 진입하는 지카노 유지(近野 裕次)의 다이닝 바 모션 블루 요코하마와 바 튜 같은 식음 공간을 만날 수 있다. 특히 빛의 계단으로 진입하는 비어 넥스트 레스토랑은 아크릴을 적층하여 산의 지층 형태로 만든 아이스란 이름의 커다

란 테이블이 기능적인 가구이면서 오브제로 사용, 인상적인 실내 공간을 만들고 있다. 바에는 배를 모티프로 한 하이테이블과 카운터 바닥에 LED를 매입하여 빛에 의해 변화하는 오브제로 디자인한 것이 특징이다.

## 요코하마 랜드마크 타워

휴 스티븐스(Hugh Stevens)+미쓰비시지쇼(三菱地所)　1993

지상 70층에 높이 296m인 건축물인 랜드마크 타워는 일본에서 가장 높은 건축물로서 건축 당시 일본의 최첨단 기술이 사용되었다. 이 건축물의 엘리베이터는 시속 45km를 기록, 2004년 대만의 타이페이 101 타워가 세워지기 전까지는 기네스북에 등재되기도 하였다. 기본 계획은 뉴욕의 시티콥 빌딩을 설계한 미국의 건축가 휴 스티븐스가 하였으며, 그는 이 건축물의 이미지를 도리(鳥居)에서 취했다고 한다. 타워는 업무 공간, 호텔, 쇼핑몰, 문화시설, 녹음 스튜디오, 주차장 등의 기능으로 구성되어 있으며, 부지 내에 길이 110m, 폭 13~30m, 깊이 10m의 다목적용 옥외 공간인 건식 도크야드 가든이 있다. 전체 구성은 상부의 호텔 숙박시설과 하부의 업무 공간으로 되어 있으며 상하부 연결이 위화감 없게 디자인하면서 저층 동은 거리 만들기 협정에 의한 보행자 전용 공간이 건축물의 중앙을 관통하는 형식으로 쇼핑몰을 계획하였다.

クイーンズスクエア横浜　　　요코하마 | 横浜

# 퀸즈스퀘어 요코하마

p.264
⑩

1997　　니켄세케이(日建設計)+미쓰비시지쇼(三菱地所)

## 퀸즈스퀘어 요코하마

p.264
⑩

퀸즈스퀘어 요코하마는 MM 21지구의 랜드마크 타워에 인접하여 건축된 업무 공간, 상업시설, 호텔, 콘서트홀 등을 포함하는 복합적인 성격의 건축물이다. 파도를 모티프로 한 형상의 3개 업무용 고층동과 호텔동, 콘서트홀로 구성되었으며, 동들을 관통하는 저층 중앙부에는 퀸 몰이라는 전장 260m의 몰에 의해 랜드마크 타워 광장에서 패시피코 요코하마에 이르는 공간으로 연결된다. 다양한 기능의 건축물들을 저층에서 수평적으로 연결하는 몰과 수직으로 오픈, 연결하는 스테이션 코어의 곳곳에는 환경 조형물들이 배치되어 있으며, 몰에 면한 지하철역인 미나토미라이 역과 함께 숍, 레스토랑, 호텔, 홀과 업무 공간을 위한 입구가 위치하였다. 멀티 폴이라고 부르는 사인이나 안내 카운터, 벤치나 공중전화대, 지하 3층의 어린이용 화장실과 조형적으로 디자인된 에스컬레이터 구조물 등에서 색채, 형태, 문자 정보를 이용한 디자인을 눈여겨 볼만하다. 특히 멀티 폴은 기둥형 구조물에 안내 사인은 물론 시계, 스피커, 콘센트, 배너 등 이벤트용 시스템을 탑재하고 있다. 이 퀸 몰의 3층에는 일본의 유명한 실내디자이너인 모리타 야스미치가 디자인한 중식당인 네츠네츠 쇼쿠도(熱烈食堂), 4-5층에는 하시모토 유키오의 다이다이야(橙家) 퀸즈스퀘어 요코하마도 있으니 식사 시간에 한번 방문하여 디자인과 함께 음식을 맛보기 바란다. 두 음식점 모두 일본에서 일본 요리와 아시아 각국의 요리를 중심으로 개발한 창작 요리로 선풍을 일으킨 레스토랑 체인 회사인 찬토(ちゃんと)에서 운영하고 있다.

# 패시피코 요코하마

**1991 / 1994**  
니켄세케이(日建設計)

패시피코 요코하마의 정식 명칭은 요코하마 국제평화회의장으로 패시피코는 영어인 Pacific Convention에서 유래한 것으로, 시설은 24시간 활동하는 국제 문화 도시인 요코하마의 국제 교류의 기능을 담당하는 건축물이다. MM 21지구의 북동의 해변가에 위치한 건축물은 저층부의 국제 교류 기능인 회의센터, 전시장으로서 컨벤션 기능, 선박의 돛을 이미지로 한 반원형의 호텔 기능인 고층동이 원형 광장을 중심으로 배치되어 있다. 요코하마 수변 공간의 또 하나의 랜드마크인 고층의 호텔 동은 A자형 평면을 취하고 있으며 본격적인 컨벤션 호텔로서 기능하고 있다. 저층부의 레스토랑과 연회장의 로비나 라운지는 셋백된 형태의 테라스로 만들어 바다의 경관을 최대한 감상이 가능하도록 디자인하였다. 회의센터는 극장 형식의 국제회의가 가능한 메인 홀을 중심으로 대소회의실이 60개 정도로 구성되어 있으며, 전시홀은 1994년에 완공되었다.

# 요코하마 미술관

단게 겐조(丹下 健三)  1989

미술관은 미술품을 전시하는 고유 기능 외에 1989년 개최되었던 요코하마 박람회의 중심 시설의 하나로 건축되었으며, 이런 이유로 해변가에 서 있는 등대를 연상시키는 랜드마크로 디자인되었다. 박람회 당시 미술관 전면의 공원에서 해변가의 공원에 이르는 축선에 맞추어 대칭으로 구성된 미술관은 중앙 타워에는 4층은 공조기계실, 5-7층은 수장고, 8층은 전망대, 주요 전시실은 3층에 위치하고 있다. 1-3 전시실에는 요코하마 미술관의 소장 작품전, 4-6 전시실에는 기획전이 열리며 저층부에 2층까지 오픈된 공간에 레벨이 계단상으로 구성된 그랜드 갤러리를 배치한 것이 특징이다. 지붕 전체가 천창으로 된 그랜드 갤러리는 중앙의 실내 광장을 중심으로 좌우측에 계단 형식의 전시 공간으로 만들어 조각 등의 전시나 각종 이벤트를 할 수 있도록 배려하고 있다. 미술관은 미술관동과 좌우측의 날개동으로 구성되어 있으며 우측 동은 시민을 위한 아틀리에, 좌측 동은 도서관과 레스토랑으로 기능상 성격을 구분하였다. 미술관은 관람, 창조, 학습이라는 목표를 공간에서 실현하고 있으며, 그런 목표를 우측 아틀리에 동에서 실현하고 있다. 미술관의 또 하나의 특징은 3층에 위치한 사진 전시실이며 2층에는 젊은 작가들의 작품과 소규모 기획전을 여는 아트 갤러리와 카페, 레스토랑, 뮤지엄숍이 있다.

# 가나카와 현립 음악당과 도서관, 청소년센터

마에카와 구니오(前川 國男)

1956
1962

당시 회관 지사(會館 知事)라는 별명을 가졌던 지사가 만든 일련의 문화시설 만들기의 클라이맥스였던 건축물로 르 코르뷔지에의 일본인 제자 중 한 사람인 마에카와 구니오의 작품이다. 요코하마 항구가 바라다 보이는 고지대에 위치한 도서관과 음악당, 청소년센터의 복합 건축물로 기능이 다른 건축물을 전후에 배치, 분절시키면서 브리지로 연결하고 있다. 유리와 커튼월, 경량 콘크리트 패널로 마감된 외관은 상당히 경쾌한 모습을 하고 있으며 바로 옆에 같은 건축가가 설계한 청소년센터(1962)의 육중한 매스와는 대조적이다. 이외에도 부인회관과 청소년회관이 주차장을 중심으로 배치되어 있는 건축물은 건축가의 작업 궤적을 살펴볼 수 있는 곳이다. 청소년센터는 5개의 시설 중에서 가장 큰 규모로서 극장, 과학전시관, 실험실, 도서관, 미술실, 음악실, 집회소 등으로 구성되어 있으며 당시에는 청소년을 위한 시설로서 전국 최대 규모였다고 한다. 그 전 해에 완성하였던 건축가의 작품인 도쿄문화회관(1961)과 저층부에서 유사한 부분들이 있으나 상층부는 변화가 풍부한 조형에 의해 콘크리트로 만든 조각과 같은 건축이라고 할 수 있다.

요코하마 | 橫浜　　　　　　　　　　　　　Tower of the Winds

# 요코하마 바람의 탑

p.264
⑭

이토 토요(伊東 豊雄)　　1986

요코하마 바람의 탑은 역 서측 입구 탄생 30주년 기념으로 서측 광장 로터리 중앙에 세워진 높이 21m의 환기탑 겸 고가수조 기능의 탑이다. 이 탑을 개장하는 지명 현상설계가 건축가와 조각가 등 10명에게 행하였으며, 당선된 이토 토요는 타원형 평면의 실린더형 구조에 2장의 알루미늄 펀칭메탈로 마감하고 내부에 조명, 네온, 투광기를 설치, 컴퓨터로 다양한 패턴을 만드는 미디어 건축을 만들어 내었다. 주간에는 얇은 피막을 한 은색 빛이 나는 금속성의 구조물이나 야간에는 컴퓨터로 제어되는 소형 전구 1,280개, 네온관 144개, 투광기 30대에서 나오는 빛이 2장의 패널 사이에서 난반사하여 마치 도시의 만화경처럼 빛에 의한 미디어의 향연을 펼치게 된다. 건축가는 이 탑을 통하여 빛에 의해 연출되는 미디어 건축에 도전하는 계기를 마련하였다.

# 요코하마 베이쿼터

**2006** K계획연구소+미쓰비시지쇼(三麥地所)+다케나카코무텐(竹中工務店)

요코하마 역과 연결된 바닷가 지역에 위치한 요코하마 베이쿼터는 지하 2층, 지상 8층 규모의 오픈 에어 몰로 크루즈라는 디자인 콘셉트로 디자인되었다. 크루즈, 즉 유람선이란 이미지처럼 곡선으로 디자인된 공간은 셋백된 구성으로 바닷가의 전망을 즐기면서 백색의 외벽과 데크와 보이드 공간으로 바다, 빛, 바람을 몸으로 느끼면서 쇼핑과 식사를 하게 디자인한 것이다. 오픈 에어 몰은 날씨가 좋을 때는 문제가 없으나 수해, 염해, 풍우에 대한 대책과 함께 곡선으로 디자인된 형태를 고려하여 벽, 바닥, 천정의 디자인과 재

## 요코하마 베이쿼터

로에 대한 세심한 검토가 필요하다. 또한 막구조의 지붕, 방풍 스크린 유리, 유리 리브 새시나 금속재, 곡선의 구배를 처리하는 바닥 패턴 등 고려해야 할 요소가 많다. 전체적으로 공간은 방문하는 사람들과 점포가 주역이 되게 디자인하면서 광장 등에 해외 유명 예술가에 의한 그래픽 디자인과 가구들을 배치하여 공간이 활성화되도록 디자인하였다. 3층에 위치한 뷔페 레스토랑 가키야스 자쿠산준바시(柿安三尺三寸箸)는 가미야 도시노리(神谷 利德)가 디자인한 공간이니 방문해 보기 바란다. 후면에는 다이세이(大成)건설 일급건축사사무소+야하기 기주로(矢萩 喜從郞)가 2008년 완성한 업무 공간과 점포로 이루어진 콘커드 요코하마, 바로 길 건너에는 온사이트에서 디자인한 요코하마 포트사이드 파크도 있으니 시간이 있다면, 방문해보기 바란다. 또한 재미있는 것은 프로젝트를 기획한 기타야마(北山) 창조연구소의 기타야마 다카오(北山 孝雄)는 안도 다다오의 쌍둥이 동생, K계획연구소의 기타야마 고지로(北山 孝二郞)는 또 다른 동생이라는 사실로 안도 다다오의 형제들이 건축가의 재능이 있다는 것을 알 수 있다.

## 닛산 자동차 그로벌 본사

2009    다케나카코무텐(竹中工務店)(건축)·후미타 아키히토(文田 昭仁)(갤러리)

요코하마 베이쿼터의 맞은편에 위치한 닛산 자동차 그로벌 본사는 지하 2층, 지상 22층 규모의 건축물로 고층부의 업무 공간과 저층부의 자동차 전시와 체험을 위한 갤러리와 카페로 구성되어 있다. 개항 150주년이 되는 시기가 닛산 자동차가 76년 전 요코하마에서 창업한 해와 일치한다는 점에 착안, 그 시기에 맞추어 건축된 건축물은 그로벌 본사라는 성격에 맞게 세계라는 바다로 항해하는 선박과 다도에서 사용하는 도구인 자센(茶筅)에서 보이는 기능미와 대접하는 마음을 결합한 이미지를 표현하였다. 다니구치 요시오의 감수에 의해 디자인된 건축물의 저층부를 배 형상으로 디자인한 것이나 고층부 외피에 루버를 사용한 것은 선박과 전통의 이미지를 표현하려고 한 결과이다. 저층부에 위치한 전시와 시승을 위한 갤러리는 긴자에 위치한 닛산 갤러리도 디자인한 후미타 아키히토가 맡았다. 14m 높이의 갤러리는 요코하마 역에서 MM 21지구로 연결하는 데크가 관통하고 있으며, 보행자들은 지나면서 자연스럽게 자동차가 전시된 갤러리를 방문하도록 하였다. 갤러리와 연결된 600명을 수용하는 강당은 신차 발표 시에는 무대 후면의 벽이 열려서 갤러리와 일체화 되도록 디자인한 것이 특징이다.

요코하마 | 横浜

## 후지제록스 R&D 스퀘어

미쓰이 준(光井 純)(외관디자인)·시미즈(淸水)(건설)    2010

후지제록스 R&D 스퀘어는 닛산 자동차 그로벌 본사와 인접한 위치인 미나토미라이 거리에 면해 있는 지하 1층, 지상 20층 규모의 건축물이다. R&D센터의 디자인은 고객과 같이 문제를 해결하고 창조한다는 연구, 개발의 거점으로 설정하여 타원형 평면을 취하고 있는 건축물로 해결하였다. 타원이 원이 두 개 합쳐서 이루어지는 구성이라는 점에 착안, 두 개의 원 사이에서 균형을 취하면서 사람과 사람, 고객과 사회의 장을 만든다는 의미로 해석하여 디자인하였다. 저층부는 공개 공지화된 공간인 녹지로 이루어진 테라스형의 공간으로 조성하여 지역 교류의 장으로 제공하는 동시에 사고는 자연 중에서 존재한다는 생각을 구체화하였으며, 타원형이라는 특성을 각 방위의 열배기량을 연간 스케줄로 제어하는 친환경적인 디자인을 하였다. 또한 대규모의 면적을 지닌 업무 공간이란 점을 고려하여 인체를 감지하는 센서에 의한 지역대응 조명 자동 점멸과 감광 제어, 조명과 공조 제어의 연계에 의한 에너지 절감을 실현하였다.

## 미나토미라이 선

2004

야마시타 마사히코(신다카시마 역)·하야카와 쿠니히코(미나토미라이 역)·나이토 히로시(바사미치 역)·이토 토요(모토마치·추코가이 역)

2004년 개통된 미나토미라이 선은 신다카시마, 미나토미라이, 바사미치, 모토마치·추코가이 역으로 구성되어 있다. 미나토미라이 선의 첫번째 역인 신다카시마(新高島) 역은 주변이 고밀도의 상업과 업무 지역이 예정되어 있는 지역에 위치하고 있으며, 미래를 선도하는 거리의 이미지에 맞는 샤프하면서 스피드한 분위기의 역을 만들기 위하여 건축가인 야마시타 마사히코(山下 昌彦)는 디자인 모티프를 '바다'로 설정, 디자인하였다. 그것은 역 내에서 길과 방향을 찾기 쉽도록 자연광의 도입, 야간에도 거리의 얼굴이 되면서 장래의 건축과 조화를 이루도록 승객들이 주로 이용하는 3개 층을 다르게 디자인하였다. 플랫폼이 있는 지하 5층은 스틸프레임에 의한 속도감이 있는 물의 흐름, 지하 2층의 콘코스 층은 곡선의 유리벽에 의한 파도, 도로횡단을 위한 지하 1층은 수중에서 본 수면에 가까운 이미지를 표현하였다. 지상의 출입구는 유리, 금속, 콘크리트와 알루미늄 패널을 사용한 격자 구조에 유리로 표피를 마감, 장래의 건축과 조화되는 중성적인 이미지의 직방체로 만들고 야간에는 발광다이오드에 의한 빛의 오브제가 되도록 디자인하였다. 미나토미라이 역은 요코하마 랜드마크 타워와 퀸즈스퀘어 요코하마, 요코하마 미술관과 연결되는 역으로서 문화와 이벤트 시설이 집중된 지구의 중심에 위치한다. 이 역은 이동 교통의 거점인 동시에 다양한 사람들이 거쳐 가는 장소로 공공성이 강한 가로의 성격을 지니고 있어 건축가인 하야카와 구니히코(早川 邦彦)은 다양한 활동과 정보를 지하 공간으로 연결시키는 '어번 갤러리(Urban Gallery)'라는 개념을 도입, 디자인하였다. 이 역은 플랫폼, 콩코스, 보울트 공간이라는 3개의 공간으로 구성하면서 설비용 덕트 등을 강한 색채로 도색하여 시각적인 포인트로 사용하고 있다. 요코하마 미술관으로 연결되는 보울트 공간은 높이 9미터, 폭 20미터에 70미터 길이로 어번 갤러리로서 협의의 예술품의 전시뿐만 아니라 다양한 이벤트를 할 수 있는 공간으로 디자인하였다. 바샤미치(馬車道) 역은 중앙의 돔 공간이 특징적인 역으로 건축가인 나이토 히로시(內藤 廣)는 페데리코 펠리니의 영화인 '로마'에서 로마의 유적이 있는 곳에서 지하 공사가 행해지는 장면에서 공간의 이미지를 취하였다. 역은 요코하마 은행 구 본점이 있던 장소에 건축되었기에, 그 거리에 대한 기억의 단편으로서 은행 내에 장식되었던 나카무라 준페이(中村順平)의 요코하마 개항 역사에 대한 벽화를 이설하고 일부 벽에는 은행 금고의 난간, 손잡이, 창 등을 건축물의 단편으로 전시하고 있어 다른 역과는 달리 역사적인 체취가 역 내의 곳곳에서 느낄 수 있다. 이토 토요가 디자인한 모토마치·추코카이 역은 요코하마의 원류가 된 외국인 거류지와 모토마치에 위치하고 있다. 역의 명칭처럼 이 지역은 모토마치 상점가, 차이나운, 야마시타 공원과 항구가 보이는 언덕과 외국인 묘지 등 요코하마의 대명사라고 할 수 있는 곳이다. 따라서 디자인 콘셉트는 역의 다양한 이용객이 요코하마의 역사와 문화를 느끼며 즐긴다는 의미에서 '요코하마의 역사와 문화를 편집한 책의 역'이다. 건축가는 디자인 초기에서부터 지역의 문화와 역사를 보면서 즐기는 도판인 그래픽이 표류하는 '백색 공간'을 이미지로 디자인하였으며 역 자체가 요코하마의 역사, 지리, 풍속이 담겨있는 한 권의 책으로 상정하여 디자인하였다. 이런 책의 의미를 보여 주는 그래픽의 바탕이 되는 벽은 사방 1미터의 대형 타일 3,500장으로 구성하였으며, 지하 3층에서 지상을 연결하는 에스컬레이터 측면의 벽에는 1층에 설명문과 함께 과거의 그랜드 호텔이나 모토마치의 풍경, 야마테 지역과 그 지역의 서양관, 축제의 남자나 양장을 한 여성 등의 사진을 그래픽으로 처리하여 마치 벽면에 과거의 모습들이 안개처럼 나타났다가 사라지는 듯한 분위기를 연출하고 있다. 그래픽은 역의 콩코스에는 '거류지 시대부터 현대까지 거리와 사람들에 대한 추억', 플랫폼과 출입구 벽면에는 '거류지 시대의 거리'를 주제로 구성하고 있다. 상자형의 역 자체의 건축물은 1956년경의 모토마치와 야마테 등의 거리 풍경을 타일에 전사(轉寫)하였다.

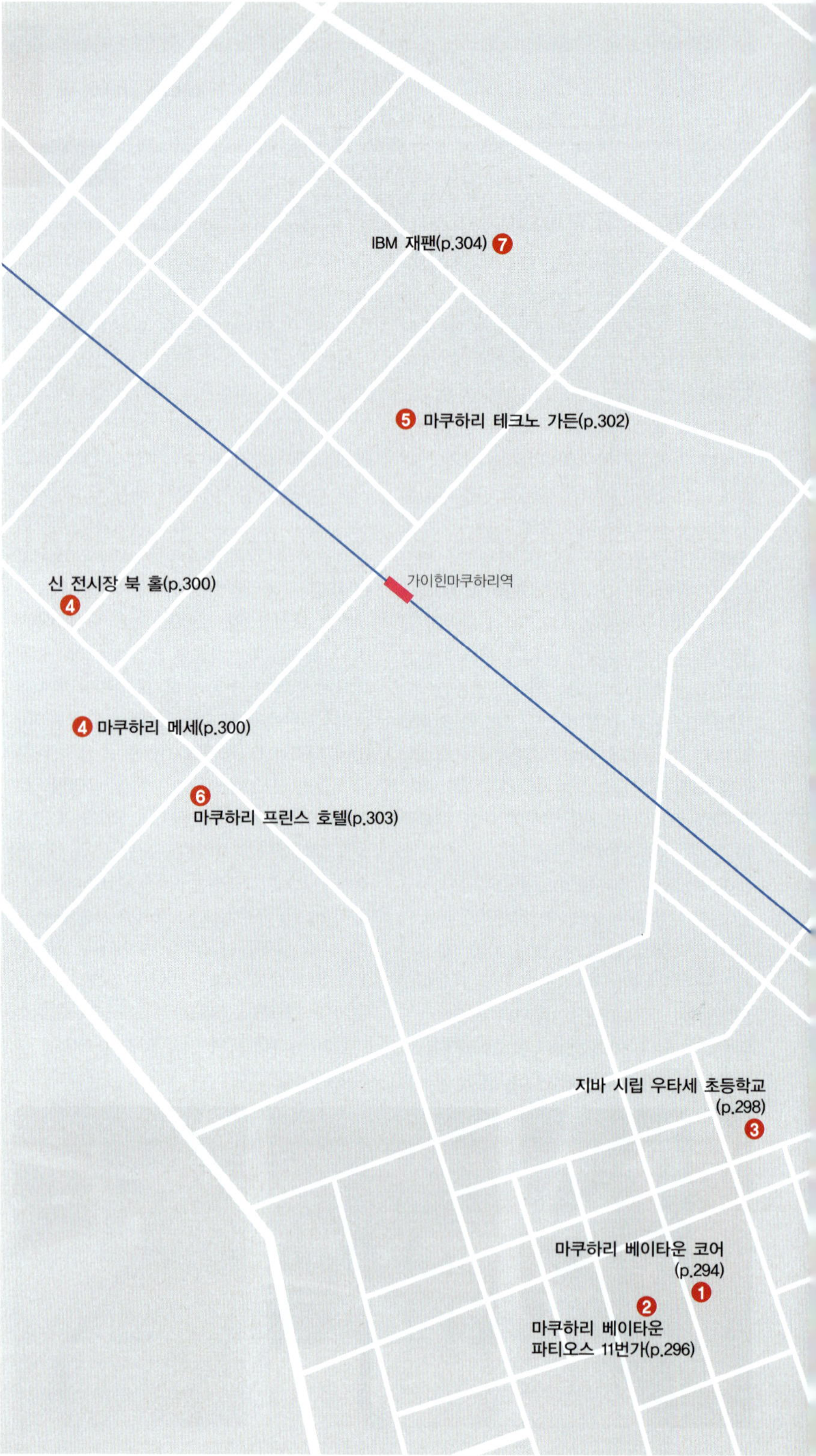

IBM 재팬(p.304) ❼

❺ 마쿠하리 테크노 가든(p.302)

가이힌마쿠하리역

신 전시장 북 홀(p.300)
❹

❹ 마쿠하리 메세(p.300)

❻
마쿠하리 프린스 호텔(p.303)

지바 시립 우타세 초등학교
(p.298)
❸

마쿠하리 베이타운 코어
(p.294)
❷ ❶
마쿠하리 베이타운
파티오스 11번가(p.296)

幕張

마쿠하리

마쿠하리 멧세·전시장

마쿠하리 프린스 호텔

마쿠하리 테크노 가든

마쿠하리 베이타운 코어

## /마쿠하리 지역/

마쿠하리 신도심은 도쿄에서 자동차로 약 30분, 지바 시에서는 약 12분의 거리에 위치하고 있으며 나리타 공항에서는 약 30분 정도가 소요되는 거리에 있다. 사실 마쿠하리 지역은 철도나 지하철 등으로는 조금 시간이 걸리기 때문에 투어를 갈 때는 첫날만 버스를 대절, 나리타 공항에서 호텔로 가는 도중에 마쿠하리 프로젝트를 둘러보는 코스를 택하였으나 일부러 마쿠하리로 구경 온다고 해도 절대 실망하지 않을 곳이라고 생각한다. 단 도쿄를 처음 여행하는 사람들은 집합주택에 관심이 없다면, 시간이 있는 경우에만 방문하기 바란다. 건축 여행을 안내하는 책 속에 굳이 마쿠하리를 집어넣은 것은 마쿠하리 베이타운 파티오스의 스티븐 홀의 집합주택을 비롯하여 다양한 디자인으로 해석한 집합주택군들과 실라칸스의 우타세 초등학교, 마키 후미히코의 마쿠하리 메세 신구관 등이 비교적 가까운 곳에 인접해있어 특히 집합주택의 디자인을 연구하는 사람들이나 마키 후미히코의 건축을 감상하고 싶은 분들, 스티븐 홀의 현상학적 건축을 체험하고 싶은 분들에게는 필수적인 코스라고 생각된다. 또한 이 베이타운 파티오스 내의 빌리지 뱅가드 서점은 영화 '4월 이야기'의 여주인공 우즈키가 좋아하는 선배가 일하였던 서점으로 점내의 빨간 사다리가 인상적인 곳이기에 단지를 구경하다가 한번 들려보기 바란다. 보너스로는 다니구치 요시오 초기작 중의 하나인 IBM 재팬 사옥과 그 사옥의 정원을 현대 조경디자이너 중 한사람인 피터 워커가 디자인한 것을 볼 수 있다는 점과 초기 장 미쉘 빌모트의 건축과 실내공간에 대한 접근법을 보여주는 마쿠하리 테크노 가든을 체험할 수 있다는 장점 때문에 추천하는 곳이다.

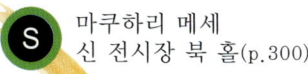

S 마쿠하리 메세
신 전시장 북 홀(p.300)

● 마쿠하리 테크노 가든(p.302)

IBM 재팬(p.304) ●

● 마쿠하리 베이타운
파티오스 11번가(p.296)

마쿠하리 베이타운 코어(p.294) ●

지바 시립 우타세 초등학교(p.298) E

# 마쿠하리 베이타운 코어

幕張 Baytown Core

2002　다카니 토키히코(高谷 時彦)

## 마쿠하리 베이타운 코어

마쿠하리 베이타운 파티오스 단지의 스티븐 홀 동의 바로 건너편에 위치한 파티오스 단지 내 최초의 커뮤니티 시설이면서 코어의 역할을 하는 건축물이 세워졌다. 지명현상설계로 실현된 건축물은 장방형의 음악 홀 기능도 하는 공민관, 1/4 원의 형상을 한 도서관 분관과 아동 시설이라는 각기 다른 형상의 볼륨들이 중정을 중심으로 변화 있게 구성되어 있다. 주 출입구와 중정측의 입면은 커튼월로 마감하여 주민들에게 개방적인 의사를 표시하고 있으며 외부 공간은 2층의 브리지에 의해 반쯤 개방된 코어 코트, 중정, 그리고 커뮤니티센터 가든은 성격을 약간씩 달리 하면서 인접한 단지와 일체화되도록 디자인하고 있다. 이 커뮤니티센터는 1997년 봄 이후 주민들이 커뮤니티 코어 연구회를 발족하여 공간적인 성격에 대한 토의를 오랜 기간 거친 후에 세워진 결과물이라는 점에서 의의가 있다고 할 수 있다.

# 마쿠하리 베이타운 파티오스 11번가

幕張 Baytown PATIOS 11番街

1996　스티븐 홀(Steven Holl) 등

## 마쿠하리 베이타운 파티오스 11번가

마쿠하리 베이타운 파티오스는 가이힌 마쿠하리 역의 동남측에 위치한 신도심 주택단지다. "삶의 질이 요구되는 시대에 맞추어 질 높은 주택단지로 정비한다."는 목표에 의한 직주 근접형의 쾌적한 주거단지로 조성된 프로젝트다. 과거의 주택단지들이 단위주택 내 거주성의 증진을 추구했던 방식과는 달리 베이타운 파티오스라는 단지의 명칭처럼 중정을 중심으로 한 사적인 분위기의 공간과 활력이 넘치는 주동 인접도로의 풍경을 동시에 추구하는 디자인 컨트롤 수법을 채택하였다. 건축물의 고도 제한, 중정이라는 구성, 상가 지구, 도로 양측의 가로수 등 전체적인 단지의 디자인 가이드라인에 의해 도시적인 맥락은 지키면서 중정형을 한 각 동들은 건축가들의 다양한 디자인적인 해석을 통하여 통일성 중에서 다양성을 꾀하고 있는 것이 이 단지의 특징이다. 마치 집합주택 단지에 있어 공동체의 장점으로서 커뮤니티와 프라이버시의 양면성을 중정이란 형식으로 표현하고 있는 것 같은 단지는 일본의 경우 일반적인 집합주택 단지들이 일자형 구성을 취하고 있는데 비해, 이 단지는 후쿠오카의 넥서스 월드 같은 집합주택 프로젝트에서 영향을 받은 서구적인 중정 형식을 취하고 있는 것이 특징이다. 특히 스티븐 홀이 외관이나 일부 구조물을 설계한 파티오스 11번가는 현상학적인 측면에서 공간을 체험해보고 싶은 전공자라면 강력하게 추천하는 공간으로 중정의 연못가에 위치한 다실은 수공간과 빛을 통하여 공간 체험을 배가시키고 있다.

# 지바 시립 우타세 초등학교

千葉 市立ウタセ小學校 | 마쿠하리 | 幕張

1996　실라칸스

마쿠하리 베이타운 파티오스 단지 안에 위치한 우타세 초등학교는 기존 학교의 시스템에서 탈피한 미래형 초등학교로 계획되었다. 한 선생님이 여러 학생을 지도하는 기존 방식의 교육 시스템이 아니라, 자유롭게 학생들은 이동하고 선생님이 직접 와서 지도하는 오픈 스쿨이라는 교육 시스템을 도입하여 학교 건축물은 학교의 기능과 더불어 그 지역 시민을 위한 공공 건물로써 사용하고 있다. 또한 초등학교가 아이들만을 위한 교육기관으로 기능했던 것과는 달리 이 지역의 시민을 위한 도서관, 평생교육관, 체육관, 온수 풀장을 포함하여 공용 홀을 겸비하고 있다. 또한 기존 학교에 있는 담장을 없애는 등 지역의 시민들은 학교를 지역의 회관과 같은 공간으로 여기며 학교 안을 마음대로 지나다닐 수 있고 아이들이 공부하는 모습도 지켜볼 수 있도록 계획되었다. 그러나 최근 국내외에서 학교를 많은 사람들이 허락 없이 구경을 하기 때문에 교사들이 방문객들이 실내에 들어오고 학교 내를 돌아다니는 것에 부정적인 반응을 보이고 있다. 초등학교의 전체적인 구성의 특징은 중정을 갖고 있으며, 이는 내외를 구획시키지 않으려는 디자인적인 의도라고 본다. 따라서 교실과 중정 사이는 상당히 개방적이어서 학생들은 안과 밖을 구애받지 않고 활동할 수 있다. 교실의 특징은 가구를 중심으로 공간을 형성하고 있어 일반적으로 교실이 칠판을 중심으로 공간이 형성되기 마련인데 이곳에서는 칠판을 고정시키지 않고 자유자재로 움직일 수 있도록 하여 건축 평면에 구애를 받지 않고 공간을 형성할 수 있다. 이것은 교실이 학생들에게 고정된 공간이 아니라 자연스럽게 움직일

# 지바 시립 우타세 초등학교

수 있는 편안한 공간으로 설계하였기 때문이다. 건축가 팀은 설계를 할 때 300명 정도의 아이들을 컴퓨터 시뮬레이션으로 그들의 활동을 실험하면서 설계하였다. 일반적인 초등학교의 계획은 그룹 단위로 움직이는 것을 전제로 하였으며 어디에서 어떻게 움직이는지 모르는 상태에서 실험을 하여 어떠한 행태가 일어날 것인지 예측하고자 하였다. 이 초등학교와 멀지 않은 단지 내에 2006년 고지마 가즈히로와 아카마츠 가즈코(실라칸스)의 지바 시립 미하마 우타세 초등학교도 완공하였다. 음(音) 환경을 고려한 슬라브 천장 전체가 리브상의 흡음면과 온열 환경을 고려, 모든 교실에 설치한 하이사이드라이트를 위한 천정의 구조물은 공기의 흐름과 통풍과 함께 배연창의 기능도 겸하게 설계된 것이 특징이니 방문해보기 바란다.

# 마쿠하리 메세·신 전시장 북 홀

1989
1997

마키 후미히코(槇 文彦)

일본 컨벤션센터라고도 불리는 마쿠하리 메세는 도쿄의 워터프론트인 마쿠하리 신도심 개발의 주요 시설인 견본시의 회장으로 국제전시장, 국제회의장, 마쿠하리 이벤트 홀이라는 3개의 시설로 구성된 대표적인 복합 컨벤션 시설로 언덕을 이미지로 하여 디자인하였다. 전체 구성은 가로로 긴 장방형의 국제전시장을 주축으로 하면서 국제회의장과 타원형의 마쿠하리 이벤트 홀이 변화를 주는 구성이다. 가장 중심이 되는 대전시장은 530m의 대공간을 곡률 1km의 큰 지붕으로 덮고 있는 대규모의 건축물로 8개의 유닛으로 나누어 자연 채광이 가능하게 디자인하였다. 거대한 프로젝트이나 건축가가 모든 디자인적인 역량을 집중, 부분적인 디테일도 배려하여 휴먼스케일적인 느낌을 잃지 않은 프로젝트다. 마쿠하리 메세가 활성화되면서 새로운 컨벤션의 전개를 위해 새로운 전

마쿠하리 | 幕張

幕張 MESSE · 新展示場

## 마쿠하리 메세 · 신 전시장 북 홀   p.290 ④

시장으로서 북(北) 홀이 1997년 증축되었으며, 언덕 이미지의 1기와는 달리 2기의 프로젝트인 신 전시장 북 홀은 파도를 이미지로 하여 디자인하였다. 북 홀은 18,000㎡의 전시홀을 주축으로 대형 전시에 대응하는 대전시 홀과 함께 지역 산업체에서 이용하는 것을 고려하여 2개의 중형 홀로 분할 사용이 가능한 또 다른 대 전시홀로 구성되어 있다. 전시 홀은 96m×216m의 거대한 지붕이 서스펜션 구조의 파도를 이미지로 하여 디자인된 하이테크한 형상을 취하고 있다. 전체적인 단지의 맥락을 맞추면서도 기술적으로 1기 프로젝트에서 진화한 인상을 부여하고 있다. 2009년에는 신 전시장 북 홀과 원래의 마쿠하리 메세를 연결하는 보행자용 다리가 마키 후미히코에 의해 증축되었다. 폭 6m, 길이 98m의 다리는 마치 배를 뒤집어 놓은 것 같은 날렵한 형태의 유리섬유로 마감된 지붕으로 디자인, 단순히 1, 2기의 프로젝트를 연결하는 기능적인 용도를 넘어서는 도시의 상징적인 실루엣으로서 랜드마크의 기능도 겸하고 있다.

# 마쿠하리 테크노 가든

1990　장 미쉘 빌모트(Jean-Michel Wilmotte)+마쿠하리 테크노 가든 설계공동기업체

마쿠하리 테크노 가든은 25층의 고층 사무소 2동을 중심으로 숙박 기능이 있는 연수센터 동, 연구소가 있는 R&D동이 L자형으로 배치되어 있다. 실내디자인은 프랑스의 건축가 겸 실내디자이너인 장 미쉘 빌모트가 맡아 미래의 프랑스식 정원을 주제로 디자인하였다. 건축물과 공간은 장 미쉘 빌모트의 디자인적인 주제의 하나인 모던 클래식에 걸맞게 미니멀하면서도 고전적인 대칭적 구성을 취했다. 또한 어메니티 공간으로서 테크노 가든이란 콘셉트에 맞게 내외에 정원을 만들어 고도 정보화사회에서 일하는 사람들에게 편안하고 안락한 공간을 제공하고 있다. 건축물 정면에는 약 1만㎡의 가든 플라자를 설치하고 고층동의 축이 교차하는 지점에는 마르타 팬의 모뉴먼트를 설치, 대칭적 구성을 강화하고 있다. 실내의 아트리움은 실내정원으로 계획하여 기하학적인 격자형 타일로 마감된 공간에 엘리베이터 홀이나 인공적인 수목이 대칭적인 구성을 이루고 있어 2개 고층동의 축이 교차하는 곳인 아트리움에 매달려 있는 기하학적인 형태의 인공적인 수목이 초현실적인 분위기를 조성하고 있다. 초기의 장 미쉘 빌모트의 작업을 볼 수 있는 공간이라는 점에서 흥미로운 프로젝트다.

## 마쿠하리 프린스 호텔

幕張 PRINCE HOTEL

단게 겐조(丹下 健三)  1993

p.290 ⑥

마쿠하리 메세와 육교로 연결된 호텔은 수평으로 길게 배치된 메세와 대비하여 마치 커튼월로 구성된 수직의 수정 기둥이 서 있는 것 같은 형상을 취하고 있다. 기하학적인 미학을 추구하고 있는 삼각형 평면은 객실과 상층부에 위치한 레스토랑과 바 라운지에서 바다로 향한 전망을 확보하기 위해서 디자인 한 것을 알 수 있다. 호텔 외관은 대부분을 반사 유리로 마감하고 있지만, 최상층에 위치한 5개 층의 레스토랑은 투명 유리로 마감하여 강조하고 있으며, 저층부 역시 삼각형 평면 구성을 취하면서 타워동과 분리된 연회장을 배치하여 기능적으로도 훌륭하게 풀어내고 있다. 누드 엘리베이터, 경사로, 에스컬레이터, 공중 보도 등 건축물 외부에 동선을 표현한 것이 호텔 외관의 또 다른 특징이라고 할 수 있다.

# IBM 재팬

1991 다니구치 요시오(谷口 吉生)+니혼세케이(日本設計), 피터 워커(정원)

IBM 재팬은 다니구치 요시오가 마쿠하리에 설계한 사무소 건축으로 부분적으로 절삭한 상자형 매스의 표피를 세로로 긴 유리창과 벽체를 반복시킨 미니멀한 구성이 특징이다. 기단부에 비해 상부를 커튼월의 비중을 높이는 것에 의해 안정감을 취하고 있는 건축물과 함께 포스트모던한 경향의 조경디자이너인 피터 워커(Peter Walker)의 정원을 볼 수 있다. 정원의 디자인은 IBM이라는 컴퓨터 회사의 사옥답게 기술과 자연이라는 2가지의 가능성을 은유한 초기 컴퓨터의 펀칭카드에서 얻은 아이디어에서 비롯되었다. 자연과 예술, 기술 사이의 긴장감을 표현하는 이 주제는 자연, 예술, 기술이라는 3요소 간의 문화적 아이디어를 표현하는 동시에 피터 워커의 조경디자인에 있어 설치예술적인 감각을 반영하고 있다. 각각의 재료들은 전체적인 구성에서 패턴에 있어 상호 교환이 가

마쿠하리 | 幕張

IBM JAPAN

IBM 재팬 p.290
⑦

능하며 서로 닮은 구성의 유기적, 무기적인 재료를 사용하였다. 정원에 있어 녹색의 다양한 색조와 명암들은 자연을 은유하고 있으며 조직화된 기하학은 현대라는 시스템을 표현하면서 명상과 숙고의 고요함을 표현한다. 이 정원 공간에서 보이는 대비와 반전들은 비슷한 것의 애매함, 그리고 자연성과 인위적인 것의 대비를 드러내고 있어 서로 다른 힘인 대비의 등가를 반영하여 동서양의 문화적 대비를 표현하고 있다. 그의 디자인적인 특징인 패턴의 반복에 의한 연속성, 땅 자체의 도안에 대한 관심을 환기하는 표면의 평면화, 전체 경관을 하나로 인식하게 하는 직선적인 표현에 의한 제스처가 정원에 나타나고 있다. 그리고 일본 정원의 전형적인 재료인 돌, 물, 대나무, 버드나무, 키가 작은 관목, 이끼, 자갈, 조약돌을 사용하고 있어 피터 워커가 일본의 정원 양식에 영향받은 것을 알 수 있다.

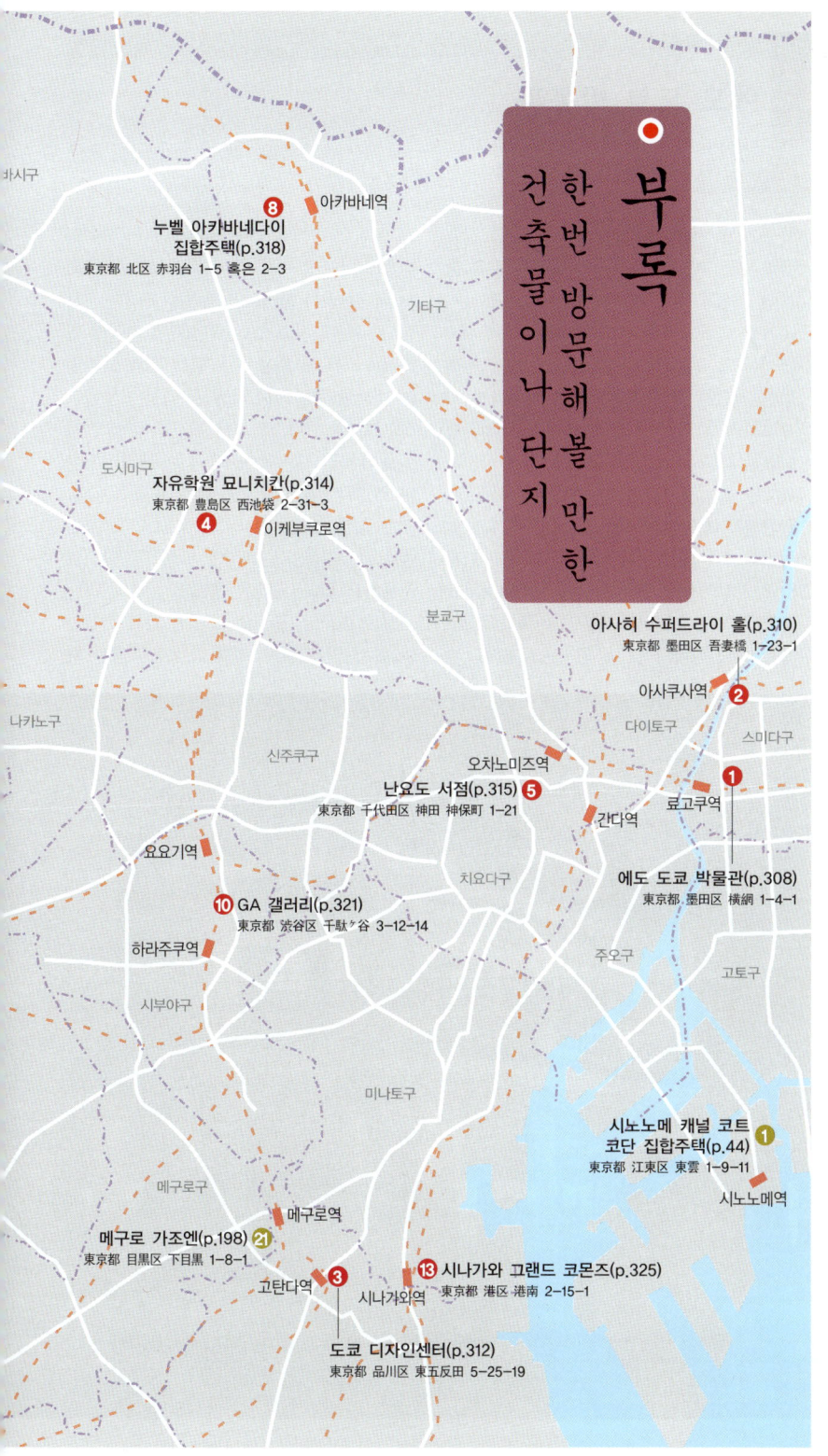

# 에도 도쿄 박물관

1992　　기쿠다케 키요노리(菊竹 清訓)

에도 도쿄 박물관은 에도 시대의 도쿄 전통문화 보존, 계승과 함께 새로운 도민 문화 창조의 거점을 위한 도립박물관으로 에도 시대에서 현대에 이르는 도쿄 중심의 약 400년 역사와 문화를 보여주는 공간이다. 건축의 전체적인 구성은 건축가인 기쿠다케 기요노리의 자택인 스카이 하우스(1958)에서 보았던 4개의 필로티로 구성된 주거 공간이 확대된 형식의 메가스트럭처 형 건축물로서 광장에서 에스컬레이터로 진입하도록 디자인하였다. 이 박물관은 형태에 있어 여러 가지를 상기시키고 있으며 전술한 스카이하우스와 건축가의 또 다른 작품인 아쿠아폴리스(1975)나 고상식의 곳간, 정창원(正倉院), 혹은 이세 신궁에 이르는 일본적인 원형을 이미지로 하고 있으며 지역적으로는 바로 인접한 국기원과의 형태적인 맥락을 고려한 경사진 지붕을 가지고 있다. 이 4개의 거대한 필로티로 지지된 박물관은 도시 전체의 기억을 내장한 일본 최초의 도시 역사 박물관이라고 할 수 있다. 또 다른 특징은 상설 전시실을 대공간으로 제안하고 있는 것이나 지상과 연결된 3층의 광장을 '에도 도쿄의 광장'으로 설정, 오픈 아트리움으로서 다양한 이벤트에의 활용과 방재적인 목적의 광장으로 사용하고 있다. 공간은 필로티 상부에 대전시실과 수장고, 필로티 하부에 기획 전시실과 홀, 운영 제실, 그리고 그 2개의 공간 사

기타 지역　　　　　　　　　　　　　　　江戸東京博物館

에도 도쿄 박물관　p.307
①

이를 광장으로 구성하고 있다. 구조적으로는 4개의 거대한 필로티형 구조, 상하 2개의 대형 보의 구조를 이용한 수퍼 스트럭처와 서브 스트럭처를 조합하여 대공간의 확보와 함께 장래의 변화에 대응하도록 디자인하였다. 5층 전시실은 관객과 전시물의 안전을 위하여 지진 시 그 힘을 감소시키기 위하여 동서의 선단부에 제진 장치를 설치하고 있다. 상설전을 상세하게 즐기려면, 한국어 가이드 안내를 받을 수 있으며 가이드가 없을 경우에는 우리말 방송이 나오는 이어폰 가이드를 대여하여 사용할 수 있다.
광장 바로 앞에는 야마다 마모루(山田 守)의 일본 무도관(1964)이 위치하고 있다.

## 아사히 수퍼드라이 홀

1989 필립 스탁(Philippe Starck)+노자와 마코토(野澤 聖)+GETT

과거 아사히 맥주 아즈마바시(吾妻橋) 공장 부지였던 지역을 중심으로 재개발이 이루어진 곳에 세워진 아사히 맥주를 위한 레스토랑과 홀 기능의 건축물인 아사히 수퍼드라이 홀이다. 디자이너인 필립 스탁은 상업적인 성격의 건축물답게 유리 블록으로 된 기단 위에 마치 검은색의 맥주잔 같은 건축물과 상부에 불꽃 모양의 조형물이 있는 감각적인 형태로 디자인하였다. 야간에는 유리 블록의 기단과 황금색 불꽃 형태의 조형물과 조명을 받은 건축물이 바로 인접한 스미다 강변의 풍광과 어우러져 장관을 연출하고 있다. 실내 공간은 그의 장기인 무대 같은 공간의 연출을 위한 무대 막처럼 디자인한 주방 출입구, 역 사다리꼴 계단과 맥주 거품을 모티프로 한 오브제 같은 기둥을 대비시킨 초현실적이고 극적인 공간이 인상적이다. 바로 인접한 아사히 맥주의 본사 22층에는 우치다 시게루가 디자인한 이탈리안 레스토랑 라 라나리타가 위치하고 있으며, 두 곳 다 디자인에 비해 점심에는 음식값이 저렴하기 때문에 한번 방문해서 식사를 해보기 바란다. 광장에 위치한 노출콘크리트로 마감한 아사히 아넥스(1990)는 노자와 마코토와 GETT의 작품이다. 아사히 수퍼드라이 홀을 보고 난 후, 강 건너에 위치한 아사쿠사(淺草)에 위치한 센소지(淺草寺)를 방문해보기 바란다. 628년 스미다 강에서 건져 올린 관음상을 모시기 위해 세운, 도쿄에서 가장 오래된 사찰로 국내보다는 일반인들의 삶과 밀접한 일본의 전통 사찰을 구경하면서 동시에 사찰 앞에 위치한 기념품과 토산품 등을 팔고 있는 100개의 가게들이 있는 나카미세도리(仲見世通り)는 관광객들에게 도쿄의 명물 거리이기에 한번 돌아보는 것도 흥미가 있을 것이다.

기타 지역　　　　　　　　　　　　　　　朝日スパドライホル 311

## 아사히 수퍼드라이 홀 p.307 ②

# 도쿄 디자인센터

**1992** 마리오 벨리니(Mario Bellini)+오바야시구미(大林組)

도쿄 디자인센터는 JR 고탄다 역 동측 입구 앞에 위치하고 있는 인테리어나 디자인 제품 판매장 성격의 건축물이다. 일반적으로 디자인센터하면, 국내에서는 공공적인 성격의 공간을 연상하나 이 공간은 상업적인 성격의 공간으로 특히 유럽의 인테리어 및 가구 관련 제품의 판매와 전시 공간, 그리고 건축가이면서 실내디자인 작업도 하고 있는 마리오 벨리니 자신이 디자인한 레스토랑 피에로 등으로 구성되어 있다. 건축물은 입지적인 문제를 해결하는 것에서 건축적인 틀이 구성되었으며, 그것은 중앙 부분 기존 건물로 인한 ㄷ자형 구성의 경사진 부정형한 대지와 후면에 위치한 주택으로 인한 일조권의 문제를 해결하는 것이다. 이 문제에 대해 신합리주의 경향의 이탈리아인 건축가 마리오 벨리니는 도시 공간에서 광장과 주랑이 커뮤니케이션을 활성화하는 장치라는 이탈리아적인 접근을 적용하여 해결하였다. 도시에 대해 폐쇄적인 입장을 취하고 있는 ㄷ자형 평면의 건축물을 통하여 후정(後庭)에서 조용하고 쾌적한 옥외 공간을 확보하고 평면 구성에서는 엘리베이터 홀을 중심으로 한 광장 성격의 공간 조성, 주출입구에서 후정으로 이르는 주랑과 같은 성격의 5층 높이의 계단을 조성하여 공간을 다양하면서 풍요롭게 디자인하였다. 건축물의 후면부는 일조권의 문제를 해결하기 위한 셋백된 계단형 구성에 의한 거대한 콘크리트 화분 군들이 인상적인 경관을 제공하고 있으며, 주랑형의 계단 끝에 놓여있는 밈모 빨라디노의 말 형상의 조각이 인상적이다. 가끔 학생들과 함께 이 공간에 가면, 1층의 건축 및 디자인 관련 서점에서 여러 번 책을 구입했던 기억이 있다. 3층에서는 벨리니의 가구와 조명, 공간이 일체화된 공간인 레스토랑에서 식사를 즐길 수 있다.

기타 지역　　　　　　　　　　　　　　東京デザインセンター

## 도쿄 디자인센터 p.307 ③

## 자유학원 묘니치칸

自由學院 明日館

1921　프랭크 로이드 라이트(Frank Lloyd Wright)

일본에서는 서구의 거장인 프랭크 로이드 라이트와 르 코르뷔지에 같은 건축가들이 직접 건축물을 세웠으며, 도쿄에서도 그들의 건축물을 볼 수 있다. 자유학원의 창설자인 하니 요시자쿠(羽仁 吉一)와 모토코 부부는 라이트의 제자였던 엔도 아라타(遠藤 新)를 통하여 일본을 방문한 라이트에게 설계를 의뢰하였다. 건축물은 목조 2·4공법으로 중앙동, 서측 교실동, 동측 교실동이 중정을 중심으로 ㄷ자형으로 배치하였다. 전체적인 디자인은 라이트의 프레리 하우스 수법에 따른 주택 스케일의 채용, 잔디 정원, 지반면과 동일한 바닥 레벨의 처리 등 친근한 분위기의 공간으로 연출하였다. 식당의 테이블과 의자는 엔도 아라타, 홀의 의자는 라이트의 설계로 가구와 조명까지 디자인하였다. 라이트가 귀국한 후에 작은 식당과 동측 교실동은 엔도 아라타가 완성하였으며, 바로 도로 건너편에 위치한 강당도 역시 1932년 그가 디자인하였다. 도쿄에서 라이트의 건축을 본다는 것은 의미가 있기에 한번 방문하기 바라며, 필자는 과거 귀국하는 날에 이 건축물을 보면서 시간이 가는 줄 모르고 있다가 공항에 늦게 도착했던 적이 있어서 기억이 남다르다.

# 난요도 서점

도기 신(土岐 新)    1980

책의 거리인 간다의 진보초에 위치하고 있는 유명한 건축이나 인테리어 관계 서점인 5층의 건축물로 외형은 전체가 격자 구성으로 마치 책의 상자 같은 이미지를 하고 있다. 각 층마다 크지 않은 공간이나, 건축이나 실내디자인과 관련된 책들이 많은 곳으로 서적 마니아에게는 떠나기가 아쉬운 장소다. 4층에는 다이미키오(田井 幹夫)가 디자인한 갤러리도 위치하고 있으며, 갤러리에는 간접 조명에 의해 벽에서 부유하는 듯하게 보이는 철과 목제 격자의 패널이 인상적인 장소로 파티와 강연도 행해지고 있다. 2006년에는 옥상에 스테인리스 밀러 판을 이용하여 꽃 모양으로 만든 퍼골라 같은 조형물인 난요도 서점 루프라운지가 프로스펙타에 의해 완성되었다. 다양한 건축이나 실내디자인 관련 서적이 많은 곳으로 건축과 실내디자인 전문 서적 마니아라면, 필히 방문해보기 바란다.

# 치히로 미술관 도쿄

2002  나이토 히로시(內藤 廣)

치히로 미술관 도쿄는 일본 출판계에서 공전의 히트를 친 《창가의 토토》라는 책의 일러스트로 알려진 이와사키 치히로의 작품을 전시하는 공간이다. 치히로 사후, 과거 자택의 일부를 전시관으로 사용하면서 여러 번의 증개축을 하였으나 기존 건물의 여건상 신축하는 것이 더 바람직하다고 판단을 내려 아즈미노(安曇野) 치히로 미술관을 설계한 나이토 히로시가 설계를 맡게 되었다. 신축하는 3층 규모의 미술관은 과거의 흔적인 정원에 있는 3그루의 느티나무와 함께 과거 3동이었던 배치 구성을 유지하여 역사적인 맥락을 표현하고자 하였다. 주어진 입지 상황에 맞게 배치된 3개의 전시실, 다목적 전시홀, 도서실 등으로 구성된 3동은 정원을 감싸면서 마치 날개처럼 펼치는 형상의 평면으로 각 동들은 중정들에 대하여 개방된 형식을 취하고 있다. 치히로의 정원에 면하여 재현된 아틀리에는 과거 전시관에서는 일부 축소되었으나 신축하면서 당시 상황을 그대로 복원하였다. 마치 마을에 위치한 집들이 자연을 향해 열려진 것 같은 구성을 취하고 있는 미술관은 서양의 수채화에 동양의 수묵화 기법을 조화시킨 치히로의 그림처럼 자연과 동화된 분위기로 디자인하였다. 세이브 신주쿠(西武新宿) 선을 타고 가마이구사(上井草) 역에 내려서 7분 정도 걸어가면, 신오메카이도(新靑梅街道)에 면해서 위치한 치히로 미술관 도쿄를 찾을 수 있다.

# 센가와 안도 다다오 스트리트

안도 다다오(安藤 忠雄)　　2004

신주쿠 역에서 게이오(京王) 선을 타고 도쿄 근교의 센가와 역에 내리면, 도보로 3분 정도 위치에 건축가 안도 다다오가 디자인한 거리가 나타난다. 센가와 안도 다다오 스트리트라고 불리는 500m 길이의 거리는 건축가가 설계한 미술관, 집합주택, 극장, 그리고 1988년 테이크 나인(TAKE-9) 계획설계연구소가 디자인한 점포 등이 들어선 센가와 애비뉴와 연결, 안도 다다오가 설계한 거리를 만들고 싶다는 요청에 의해 만들어 졌다. 2004년 10월 도쿄 아트 뮤지엄이 개관하면서 시작된 거리는 '음악과 극장이 있는 거리 만들기'라는 콘셉트로 디자인하였다. 노출콘크리트와 커튼월의 대비가 인상적인 아트 뮤지엄과 시티하우스 센가와는 센가와 애비뉴와 연결시켜 건축가 안도 다다오라는 세계적인 브랜드를 문화와 예술의 거리 만들기와 연결시킨 공간이다. 알려지지 않은 센가와라는 지역에 건축가가 디자인한 건축물과 센가와 애비뉴 페스티벌이나 아트 뮤지엄 전시 같은 문화 예술 프로그램이 결합하여 거리를 활성화시킨 것은 최근 국내외에서 예술과 문화를 활용한 거리 만들기에 시사를 하는 바가 많은 프로젝트라고 할 수 있다. 최근에는 스트리트에서 멀지 않은 역 근처에 건축가와 부동산 회사가 5층 규모의 시티하우스 센가와 스테이션 코트를 건축 중에 있어 명실상부한 건축가 안도 다다오의 거리가 될 것이 분명하다.

# 누벨 아카바네다이 집합주택

NOUVELLE 赤羽臺

2006
2007

A·W·A설계공동체(2호동) / NASCA+공간연구소(3,4호동) / 이치우라+CAt설계공동체(5호동) /
야마모토·호리 아키텍츠+미노베 설계공동체(6,7호동) / 2006(2호동), 2011(3-7동)

아카바네다이 단지는 도쿄 도 기타(北) 구의 JR 아카바네(赤羽) 역에서 도보로 10분 정도 걸리는 언덕에 위치한 공공 임대주택 단지로 1962년 구 일본주택공단에 의해 건축되었다. 건물의 노후화, 내진상의 문제, 거주 수준의 향상과 주변과 일체화된 거리 만들기를 목표로 한 새로운 단지인 누벨 아카바네다이 집합주택이 기존 단지에 면해서 계획되었다. 3개의 블록으로 구성된 새로운 단지는 중정형 구성으로 중정에 배치한 주차장과 정원을 적극적인 경관 요소로의 해석과 도입, 모서리 부분 등에 있어 개방적인 중정 형식의 디자인, 어번스케일의 주동과 대비되는 휴먼스케일의 편의 시설을 통한 가로의 활성화, 저층부에 있어 커뮤니케이션과 프라이버시의 적절한 조절 등 특징 있는 단지로 디자인하였다. 각 동들의 특징을 살펴보면, 2호동은 주호를 보호하는 외부 공간이라는 만토 공간-식물생태학의 만토 군락에서 힌트를 얻은, 3호와 4호동은 기존 단지의 디자인을 계승하면서 주차장 주변의 회유 공간과 식재에 의한 커뮤니티의 활성화, 청녹색의 난간이 인상적인 5호동은 상징적인 은행나무 거리를 따라 휴먼스케일의 편의시설과 로지아를 배치하는 등 스케일 조작을 통한 액티비티의 환기, 6호와 7호동은 환경 보이드라는 2개층 높이의 보이드 공간을 배치하여 상층에서는 공용 테라스, 하층에서는 리빙다이닝과 연계한 전용 테라스를 통한 사람과 거리와의 연계를 발견할 수 있다. 국내의 아파트와 다른 점은 특히 저층부의 지면에 접한 동들에서 프라이버시를 고려한 테라스의 디자인이 섬세하게 디자인한 것이 인상적이었다. 일본 집합주택에 새로운 바람을 불어넣은 시노노메 캐널 코트 코단 단지처럼 다양한 건축가들이 모여서 디자인하였으며, 워크숍의 기타야마 고(北山 恒), 워크스

테이션의 다카하시 아키코(高橋 晶子) 등이 연합한 A·W·A설계공동체가 2호동, NASCA의 후루야 노브아키(古谷 誠章) 등이 3, 4호동, 이치우라(市浦)와 CAt의 고지마 가즈히로(小嶋 一浩) 등이 5호동, 야마모토(山本)·호리(掘) 아키텍츠와 미노베 설계공동체가 6, 7동을 설계, 완성하였다.

기타 지역     NOUVELLE 赤羽臺

누벨 아카바네다이 집합주택   p.307
⑧

# 갤러리 마(間)

도쿄의 건축 및 인테리어 관계 전용 전시 공간인 곳은 GA 갤러리, 갤러리 마, 신주쿠 파크타워 6층의 리빙디자인센터 오조네다.

갤러리 마는 롯폰기 힐즈 프로젝트와도 가까운 도쿄 미드타운 프로젝트 근처에 위치하고 있다. 위생도기 회사인 TOTO에서 운영하는 건축 및 인테리어 관련 갤러리로서 TOTO 노키자카(乃木坂) 빌딩 3층에 위치하고 있다. 역시 TOTO 출판 등 건축과 인테리어 관련 서적도 출판하고 있으며 일, 월, 휴일을 제외한 평일에 오전 11시부터 오후 6시(금요일 오전 11시-오후 7시)까지 개관하고 있다.

기타 지역     도쿄의 건축 및 인테리어 관계 전시장

# GA 갤러리

p.307
⑩

스즈키 마코토(鈴木 恂)    1983

GA 갤러리는 하라주쿠 역에서 도보로 12분 정도 걸리는 시부야 센다가야에 위치한 건축 전문 갤러리다. 국내에도 잘 알려진 GA 하우스 등 건축 전문 잡지를 기획 및 출판하는 공간으로 갤러리와 서점이 병설되어 있다. 노출콘크리트로 마감한 건축물은 스즈키 마코토 (鈴木 恂)가 디자인한 공간으로 한번 방문해 볼 만하다. 이곳은 건축 관련 전시회의 포스터나 서적도 구입할 수 있으며, 또한 월요일을 제외하고 12시부터 6시 반까지 개관하고 있다.

# 에도 도쿄 건축물 정원

에도 도쿄 건축물 정원은 에도 도쿄 박물관의 분원으로 에도 시대 도쿄의 역사와 문화를 전할 목적으로 세워진 야외 박물관으로 도쿄 근교의 고가네이(小金井) 내에 위치하고 있다. 야외 박물관은 에도 시대부터 쇼와 초기까지 27채의 역사적인 건축물들을 이축, 복원하여 구성한 거리로 국내의 민속촌과 같은 사례라고 할 수 있다. 그러나 국내의 민속촌과 다른점은 국내는 전통 건축만을 이축하여 전시하고 있는 데 비해 이 야외 박물관에서는 전통 건축뿐만 아니라 근대기의 양풍 건축은 물론 마에카와 구니오의 자택(1942) 같은 건축적으로 의미 있는 건축물도 이축하여 전시하고 있다는 점이다. 부지는 약 7헥타르의 거대한 규모로 서측 존은 중앙 존으로 에도 시대 다마(多摩)의 농가와 근대기

## 에도 도쿄 건축물 정원

고지대의 주택, 동측 존은 저지대 상가의 거리로 구성되어 있다. 이 야외 박물관의 매력은 건축물과 함께 그 당시의 생활상을 보면서 체험이 가능하며 상가에는 당시 판매했던 상품들이 점내에 진열되어 있어 근 과거에 대한 체험을 할 수 있는 공간이다. 최종 31채가 이축되어 보존, 전시될 예정으로 에도 시대의 도쿄에 대하여 관심이 있는 사람이라면 한번은 방문해 볼만한 공간이다. 방문객들은 과거 건축물들이 들어서 있는 거리를 산책하거나 전통의 맛을 느낄 수 있는 음식도 먹으면서 일본 전통의 건축과 공간의 변화를 몸으로 체험하는 것이 가능한 곳이다. 방문객 센터(1992)는 도오 다다히로(戶尾 任) + 아키비전의 설계로 정문의 전통 건축물은 고쿄가이엔((皇居外苑)에서 이축한 것이다.

www.edo-tokyo-museum.or.jp

# 오에도온센 모노가타리

도쿄에서 갑자기 숙소를 잡지 못했을 때, 어떻게 할 것인가? 그런 상황에서 저렴한 숙소를 구하려고 할 때는 오다이바에 위치한 오에도온센 모노가타리를 이용하는 것도 하나의 방법이다. 필자 역시 과거에 늦게까지 대학 세미나 하우스를 방문한 후, 밤늦게 숙소를 찾다가 해결을 못해서 생각난 곳이 도쿄 근교의 다마(多摩)의 나가야마(氷山) 역에 있는 이토 토요 디자인의 어뮤즈먼트 콤플렉스 H(1992)이었다. 이처럼 오다이바의 텔레콤 센터 역의 바로 근처에 있는 숙박과 온천욕을 할 수 있는 이 대형 온천은 에도 시대 거리를 주제로 한 공간으로 9종류의 온천 시설과 에도 시대를 재현한 식당가와 상점이 있어 새로운 경험을 할 수 있다. 장점은 4천 엔 내외의 금액으로 숙박과 온천욕을 해결할 수 있다는 점과 함께 에도 시대의 풍경을 재현한 온천 내에서 즐기면서 숙식을 해결할 수 있기에 배낭여행객이라면 한번 권할 만하다. 단점으로는 짐을 넣을 수 있는 캐비닛이 작아서 프런트 데스크에 무료로 큰 짐을 맡겨야 된다는 점과 휴게실 소파에서 잠을 자는 것이 불편한 사람에게는 문제가 있지만, 젊은 배낭여행객이라면 오다이바를 밤늦게까지 구경하고 비교적 저렴한 비용으로 숙박을 해결할 수 있다는 점에서는 추천할 만하다. 오후 6시부터 다음날 오전 9시까지 요금은 3,562엔이다.

기타 지역  品川 グランドコモンズ

# 시나가와 그랜드 코몬즈

p.307 ⑬

미쓰비시지쇼(三菱地所) 등(마스터플랜) · 니혼세케이(日本設計) 등(건축)   2003

시나가와 그랜드 코몬즈는 미나토와 시나가와 구 경계인 JR 시나가와 역 동측에 위치한 대규모 개발계획 프로젝트다. 개발 지역은 과거 메이지 시대부터 국철의 화물 야적장으로 사용하던 곳으로 화물 운송 체계의 전환으로 유휴지가 되는 등 과정을 거쳐 1995년 신칸센 신역 계획에 따른 도시계획 변경을 거치면서 1999년 시나가와 인터시티를 완공하였다. 시나가와 센트럴 가든을 사이에 두고 시나가와 인터시티와 마주해 위치한 그랜드 코몬즈 프로젝트의 건축물들은 시나가와 이스트원 타워, 다이요우 세이메이(**太陽 生命**) 시나가와 빌딩, 시나가와 미쓰비시 빌딩, 미쓰비시 **重工** 빌딩, 캐논 S 타워, 시나가와 V 타워로 구성되어 있다.

# 찾아보기

## ㄱ

가나카와 예술극장 272
가나카와 현립 음악당 282
가부키자 104
갤러리 마 320
갤러리 톰 186
고슌 빌딩 103
구찌 긴자 91
국립 신미술관 250
국제문화회관 248
국제 어린이도서관 210
그랜드 하얏트 도쿄 호텔 239
긴자 54, 56
긴자 그린 94
꼴레지오네 151

## ㄴ

나카긴 캡슐 타워 107
난요도 서점 315
네즈 미술관 152
누벨 아카바네다이 집합주택 318
니반칸 226
니콜라스 G. 하이엑 센터 98
니혼바시 54, 56
니혼바시 무로마치 노무라 빌딩 74
닐 바레트 도쿄 147
닛산 갤러리 긴자 92
닛산 자동차 그로벌 본사 286

## ㄷ

다 드리아데 아오야마 166
다사키 긴자 본점 85
다이닝 신주쿠점 225
다이칸야마 172, 174
더 월 253
더 페닌슐라 도쿄 83
덕키 덕 신주쿠 7 & 8 디너점 222
덴츠 신 사옥 112
도릭 158
도쿄 국립박물관 호류지 보물관 208
도쿄 국제교류관 50
도쿄 국제전시장 53
도쿄 긴자 시세이도 빌딩 100

도쿄 도청사 227
도쿄 디자인센터 312
도쿄 문화회관 212
도쿄 빌딩 61
도쿄 스테이션 시티 64
도쿄 역 64
도쿄 예술대학 대학미술관과 공연장 213
도쿄 오페라 시티 232
도쿄 패션타운 52
도쿄 포럼 58
도큐도요코센 시부야 역 176
드비어스 긴자 78
디 아이스버그 127
디 아이스 큐브스 123
디올 긴자 89
디올 오모테산도 131

## ㄹ

라이즈 182
라포레 하라주쿠 프로젝트 122
랑방 부티크 긴자점 101
롯폰기 234, 236
롯폰기 J 243
롯폰기 힐즈 모리 타워 238
롯폰기 힐즈의 공공 예술품과 디자인 프로젝트 244
루이뷔통 긴자 나미키점 96
루이뷔통 롯폰기 힐즈점 246
루이뷔통 오모테산도 빌딩 133
르 베인 252

## ㅁ

마루노우치 54, 56
마루노우치 빌딩 리노베이션 66
마루노우치 파크 빌딩 62
마쿠하리 290, 292
마쿠하리 메세 300
마쿠하리 베이타운 코어 294
마쿠하리 베이타운 파티오스 11번가 296
마쿠하리 테크노 가든 302
마쿠하리 프린스 호텔 303
메구로 가조엔 198
메이지 야스다 생명 빌딩 63
메종 에르메스 88
모드학원 코쿤 타워 228
모리 아트 뮤지엄 240

무로마치 히가시 미쓰이 빌딩 72
무지루시료힌 유라쿠초 매장 75
미나미 아오야마 스퀘어 148
미나토미라이 선 288
미드타운 디자인 사이트 260
미드타운 웨스트 레스토랑동 258
미드타운 웨스트 주거동 259
미드타운 타워 256
미드타운 파크사이드 259
미쓰비시 이치코칸 62
미야시타 코엔 178
미즈타니 소우이치 218
미키모토 긴자 76

**ㅂ**
바이소우인 161
바카리 디 나투라 220
뱅크아트 스튜디오 NYK 271
버진 시네마즈 롯폰기 힐즈 241
베르투 긴자 93
베이프 하라주쿠 140
분카무라 184
불가리 긴자 타워 80
비너스 포트 51
비 로쿠 128
비쇼쿠 마이몬 223
빔 183

**ㅅ**
산토리 미술관 258
샤넬 긴자 빌딩 82
샹그릴라 호텔 도쿄 70
서양 근대미술관 206
선버스트 빌딩 200
센가와 안도 다다오 스트리트 317
센소지 12
소니 쇼룸 86
쇼토 미술관 185
스와로브스키 긴자 102
스파이럴 142
스피크 포 빌딩 195
시나가와 그랜드 코몬즈 325
시노노메 캐널 코트 코단 집합주택 44
시부야 172, 174
시부야 마크 시티 179
시오도메 108, 110

시오도메 시티 센터 116
시오도메 지하 보행자 도로 117
신 국립극장 232
신 마루노우치 빌딩 68
신 전시장 북 홀 300
신주쿠 214, 216
신주쿠 파크 타워 230

**ㅇ**
아르마니 긴자 타워 90
아사쿠사 진자 12
아사히 TV 242
아사히 수퍼드라이 홀 310
아오 빌딩 144
아오야마 118, 120
아오야마 제도 전문학교 1호관 187
아이다 미쓰오 미술관 60
아자브 에지 255
아카렌가 소고 1, 2호관 276
아카사카 사카스 262
암비텍스 다이칸야마 195
애드 뮤지엄 도쿄 114
야마기와 아오야마점 166
야마시타 공원 재정비 273
야마하 긴자 빌딩 97
에도 도쿄 건축물 정원 322
에도 도쿄 박물관 308
에비스 172, 174
에비스 가든 플레이스 201
에스코르테 아오야마 159
에스파스 태그호이어 130
엘 블랑 서비스 224
오다이바 40, 42
오모테산도 118, 120
오모테산도 힐즈 138
오에도온센 모노가타리 324
온워드 다이칸야마 패션 빌딩 194
옴니 쿼터 137
와이어드 카페 189
와타리움 167
요요기 국립종합경기장 188
요코하마 264, 266
요코하마 랜드마크 타워 277
요코하마 미술관 281
요코하마 바람의 탑 283
요코하마 베이쿼터 284

요코하마 인형의 집 274
요코하마 항 오산바시 국제여객터미널 268
우에노 202, 204
원 오모테산도 141
유나이티드 뱀브 196
유나이티드 애로즈 하라주쿠 본점 171
유라쿠초 센터 빌딩 84
이치반칸 226
일본간호협회 빌딩 136
일본 과학미래관 48
일본 기독교단 하라주쿠 교회 168
일본 텔레비전 타워 115

ㅈ
자스맥 아오야마 웨딩 155
자유학원 묘니치칸 314
쟈일 132
정책연구대학원 대학 249
조우노하나 공원 270
지바 시립 우타세 초등학교 298

ㅊ
치히로 미술관 도쿄 316

ㅋ
카라트 77 193
카시나 인터데코 아오야마 본점 162
켄스 델리 & 카페 225
코레도 니혼바시 71
코레도 무로마치 73
콘체 에비스 197
콤데가르송 아오야마점 145
퀄롱 텐신 221
퀄리아 도쿄 86
퀸즈스퀘어 요코하마 278

ㅌ
탑의 집 169
테라짜 170
테피아 165
토즈 오모테산도 부티크 134
티파니 긴자 77

ㅍ
팔레트 타운 웨스트 몰 51
패시피코 요코하마 280

포럼 빌딩 160
폴라 긴자 빌딩 81
프라다 부티크 아오야마점 146
프랑프랑 아오야마 156
프랭크 로이드 라이트 17, 314
프롬 퍼스트 빌딩 150
피라미데 254

ㅎ
하라주쿠 118, 120
호텔 뉴 그랜드 275
후지제록스 R&D 스퀘어 287
후지 텔레비전 빌딩 46
휴맥스 파빌리온 181
히코 미즈노 주얼리 컬리지 126
힐사이드 웨스트 192
힐사이드 테라스 190

A
ADK 쇼치쿠 스퀘어 105

G
GA 갤러리 321
GSH 164

H
hhstyle.com 124
hhstyle.com/casa 125

I
IBM 재팬 304

N
NHK 요코하마 방송회관 272
NTT 신주쿠 본사 빌딩 231
NTT 아오야마 빌딩 159

Q
QUICO 진구마에 129
Q 프런트 180

7 & 8 디너 218

도쿄 · 요코하마

공간으로 체험하다